数据库系统原理与应用

主 编 刘春茂
副主编 张云岗 谭 骥

北京理工大学出版社
BEIJING INSTITUTE OF TECHNOLOGY PRESS

内容简介

本书将数据库系统的需求从设计到实现,以理论知识为基础通过实践项目将章节串联起来,激发学生的学习兴趣和热情,引入"知识讲解"——"实践训练"的层级递进方法来构建知识点,每个知识点按照该层级递进方法进行介绍和说明,让学生带着疑问去学习,通过知识讲解明白来龙去脉,再通过实践训练加深对知识的理解,最后通过应用实践进一步提高对数据库知识和实际应用的掌握。

本书由多年从事数据库技术教学工作的教师及工程师编写,可以作为数据库相关课程的教学用书,也可以作为技术人员的自学参考用书。

版权专有　侵权必究

图书在版编目（CIP）数据

数据库系统原理与应用 / 刘春茂主编 . -- 北京：
北京理工大学出版社,2025.2.
ISBN 978-7-5763-5053-1

Ⅰ . TP311.13

中国国家版本馆 CIP 数据核字第 2025PQ2514 号

责任编辑：王培凝		**文案编辑：**李海燕	
责任校对：周瑞红		**责任印制：**施胜娟	

出版发行 /	北京理工大学出版社有限责任公司
社　　址 /	北京市丰台区四合庄路 6 号
邮　　编 /	100070
电　　话 /	（010）68914026（教材售后服务热线）
	（010）63726648（课件资源服务热线）
网　　址 /	http://www.bitpress.com.cn

版 印 次 /	2025 年 2 月第 1 版第 1 次印刷
印　　刷 /	三河市天利华印刷装订有限公司
开　　本 /	787 mm×1092 mm　1/16
印　　张 /	20
字　　数 /	469 千字
定　　价 /	89.00 元

图书出现印装质量问题,请拨打售后服务热线,负责调换

前言

党的二十大报告明确指出:"科技是第一生产力、人才是第一资源、创新是第一动力",必须坚持"科技是第一生产力、人才是第一资源、创新是第一动力",要"深入实施科教兴国战略、人才强国战略、创新驱动发展战略"。高等教育要与经济社会发展紧密相连,主动适应全面贯彻新发展理念、推动构建新发展格局、推进高质量发展的需要,对促进就业创业、助力经济社会发展、增进人民福祉具有重要意义。

信息时代,数据是数字经济的宝贵资源。数据库技术是目前计算机科学技术领域发展最快、应用最广泛的技术之一,体现了数据管理及信息处理的最高发展水平。数据库技术是信息社会的重要支撑技术,涉及数据的组织、存储和使用,因此了解并掌握数据库的相关技术已经成为信息领域从业者的必备技能。在大数据技术蓬勃发展的今天,关系数据库的基本理论、建模思想、实现技术更是计算机专业的数据思维的必要手段,学生通过掌握数据库原理与应用的基本内容,理解数据库理论,为数据管理技术奠定扎实的理论和实践基础。

本书以关系数据库为核心,秉持数据库的理论设计到实践开发的一体化理念,重点介绍了数据库相关的基本概念、基本原理和实用的数据库设计技术,着力打通数据库技术从理论到 DBMS 应用再到实例开发的三个重要环节,着重完善了数据库的理论设计体系,帮助初学者建立扎实的理论基础,同时建立清晰的知识脉络,为后续的深入学习开辟良好的开端。

本书通过 MySQL 讲解数据库的应用技术。MySQL 是一种关系数据库管理系统,由于其低成本、高可靠性等优势,经过多年的发展,成为目前世界上流行的数据库之一,被广泛应用于各类系统开发中。我国紧跟 MySQL 数据库主流技术,基于 MySQL 技术路线的数据库持续发展与完善,应用场景不断丰富,已经深入到银行、电信、电力、铁路、气象、民航等许多行业和领域,为用户提供了完整的数据库解决方案。同时,各类计算机人才都要求掌握至少一种数据库的操作和使用技能,而掌握 MySQL 数据库的使用也是最常见的一个招聘选项。

希望本书能够使读者对数据库系统有一个全面、深入、系统的了解,为进一步从事数据库系统的研究、开发和应用奠定坚实的基础。

本书特点

(1) 针对高等职业教育本科和专科教学大纲对本课程内容进行安排,可满足职业教育本科和专科教学,内容涵盖数据库基本原理和应用技术,在内容选取等因素上充分考虑本科和专科学生的实际需求。根据教学实际情况,本书的内容适用 48~64 学时教学。

（2）本书选择轻量级开源数据库管理系统 MySQL，详细地讲述了安装过程和具体的 SQL 语句，为读者提供一个练习 SQL 语句的 DBMS 环境。

（3）本书在讲解数据库应用时，为了帮助读者能够更加容易地将理论知识和 DBMS 相融合，通过开发实例讲解 SQL 语句和原理实现思想，真正实现"从原理到应用"。

（4）本书是编者根据多年数据库技术教学经验编写而成的，结构完整、逻辑清晰、内容实用、贴近教学和应用实践。每一章结合所讲述的关键技术和难点，穿插了大量具有实用价值的示例，并于章节结束都安排了有针对性的实训内容、思考题和练习题，帮助读者巩固和提高实际应用能力。

读者对象

本书可作为高等职业学校本科和专科计算机专业"数据库原理与应用"课程的教学用书、计算机相关专业的教学用书，也可作为从事计算机、管理科学工作的读者，以及科技人员和对数据库技术感兴趣的初学者等的学习用书或参考书。

本书由刘春茂担任主编，张云岗、谭骥担任副主编。其中，刘春茂编写第 1~5 章的内容，第 6~11 章的部分内容，并负责全书的统稿，谭骥编写第 6~8 章，张云岗编写第 9~11 章。

本书除标有 * 的章节外，其余为基本教程，感兴趣的读者可自主学习。

由于编者水平有限，书中疏漏之处在所难免，殷切希望得到广大读者的批评指正。

编　者

目录

第 1 章 数据库概述 ... 1
- 1.1 数据管理的发展 ... 1
- 1.2 数据库系统的组成 ... 6
- 1.3 数据库系统结构 ... 7
- 1.4 数据模型 ... 8
- 1.5 概念层数据模型 ... 10
- 1.6 组织层数据模型 ... 11
- 1.7 三级模式二级映像与数据独立性 ... 15
- 本章小结 ... 18
- 课后练习 ... 18

第 2 章 关系数据库 ... 19
- 2.1 关系数据模型的基本概念与形式化定义 ... 19
- 2.2 关系操作 ... 23
- 2.3 关系模型的完整性约束 ... 24
- 2.4 关系代数 ... 26
- 2.5 结构化查询语言 ... 30
- 2.6 常见的数据库产品 ... 33
- 2.7 MySQL 安装与配置 ... 34
- 2.8 常用图形化工具 ... 51
- 本章小结 ... 54
- 课后练习 ... 54

第 3 章 数据库设计 ... 56
- 3.1 数据库设计概述 ... 56
- 3.2 数据库需求分析 ... 61
- 3.3 概念结构设计 ... 62
- 3.4 逻辑结构设计 ... 69

3.5 物理结构设计 …… 84
3.6 数据库的实施、运行和维护 …… 86
本章小结 …… 87
综合实训 …… 87
课后练习 …… 88

第 4 章 数据库基本操作 …… 89
4.1 数据库操作 …… 89
4.2 数据表操作 …… 93
4.3 数据操作 …… 103
本章小结 …… 108
综合实训 …… 108
课后练习 …… 109

第 5 章 数据类型与约束 …… 111
5.1 数据类型 …… 111
5.2 表的约束 …… 123
5.3 自动增长 …… 130
5.4 字符集与校对集 …… 133
本章小结 …… 136
综合实训 …… 136
课后练习 …… 138

第 6 章 数据查询 …… 140
6.1 运算符 …… 140
6.2 索引 …… 156
6.3 单表查询 …… 165
6.4 多表查询 …… 174
6.5 子查询 …… 181
6.6 外键约束 …… 190
本章小结 …… 196
课后练习 …… 196

第 7 章 视图 …… 198
7.1 初识视图 …… 198
7.2 视图管理 …… 201
7.3 视图数据操作 …… 207
本章小结 …… 209
课后练习 …… 209

第 8 章 事务 …… 211
8.1 事务处理 …… 211
8.2 事务隔离级别 …… 216

| 本章小结 | 224 |
| 课后练习 | 224 |

第 9 章　数据库编程 …… 226
9.1	函数	226
9.2	存储过程	237
9.3	变量	245
9.4	流程控制	247
9.5	游标	252
9.6	触发器	255
9.7	事件	259
9.8	SQL 预处理语句	264
本章小结	265
综合实训	265
课后练习	269

第 10 章　数据库优化 …… 270
10.1	存储引擎	270
10.2	MySQL 配置文件	273
10.3	锁机制	279
10.4	分表技术	281
10.5	分区技术	281
10.6	数据碎片与维护	283
本章小结	285
综合实训	286
课后练习	287

第 11 章　数据安全 …… 288
11.1	用户与权限概述	288
11.2	用户管理	289
11.3	权限管理	295
11.4	数据备份与还原	296
11.5	多实例部署	300
11.6	主从复制	303
本章小结	309
综合实训	310
课后练习	311

参考文献 …… 312

第1章

数据库概述

数据库（DataBase，DB）技术是计算机领域重要的技术之一，是计算机科学的一个重要分支。数据库课程不仅是计算机专业、信息管理专业的重要课程，也是许多非计算机专业的选修课程。本章介绍数据库系统的基本概念，包括数据管理技术的发展过程、数据库系统的组成部分等。读者从中可以学习到为什么要使用数据库技术及数据库技术的重要性。本章是后面各章节的准备和基础。

学习目标

掌握数据库、数据库系统、数据库管理系统的基本概念。

了解数据管理技术发展经历的三个阶段及其产生和发展的背景。

掌握概念模型、组成数据模型的三个要素和三种主要的数据库模型——层次模型、网状模型和关系模型。

掌握数据库系统的三级模式结构和二级映像功能及其对数据独立性的意义。

1.1 数据管理的发展

在互联网、银行、通信、政府部门、企事业单位、科研机构等领域，都存在着大量的数据，这使得数据管理显得尤为重要。随着信息技术和市场的快速发展，数据管理技术层出不穷，数据库技术是应数据管理的需求而产生的。本节将对数据管理的发展、数据库相关概念及数据库系统进行介绍。

1.1.1 数据库技术的重要性

数据库技术是数据管理的重要技术，是计算机科学的重要分支。数据库技术作为信息系统的核心和基础得到越来越广泛的应用，从小型单项事务处理系统到大型信息系统，从联机事务处理（On-Line Transaction Processing，OLTP）到联机分析处理（On-Line Analysis Processing，OLAP），从一般企业管理到计算机辅助设计与制造（Computer-Aided Design and Manufacturing，CAD/CAM）、计算机集成制造系统（Computer Integrated Manufacturing System，CIMS）、电子政务（E-covernment）、电子商务（E-commerce）、地理信息系统（Geographical Information System，GIS）等，越来越多的应用领域采用数据库技术来存储和处理信息资源。

数据库技术研究如何对数据进行有效管理，包括组织和存储数据，在数据库系统中减少数据冗余、实现数据共享、保障数据安全，以及高效地检索和处理数据。随着互联网的发展，广大用户可以直接访问并使用数据库，如使用网络订购商品、银行转账等。数据库已经成为每个人生活中不可缺少的部分。

1.1.2 数据管理技术的发展

数据管理是指对数据进行分类、组织、编码、存储、检索和维护，是数据处理的核心。而数据的处理是指对各种数据进行收集、存储、加工和传播的一系列活动的总和。

通过了解数据库管理技术的发展，可以理解数据库管理技术是基于什么样的需要而诞生和逐步发展的。

数据管理技术经历了人工管理、文件系统、数据库系统三个阶段。这三个阶段的介绍如下。

1. 人工管理阶段

20世纪50年代中期以前，计算机主要用于科学计算，硬件方面只有纸带、卡片、磁带等外存，没有磁盘等直接存取的存储设备；软件方面也没有操作系统和管理数据的专门软件；数据处理方式是批处理。人工管理数据具有以下特点。

（1）数据不能在计算机中长期保存。

当时计算机主要用于科学计算，一般不需要将数据长期保存，只需要在计算时将数据输入，使用完就清除。不仅对用户数据如此处置，对系统软件有时也是这样。

（2）应用程序管理数据。

数据需要由应用程序自己设计、说明（定义）和管理，没有相应的软件系统负责数据的管理工作。应用程序不仅要规定数据的逻辑结构，而且要设计物理结构，包括存储结构、存取方法、输入方式等。

（3）数据不共享。

数据是面向应用程序的，一组数据只能对应一个程序。当多个应用程序涉及某些相同的数据时必须各自定义，不能互相引用、互相参照，程序之间有大量的冗余数据。

（4）数据不具有独立性。

数据的逻辑结构或物理结构发生变化后，应用程序必须做相应的修改，数据完全依赖于应用程序，数据缺乏独立性。

在人工管理阶段，应用程序与数据之间的对应关系可用图1-1表示。

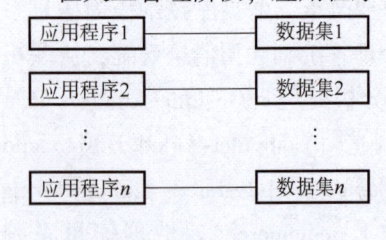

图1-1 人工管理阶段应用程序与数据之间的对应关系

2. 文件系统阶段

20世纪50年代后期到20世纪60年代中期，硬件方面已有了磁盘、磁鼓等直接存取的存储设备，软件方面有了操作系统，数据管理进入文件系统阶段。在这个阶段，数据以文件为单位保存在外存储设备中，由操作系统负责管理，程序和数据分离，实现了以文件为单位的数据共享。

文件系统阶段具有以下特点。

（1）数据可以长期保存。

由于计算机大量用于数据处理，数据需要长期保留在外存上反复进行查询（query）、修改（update）、插入（insert）和删除（delete）等操作。

（2）由文件系统管理数据。

由专门的软件即文件系统进行数据管理，文件系统把数据组织成相互独立的数据文件，利用"按文件名访问，按记录进行存取"的管理技术，提供了对文件进行打开与关闭、对记录读取和写入等存取方式。

（3）数据共享性差，冗余度大。

在文件系统中，一个（或一组）文件基本上对应于一个应用程序，文件仍然是面向应用的。即使不同的应用程序具有部分相同的数据时，也必须建立各自的文件，而不能共享相同的数据，因此数据的冗余度大，浪费存储空间。同时由于相同数据的重复存储、各自管理，容易造成数据的不一致性，给数据的修改和维护带来了困难。

（4）数据独立性差。

文件系统中的文件是为某一特定应用服务的，文件的逻辑结构是针对具体的应用来设计和优化的，增加应用和改变数据的逻辑结构变得非常困难，数据依赖于应用程序，缺乏独立性。文件系统是无整体结构的数据集合，文件之间是孤立的，不能反映现实世界事物之间的内在联系（relationship）。

在文件系统阶段，应用程序与数据之间的对应关系可用图 1-2 表示。

3. 数据库系统阶段

20 世纪 60 年代后期以来，计算机应用越来越广泛，管理的数据量急剧增长，应用范围越来越广泛。多种应用、多种语言对数据共享的需求越来越强烈，硬件方面已有大容量磁盘，硬件价格下降；软件方面则价格上升，为编制和维护系统软件及应用程序所需

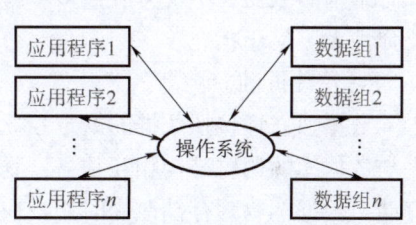

图 1-2　文件系统阶段应用程序与数据之间的对应关系

的成本相对增加；在处理方式上，联机实时处理要求更多，并开始提出和考虑分布处理。文件系统的管理方式已经无法满足需求。为解决多用户、多应用共享数据的需求，使数据为尽可能多的应用服务，数据库技术应运而生，出现了统一管理数据的专业软件系统——数据库管理系统（DataBase Management System，DBMS）。数据管理技术进入了数据库系统阶段。

用数据库系统来管理数据比文件系统具有明显的优点，从文件系统到数据库系统标志着数据管理技术的飞跃。

数据库系统阶段具有以下特点。

（1）数据结构化。

数据库系统实现了整体数据的结构化，这是数据库的主要特征之一，也是数据库系统与文件系统的本质区别。这里的"整体"结构化是指数据库中的数据不再仅仅针对某一个应用文件系统中，不像文件系统中虽然记录内部具有结构，但是记录的结构和记录之间的联系被固化在程序中。"整体"结构化不仅数据内部是结构化的，而且整体是结构化的，数据之间是具有联系的。

在数据库系统中，不仅数据是整体结构化的，而且存取数据的方式也很灵活，可以存取数据库中的某一个或一组数据项，一个记录或一组记录。而在文件系统中，数据的存取单位是记录，粒度不能细到数据项。

（2）数据的共享性高、冗余度低且易扩充。

数据库系统中的数据是面向整体的，所以数据可以被多个用户、多个应用共享使用，可以大幅减少数据冗余，节约存储空间。同时避免了数据之间的不相容性与不一致性。

例如，学校建有学生和宿舍管理应用，为所有学生进行统一的学籍和宿舍管理，若两种软件的数据（如学生姓名、所属学院、学籍状态等）无法共享，就会出现如下问题。

① 两种软件各自保存自己的数据，数据结构不一致，无法互相读取。系统使用者需要向两个软件分别录入数据。

② 相同的学生信息数据保存两份，造成数据冗余，浪费存储空间。

③ 若学生退学仅修改学生系统数据，宿舍系统仍会保留宿舍床位，造成数据的不一致。

使用数据库系统后，数据只需保存一份，其他应用都通过数据库系统存取数据，这就实现了数据的共享。

数据的不一致性是指同一数据不同副本的值不一样。人工管理或文件系统管理的数据被重复存储，当不同的应用使用和修改不同的数据副本时就很容易造成数据的不一致。

数据库系统中数据共享性减少了由于数据冗余造成的不一致现象。同时，对于整个系统中有结构的数据，不仅可以被多个应用共享使用，而且容易增加新的应用，这就使数据库系统弹性大，易于扩充。

（3）数据独立性高。

数据独立性包括数据的物理独立性和逻辑独立性。其中，逻辑独立性是指用户的应用程序与数据库的逻辑结构相互独立；物理独立性是指用户程序不需要了解数据在数据库中如何存储，数据的物理存储改变时用户应用程序也不用改变。

数据独立性是由数据库管理系统的三级模式（schema）和二级映像功能来保证的，将在后面的内容中进行讨论。

数据与程序的独立把数据的定义从程序中分离出去，从而简化了应用程序的编制，大大减少了应用程序的维护和修改。

（4）数据统一管理和控制。

数据的统一控制包括以下 4 点。

① 数据的安全性（security）控制：数据的安全性是指保护数据以防止不合法使用造成的数据泄密和破坏。每个用户只能按规定对某些数据或数据项以具体的方式使用和处理。

② 数据的完整性（integrity）控制：数据的完整性指数据的正确性、有效性和相容性。完整性控制将数据控制在有效的范围内，并保证数据之间满足一定的关系。

③ 并发（concurrency）控制：当多用户的并发进程同时存取、修改数据库时，可能会产生相互干扰，因此须对多用户的并发操作加以控制和协调。

④ 数据库恢复（recovery）：数据库管理系统必须具有将数据库从硬件故障、软件故障、操作员的失误，以及故意破坏产生的错误状态，恢复到某一已知的正确状态的功能。

数据库系统阶段应用程序与数据之间的对应关系可用图 1-3 表示。

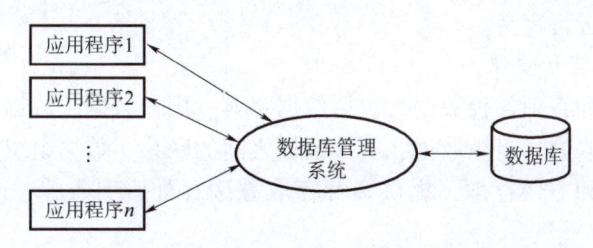

图 1-3　数据库系统阶段应用程序与数据之间的对应关系

1.1.3　数据库的相关概念

1. 数据

数据是数据库中存储的基本对象。描述事物的符号记录称为数据，表现形式为数字（number）、文字（text）、图形（graph）、图像（image）、音频（audio）、视频（video）等，都可以经过数字化后存入计算机。

数据的表现形式还不能完全表达其内容，需要经过解释，数据和关于数据的解释是不可分的。例如，2023 是一个数据，可以是一个年份，也可以是某个货物的数量。数据的解释是指对数据含义的说明，数据的含义称为数据的语义，数据与其语义是不可分的。

例如，"张三同学，男生，2003 年 5 月生，江苏省南京市人，2023 年入学"在计算机中的表示形式为（张三，男，200305，江苏省南京市，计算机系，2023）。计算机中有结构的表示形式就是描述学生的数据，是数据的表现形式，表达了相应的语义。

2. 数据库

数据库是按一定的数据模型组织、描述和存储在计算机内，有组织的、可共享的大量数据的集合。

数据库中的数据存储，具有较小的冗余度、较高的数据独立性和易扩展性，并可被各类用户共享。

数据库数据具有永久存储、有组织和可共享 3 个基本特点。

3. 数据库管理系统

专门用于创建和管理数据库的一套软件，介于应用程序和操作系统之间，如 MySQL、Oracle、SQL Server、DB2 等。数据库管理系统不仅具有最基本的数据管理功能，还能保证数据的完整性、安全性和可靠性。

4. 数据库应用程序

虽然已经有了数据库管理系统，但在很多情况下，数据库管理系统无法单独满足用户对数据库的管理。此时，就需要使用数据库应用程序与数据库管理系统进行通信、访问和管理数据库中存储的数据。

1.1.4　数据库管理系统

数据库管理系统是介于应用程序与操作系统之间，专门用于创建和管理数据的一套软件。数据库管理系统和操作系统都是计算机的基础软件。主要功能包括以下几个方面。

1. 数据定义功能

提供数据定义语言（Data Definition Language，DDL），用户通过它可以对数据库中的数据对象的组成与结构进行定义。

2. 数据组织、存储和管理

分类组织、存储和管理各种数据，包括数据字典、用户数据、数据的存取路径等。确定以何种文件结构和存取方式组织数据、实现数据之间的联系。数据组织和存储的基本目标是提高存储空间利用率和方便存取，提供多种存取方法（如索引查找、hash 查找、顺序查找等）来提高存取效率。

3. 数据操纵功能

提供数据操纵语言（Data Manipulation Language，DML），用户可以使用它操作数据，实现对数据库的基本操作，如查询、插入、删除和修改等。

4. 数据库的事务管理和运行管理

数据库在建立、运用和维护时由数据库管理系统统一管理和控制，以保证事务的正确运行，保证数据的安全性、完整性、多用户对数据的并发使用及发生故障后的系统恢复。

5. 数据库的建立和维护功能

包括数据库初始数据的输入、转换功能，数据库的转储、恢复功能，数据库的重组织功能和性能监视、分析功能等。通常由一些实用程序或管理工具完成。

6. 其他功能

包括与其他软件系统的通信功能，与另一个数据库管理系统或文件系统的数据转换功能，异构数据库之间的互访和互操作功能等。

1.2 数据库系统的组成

1.1 节介绍了数据库、数据库管理系统、数据库应用程序等，也指出 20 世纪 60 年代后期以来是数据库系统阶段。那么什么是数据库系统？简单来说数据库系统是由数据库、数据库管理系统（及其应用开发工具）、应用程序和数据库管理员（DataBase Administrator，DBA）组成的存储、管理、处理和维护数据的系统。其组成如图 1-4 所示。

下面分别介绍这几个部分的内容。

1. 硬件平台及数据库

由于数据库系统的数据量很大，加之数据库管理系统丰富的功能使其自身的规模也很大，因此整个数据库系统对硬件资源提出了较高的要求，这些要求包括以下 3 点。

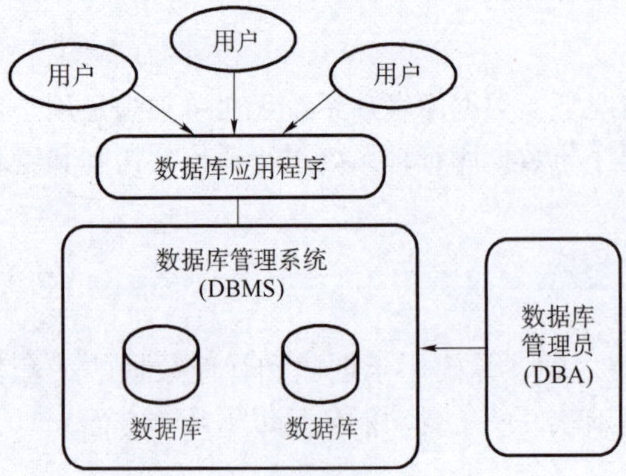

（1）足够大的内存。

（2）足够大的磁盘或磁盘阵列。

（3）较高的通道能力。

2. 软件

数据库系统的软件主要包括以下 5 种。

（1）数据库管理系统。

（2）支持数据库管理系统运行的操作系统。

（3）具有数据库接口的高级语言及其编译系统。

图 1-4 数据库系统的组成

(4) 应用开发工具。
(5) 数据库应用系统。

3. 人员

开发、管理和使用数据库系统的人员主要包括数据库管理员、系统分析员和数据库设计人员、应用程序员和最终用户。

(1) 数据库管理员。

负责全面管理和控制数据库系统环境下的数据库和数据库管理系统软件，具体包括以下职责。

① 决定数据库中的信息内容和结构。参与数据库设计的全过程，确定数据库中要存放的信息，做好数据库设计。

② 决定数据库的存储结构和存取策略。综合各用户的应用要求，和数据库设计人员共同决定数据的存储结构和存取策略。

③ 定义数据的安全性要求和完整性约束条件。负责确定各个用户对数据库的存取权限、数据的保密级别和完整性约束条件。

④ 监控数据库的使用和运行。监视数据库系统的运行情况，及时处理运行过程中出现的问题。

⑤ 数据库的改进和重组、重构。对运行情况进行记录、统计分析，依靠工作实践并根据实际应用环境不断改进数据库设计。

(2) 系统分析员和数据库设计人员。

系统分析员负责完成应用系统的需求分析和规范说明，确定系统的硬件、软件配置，并参与数据库系统的概要设计。

数据库设计人员负责数据库中数据的确定及数据库各级模式的设计。参加用户需求调查和系统分析，进行数据库设计。

(3) 应用程序员。

负责设计和编写应用系统的程序模块，并完成调试和安装。

(4) 最终用户。

通过应用系统的用户接口使用数据库。常用的接口方式有浏览器、菜单驱动、表格操作、图形显示、报表书写等。分为以下 3 类。

① 偶然用户。不经常访问数据库，一般是企业或组织机构的中高级管理人员。

② 简单用户。主要工作是查询和更新数据库，银行的职员、航空公司的机票预订工作人员、宾馆总台服务员等都属于这类用户。

③ 复杂用户。能够直接使用数据库语言访问数据库，甚至能够基于数据库管理系统的应用程序接口编制自己的应用程序。

1.3 数据库系统结构

数据库系统的结构从数据库应用开发人员角度看，通常采用三级模式结构。从数据库最终用户角度看，数据库系统的结构分为单用户结构、主从式结构、分布式结构、客户-服务器、浏览器-应用服务器/数据库服务器多层结构等。本章着重对数据库系统的三级模式进行介绍。

在数据模型中有"型"（type）和"值"（value）的概念。型是指对某一类数据的结构和属性（attribute）的说明，值是型的一个具体赋值。例如，学生记录定义为（姓名，性别，出生日期，籍贯，系别，年级）的记录型，而（张三，男，200305，江苏省南京市，计算机系，2023）则是该记录型的一个具体记录值。

模式是型的描述，只对数据库中全体数据的逻辑结构和特征进行描述，不涉及具体的值。模式的一个具体值称为模式的一个实例（instance），同一个模式可以有很多实例。

例如，在学生选课数据库模式中包含学生记录、课程记录和学生选课记录，现有一个具体的学生选课数据库实例，该实例包含了学校中所有学生的记录、学校开设的所有课程的记录和所有学生选课的记录。需要注意的是不同要求产生不同的实例，同时实例也是会发生变化的。

模式是相对稳定的，而实例是相对变动的，因为数据库中的数据是不断更新的。模式反映的是数据的结构及其联系，而实例反映的是数据库某一时刻的状态。

虽然实际的数据库管理系统产品种类很多，它们支持不同的数据模型，使用不同的数据库语言，建立在不同的操作系统之上，数据的存储结构也各不相同，但它们在体系结构上通常都具有相同的特征，即采用三级模式结构（早期微机上的小型数据库系统除外）并提供两级映像功能。三级模式包括概念模式、外模式和内模式。概念模式也就是所有数据的公共视图（view），外模式也就是数据库的用户视图，内模式也就是数据库的内部组织，三级模式和二级映像将在本章后续节进行详细介绍。

1.4 数据模型

人们对模型并不陌生，如房地产销售大厅有商品房建筑沙盘、玩具小汽车或航模飞机，这些都是模型，它们是生活中真实事物某种形式的展现，体现了具体的实际事物。模型是对现实世界中某个对象特征的模拟和抽象。数据库系统也是基于数据模型（Data Model）建立的。

1.4.1 数据模型及其分类

数据库技术的发展是沿着数据模型推进的。数据模型也是一种模型，但它是对现实世界数据特征的抽象。也就是说数据模型是通过描述数据、组织数据和对数据的操作来表示现实世界的。

由于计算机不可能直接处理现实世界中的具体事物，所以人们必须事先把具体事物转换成计算机能够处理的数据，也就是首先要数字化，进而形成信息世界。把现实世界中具体的人、物、活动、概念用数据模型这个工具来抽象、表示和处理。通俗地讲，数据模型就是现实世界的模拟。

现有的数据库系统均是基于某种数据模型的。数据模型是数据库系统的核心和基础。

数据模型应满足3方面要求：一是能真实地模拟现实世界，二是容易理解，三是便于在计算机上实现。如同在建筑设计和施工的不同阶段需要不同的图纸一样，开发实施数据库应用系统时也需要使用不同的数据模型：概念模型（Conceptual Model）、逻辑模型和物理模型。

根据模型应用的不同目的，可以将这些模型划分为两大类。

第一类是概念模型，又称信息模型，基于用户的观点对数据和信息进行建模，主要用于数据库应用系统设计。

第二类是逻辑模型和物理模型。其中逻辑模型主要包括层次模型（Hierarchical Model）、网状模型（Network Model）、关系模型（Relational Model）、面向对象数据模型（Object Oriented Data Model）、对象关系数据模型（Object Relational Data Model）、半结构化数据模型（Semi-structured Data Model）等。逻辑模型是从计算机系统的观点对数据进行组织和建模，主要用于数据库管理系统的实现。

第二类中的物理模型是对数据最底层的抽象，它描述数据在系统内部的表示方式和存取方法，或者在磁盘或磁带上的存储方式和存取方法，是面向计算机系统的。物理模型是由数据库管理系统来实现的，最终用户则不必考虑物理模型实现的细节。

各种机器上实现的数据库管理系统软件都是基于某种数据模型或者说是支持某种数据模型的。

为了把现实世界中的具体事物抽象、组织为某一数据库管理系统支持的数据模型，人们常常首先将现实世界抽象为信息世界，然后将信息世界转换为机器世界。具体的实现过程是，首先把现实世界中的客观对象抽象为某一种信息结构，这种信息结构并不依赖于具体的计算机系统或某一个数据库管理系统支持的数据模型，而是概念模型；然后再把概念模型转换为计算机上某一数据库管理系统支持的数据模型，而这一过程也就是进行数据库设计的过程，如图1-5所示。

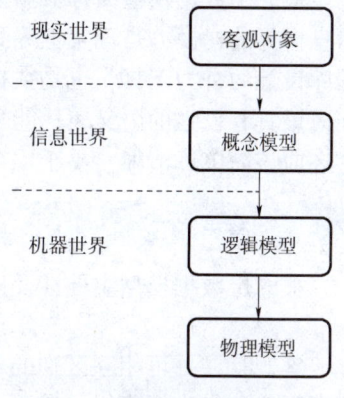

图1-5 现实世界中客观对象的抽象过程

1.4.2 数据模型的组成

数据模型是通过描述数据、组织数据和对数据的操作来表示现实世界的。因此必须精确描述出现实世界的静态特性、动态特性和相互的完整性约束条件。数据模型通常由数据结构、数据操作和数据的完整性约束条件3部分组成。

1. 数据结构

数据结构描述数据库的组成对象及对象之间的联系。因此，数据结构所要描述的内容可分为两个方面：一是对象的类型、内容、性质，如网状模型中的数据项、记录，关系模型中的域、属性、关系等；二是与数据之间联系有关的对象。

数据结构是刻画一个数据模型最直接最重要的方式。因此在数据库系统中，人们通常按照数据结构的类型来命名数据模型。例如，层次结构、网状结构和关系结构的数据模型分别命名为层次模型、网状模型和关系模型。

数据结构是所描述的对象类型的集合，是对系统静态特性的描述。

2. 数据操作

数据操作是指对数据库中各种对象（型）的实例（值）允许执行的操作的集合，包括操作及有关的操作规则。

数据库主要有查询和更新（包括插入、删除、修改）两大类操作。每种数据模型必须对这些操作的确切含义、操作符号、操作规则（如优先级）及实现操作的语言进行定义。

数据操作是对系统动态特性的描述。

3. 数据的完整性约束条件

数据的完整性约束条件是一组完整性规则。反映了数据模型中数据及其联系的制约和依存规则，以保证数据的正确、有效和相容。

数据模型应该反映和规定其必须遵守的基本的和通用的完整性约束条件。如关系模型中，任何关系必须满足实体完整性（entity integrity）和参照完整性（referential integrity）。

1.5 概念层数据模型

概念层数据模型简称数据模型，是现实世界到机器世界的一个中间层次。概念模型用于信息世界的建模，是现实世界到信息世界的第一层抽象，概念模型是数据库设计人员进行数据库设计的有力工具，也是数据库设计人员和用户之间进行交流的语言，因此概念模型一方面应该具有较强的语义表达能力，能够方便、直接地表达应用中的各种语义知识，另一方面它还应该简单、清晰、易于用户理解。

1.5.1 基本概念

概念层数据模型主要涉及以下一些概念。

1. 实体

客观存在并可相互区别的事物称为实体。实体可以是具体的事物，也可以是抽象的概念或联系，如学生、班级、课程、选修等都是实体。

2. 属性

实体所具有的某一特性称为属性。一个实体可以由若干个属性来描述。例如，学生实体的属性有学号、姓名、性别、出生年月、所在院系、入学时间等。属性由两部分组成，分别是属性和属性值。例如，学号、姓名、性别是属性名，而081102、程明、男是具体的属性值。

3. 码（key）

唯一标识实体的属性集称为码。例如，学号是学生实体的码。

4. 实体型（entity type）

用实体名及其属性名集合来抽象和刻画具有共同特征和性质的同类实体，称为实体型。例如，学生（学号，姓名，性别，出生年月，所在院系，入学时间）就是一个实体型。

5. 实体集（entity set）

同一类型实体的集合称为实体集。例如，全体学生就是一个实体集。

6. 联系

在现实世界中，事物内部及事物之间是有联系的，这些联系在信息世界中反映为实体和实体之间的联系。实体之间的联系通常是指不同实体集之间的联系。

实体之间的联系有一对一、一对多和多对多等多种类型。实体之间联系的详细内容将在第3章数据库设计中讲解。

1.5.2 实体-联系模型

概念层数据模型是对信息世界建模，所以它应该能够方便、准确地表示出上述信息世界中的常用概念。概念层数据模型的表示方法很多，其中最为常用的是实体-联系方法，又称 E-R 方法，是一种使用图形表示的实体联系模型（Entity-Relationship Model），由 Peter Chen 于 1976 年提出。E-R 方法又称 E-R 模型，提供了表示实体、属性和联系的方法，该方法用 E-R 图（E-R diagram）来描述现实世界的概念模型。

有关如何认识和分析现实世界，从中抽取实体和实体之间的联系，建立实体-联系模型，画出 E-R 图的方法等内容将在第 3 章讲解。

1.6 组织层数据模型

组织层数据模型即逻辑数据模型，是数据模型的第二类，是从计算机系统的观点对数据进行组织和建模，主要用于数据库管理系统的组织实现，组织层数据模型主要有以下几种。

(1) 层次模型。
(2) 网状模型。
(3) 关系模型。
(4) 面向对象数据模型。
(5) 对象关系数据模型。
(6) 半结构化数据模型。

其中层次模型和网状模型统称为格式化模型。

格式化模型的数据库系统在 20 世纪 70 年代至 20 世纪 80 年代初非常流行，在数据库系统产品中占据了主导地位。层次数据库系统和网状数据库系统在使用和实现上都要涉及数据库物理层的复杂结构，现在已逐渐被关系数据库系统取代。

20 世纪 80 年代以来，面向对象的方法和技术在计算机各个领域都产生了深远的影响，也促进数据库中面向对象数据模型的研究和发展。许多关系数据库厂商为了支持面向对象模型，对关系模型做了扩展，从而产生了对象关系数据模型。

随着互联网的迅速发展，Web 上各种半结构化、非结构化数据源已经成为重要的信息来源，产生了以 XML 为代表的半结构化数据模型和非结构化数据模型。

本节简要介绍层次模型、网状模型和关系模型。

1.6.1 层次模型

层次模型是数据库系统中最早出现的数据模型，层次数据库系统采用层次模型作为数据的组织方式。层次数据库系统的典型代表是 IBM 公司的信息管理系统（Information Management System，IMS），这是 IBM 公司于 1968 年推出的第一个大型商用数据库管理系统，曾经得到广泛使用。

层次模型用树形结构来表示各类实体及实体间的联系。现实世界中许多实体之间的联系本来就呈现出一种很自然的层次关系，如行政机构、家族关系等。

1. 层次模型的数据结构

在数据库系统中定义满足下面两个条件的基本层次联系的集合称为层次模型。
(1) 有且只有一个节点没有双亲节点，这个节点称为根节点。
(2) 根以外的其他节点有且只有一个双亲节点。

在层次模型中，每个节点表示一个记录类型，记录类型之间的联系用节点之间的连线（有向边）表示，这种联系是父子之间的一对多的联系。这就使层次数据库系统只能处理一对多的实体联系。

每个记录类型可包含若干个字段，这里记录类型描述的是实体，字段描述实体的属性。各个记录类型及其字段都必须命名。各个记录类型、同一记录类型中各个字段不能同名。每个记录类型可以定义一个排序字段，又称码字段，如果定义该排序字段的值是唯一的，则它能唯一地标识一个记录值。

一个层次模型在理论上可以包含任意有限个记录类型和字段，但任何实际的系统都会因为存储容量或实现复杂度而限制层次模型中包含的记录类型个数和字段的个数。在层次模型中，同一双亲的子女节点称为兄弟节点（twin 或 sibling），没有子女节点的节点称为叶节点。例如，学校的管理按层次模型组织的数据示例，如图 1-6 所示。

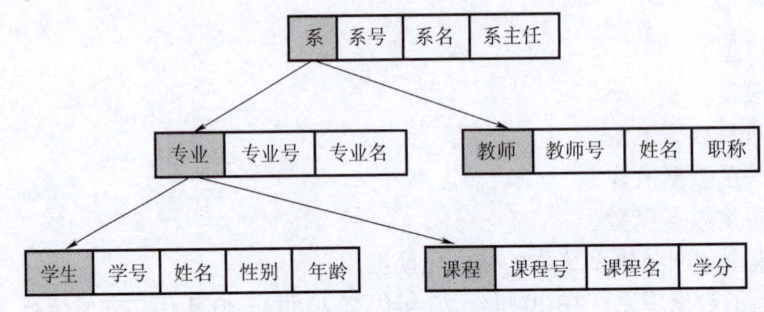

图 1-6　按层次模型组织的数据示例

2. 层次模型的数据操作与完整性约束

层次模型的数据操作主要有查询、插入、删除和更新。进行插入、删除、更新操作时要满足层次模型的完整性约束条件。

进行插入操作时，如果没有相应的双亲节点值就不能插入它的子女节点值。例如，在图 1-6 的层次数据库中，若新调入一名教员，但尚未分配到某个院系，这时就不能将新教员插入数据库中。

进行删除操作时，如果删除双亲节点值，则相应的子女节点值也将被同时删除。

3. 层次模型的优缺点

层次模型的主要优点如下。

（1）数据结构比较简单清晰。

（2）查询效率高。因为层次模型中记录之间的联系用有向边表示，这种联系常常用指针来实现，代表了记录的存取路径。DBMS 要存取和查找某个节点的记录值，沿着这一条路径将很快找到该记录值，所以层次数据库的性能优于关系数据库，同时不低于网状数据库。

（3）可以提供良好的完整性支持。

层次模型的主要缺点如下。

（1）不能完整表达现实世界。因为现实中很多联系是多对多联系，层次模型就不能表示。

（2）对于多双亲节点，用层次模型表示只能通过引入冗余数据等方式解决，易出现数据不一致的情况。

(3) 查询子女节点必须通过双亲节点。
(4) 命令趋于程序化。

层次模型对一对多的层次联系描述非常自然、直观，容易理解，但是对于多对多联系的描述局限性较大。

1.6.2 网状模型

现实世界中事物之间的联系更多的是多对多非层次的，层次模型不能很直接地表示这种联系，网状模型则比较适用。

网状数据库系统采用网状模型作为数据的组织方式。网状模型的典型代表是 DBTG 系统，又称 CODASYL 系统。这是 20 世纪 70 年代数据系统语言研究会（Conference on Data System Language，CODASYL）下属的数据库任务组（Data Base Task Group，DBTG）提出的一个系统解决方案。如 Cullinet Software 公司的 IDMS、Univac 公司的 DMS1100、Honeywell 公司的 IDS/2、HP 公司的 IMAGE 等都采用 DBTG 模型或简化的 DBTG 模型。

1. 网状模型的数据结构

在数据库系统中，把满足以下两个条件的基本层次联系的集合称为网状模型。
(1) 允许一个以上的节点无双亲。
(2) 一个节点可以有多于一个的双亲。

网状模型是一种比层次模型更具普遍性的结构。它允许多个节点没有双亲节点，允许节点有多个双亲节点；此外它还允许两个节点之间有多种联系。因此，网状模型可以更直接地去描述现实世界。而层次模型实际上是网状模型的一个特例。

网状模型中每个节点表示一个记录类型（实体），每个记录类型可包含若干个字段（实体的属性），节点间的连线表示记录类型（实体）之间一对多的父子联系。层次模型中子女节点与双亲节点的联系是唯一的，而在网状模型中这种联系可以不唯一。

下面以学生选课为例来介绍网状数据库的数据组织。

按照常规语义，一个学生可以选修若干门课程，一门课程可以被多个学生选修，因此学生与课程之间是多对多联系。因为网状模型只能描述记录之间多对多的联系而不能表示记录之间多对多的联系，为此引进一个包含学号、课程号、成绩 3 项数据的学生选课连接记录，表示某个学生选修某一门课程及其成绩。学生选课数据库包括 3 个记录类型：学生、课程和选课。在选课连接记录中每个学生可以有多条记录，其只对应学生记录中的一个值，表达其选修多门课程，学生与选课之间是一对多的联系，联系名为 S-SC。同样，课程与选课之间也是一对多的联系，联系名为 C-SC。如图 1-7 所示为学生选课数据库的网状模型。

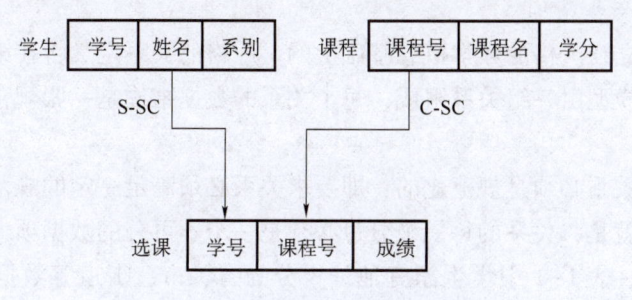

图 1-7 学生选课数据库的网状模型

2. 网状模型的数据操作与完整性约束

网状模型一般来说没有层次模型那样严格的完整性约束条件，但具体的网状数据库系统对数据操作都加了一些限制，提供了一定的完整性约束。

在模式数据定义语言中，DBTG 提供了定义数据库完整性的若干概念和语句，主要包括：

（1）码的概念，码即唯一标识记录的数据项的集合。例如，学生记录（见图 1-7）中学号是码，不允许学生记录中学号出现重复值。

（2）双亲记录和子女记录之间是一对多的联系。

（3）支持父子节点记录之间的约束。例如，有子记录要求父记录存在才能插入，父记录删除时与之相关的子记录也连同删除等。

3. 网状模型的优缺点

网状模型的优点主要有以下两点。

（1）描述现实世界更充分。

（2）具有良好的性能，存取效率较高。

网状模型的缺点主要有以下 3 点。

（1）结构复杂，而且随着应用环境的扩大，数据库的结构就变得越来越复杂，不利于最终用户掌握。

（2）网状模型的 DDL、DML 复杂，不容易使用。

（3）存取路径表达了记录之间的联系，应用程序在访问数据时需要选择合适的存取路径，加重了编写应用程序的负担。

1.6.3 关系模型

关系模型由 IBM 公司的 San Jose 实验室的研究员 E. F. Codd 于 1970 年首次提出，开创了数据库关系方法和关系数据理论的研究，为关系数据库技术奠定了理论基础，E. F. Codd 由此于 1981 年获得 ACM 图灵奖。经过多年发展，关系模型已经成为目前最常用、最重要的模型之一。

20 世纪 80 年代以来，计算机系统商新推出的数据库管理系统几乎都支持关系模型。数据库领域当前的研究工作也是以关系方法为基础。关系数据库系统采用关系模型作为数据的组织方式。因此本书的重点也将放在关系数据库上，以关系数据库管理系统 MySQL 为范本在后面各章详细介绍关系数据库。

1. 关系模型的数据结构

关系模型是建立在严格的数学概念基础上的。严格的关系定义将在第 2 章进行介绍。从用户观点看，关系模型由一组关系组成，每个关系的数据结构是一张规范化（normalization）的二维表。

关系模型要求关系必须是规范化的，即要求关系必须满足一定的规范条件，这些规范条件中最基本的一条就是，关系的每一个分量必须是一个不可分的数据项，也就是说，不允许表中还有表。例如，表 1-1 中学生家庭地址再分为省、市、街道等数据项，学生信息表中包含有表，就不符合关系模型要求。

表 1-1 学生信息表（表中包含表）

学号	姓名	性别	家庭地址			
			省	市	街道	小区楼号
20230101	张明	男	江苏	南京	…	…
…	…	…	…	…	…	…

2. 关系模型的数据操作与完整性约束

关系模型的数据操作包括查询、插入、删除和更新数据。为了保证数据库中数据的正确性和相容性，关系模型中的操作必须满足关系的完整性约束条件。关系的完整性约束条件通常包括实体完整性、参照完整性和用户定义的完整性（user-defined integrity）。其具体含义将在第 2 章进行介绍。

关系模型中的数据操作是集合操作，操作对象和操作结果都是关系，即若干元组的集合，不同于格式化模型中是单记录的操作。此外，关系模型向用户隐藏了存取路径，用户只要指出"干什么"或"找什么"，不必详细说明"怎么干"或"怎么找"，从而大大地提高了数据的独立性，利于最终用户掌握和使用。

3. 关系模型的优缺点

关系模型具有下列优点。

（1）建立在严格的数学概念基础上。

（2）概念单一。关系模型的实体和实体之间的联系都通过关系实现。数据的检索和更新结果也是关系（即二维表）。数据结构简单、清晰，用户易懂易用。

（3）具有更高的数据独立性。

关系模型的缺点是查询效率较低。由于存取路径对用户是不透明的，所以查询效率往往不如格式化数据模型。数据库管理系统需要对查询请求进行优化，当然，这些优化对最终用户也是透明的，用户不用考虑。

1.7 三级模式二级映像与数据独立性

美国国家标准学会（American National Standards Institute，ANSI）所属的标准计划与需求委员会（Standards Planning And Requirements Committee，SPARC）在 1971 年公布的研究报告中提出了 ANSI-SPARC 体系结构，即三级模式结构（或称为三层体系结构）。ANSI-SPARC 最终没有成为正式标准，但它仍然是理解数据库管理系统的基础。

三级模式是指数据库管理系统从三个层次来管理数据，分别是外部层（external level）、概念层（conceptual level）和内部层（internal level）。这三个层次分别对应三种不同类型的模式，分别是外模式（external schema）、概念模式（conceptual schema）和内模式（internal schema）。在外模式与概念模式之间，以及概念模式与内模式之间，还存在映像，即二级映像，具体如图 1-8 所示。

在图 1-8 中，外模式面向应用程序，描述用户的数据视图；内模式（又称为物理模式或存储模式）面向物理上的数据库，描述数据在磁盘中如何存储；概念模式（又称为模式或逻辑模式）面向数据库设计人员，描述数据的整体逻辑结构。

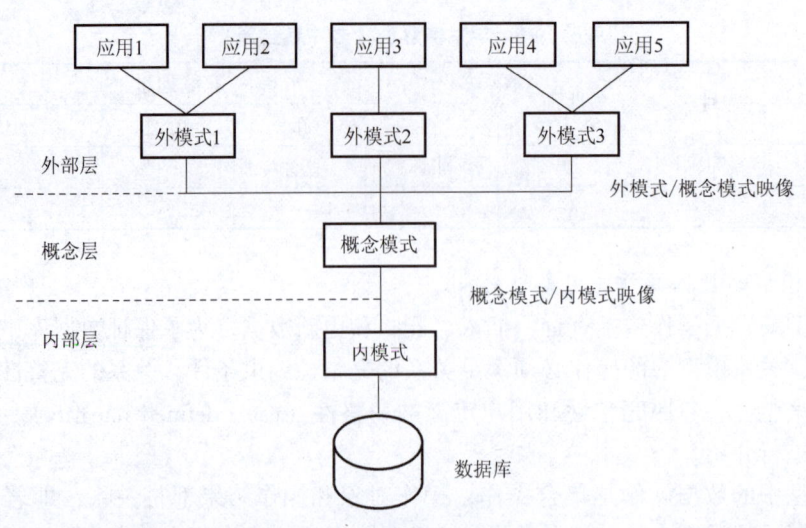

图 1-8 三级模式和二级映像

1.7.1 三级模式结构

1. 概念模式

概念模式又称模式或逻辑模式，是数据库中全体数据的逻辑结构和特征的描述，是所有用户的公共数据视图。它是数据库系统模式结构的中间层，既不涉及数据的物理存储细节和硬件环境，又与具体的应用程序、所使用的应用开发工具及高级程序设计语言无关。

概念模式实际上是数据库数据在逻辑级上的视图。一个数据库只有一个模式，以某一种数据模型为基础，统一综合用户的需求而有机结合成一个逻辑整体。

概念模式类似于二维表格的列标题，它描述了数据库中包含的具体信息、联系及完整性等要求。通过数据库管理系统提供的模式定义语言（Schema Definition Language，SDL）来严格地定义。在定义时要考虑两个方面：一是要定义数据的逻辑结构，如数据记录由哪些数据项构成，数据项的名称、类型、取值范围等；二是要定义数据之间的联系，定义与数据有关的安全性、完整性要求。

2. 外模式

外模式又称子模式（Sub-Schema）或用户模式，它是数据库用户（包括应用程序员和最终用户）能够看见和使用的局部数据的逻辑结构和特征的描述，是用户的数据视图，只与某一应用需求的数据有关。

外模式通常是概念模式的子集。一个数据库可以有多个外模式。由于它是各个用户的数据视图，对应不同的用户，他们在应用需求、看待数据的方式、对数据保密的要求等是不同的，因此其外模式描述也是不同的。一个应用程序只能使用一个外模式。

外模式是保证数据库安全性的一个有力措施。每个用户只能看见和访问所对应的外模式中的数据，数据库中的其余数据是不可见的。

数据库管理系统提供外模式数据定义语言（External Schema Definition Language，ESDL）来严格地定义外模式。

3. 内模式

内模式又称存储模式（Storage Schema），一个数据库只有一个内模式。它是数据物理结构和存储方式的描述，是数据在数据库内部的组织方式。例如，记录的存储方式是堆存储还是按照某个（些）属性值的升（降）序存储，或者按照属性值聚族（cluster）存储；索引按照什么方式组织，是 B+树索引还是 hash 索引；数据的存储记录结构有何规定，如定长结构或变长结构等。在数据库中，具体体现为堆文件、索引文件、散列文件等。

1.7.2　二级映像与数据独立性

数据库系统的三级模式是数据的三个抽象级别，每个级别关心的重点不同。数据库管理系统负责管理数据的具体组织，使用户不必关心数据在计算机中的具体表示方式与存储方式。数据库管理系统在这三级模式之间提供了二级映像功能：外模式/概念模式映像和概念模式/内模式映像，用来满足三个抽象层次的联系和转换。

二级映像保证了数据库系统中的数据具有较高的逻辑独立性和物理独立性。

1. 逻辑独立性

外模式/概念模式映像体现了逻辑独立性。概念模式描述的是数据的全局逻辑结构，外模式描述的是数据的局部逻辑结构。一个模式对应有任意多个外模式。对于每一个外模式，数据库系统都有一个外模式/模式映像，它定义了该外模式与模式之间的对应关系。这些映像在各自外模式的描述中定义。

当概念模式改变时（如增加新的关系、新的属性、改变属性的数据类型等），不影响其上一层的外模式。应用程序是依据数据的外模式编写的，因而应用程序不必修改，保证了数据与程序的逻辑独立性，简称数据的逻辑独立性。

2. 物理独立性

概念模式/内模式映像体现了物理独立性。数据库中只有一个模式，也只有一个内模式，所以概念模式/内模式映像是唯一的，它定义了数据全局逻辑结构与存储结构之间的对应关系。例如，说明逻辑记录和字段在内部是如何表示的。该映像定义通常包含在概念模式描述中。当数据库的存储结构改变时（如选用了另一种存储结构或创建索引以加快查询速度），由数据库管理员对概念模式/内模式映像作相应改变，可以使概念模式保持不变，因而应用程序也不必改变。保证了数据与程序的物理独立性，简称数据的物理独立性。

物理独立性使用户不必了解数据库内部的存储原理即可使用数据库，数据库管理系统会自动将用户的操作转换为物理级数据库的操作。

在三级模式结构中，概念模式即全局逻辑结构是数据库的中心与关键，它独立于数据库的其他层次。因此设计模式结构时应首先确定概念模式。

内模式依赖于它的全局逻辑结构，但独立于数据库的用户视图，即外模式，也独立于具体的存储设备。它是将全局逻辑结构中所定义的数据结构及其联系按照一定的物理存储策略进行组织，以达到较好的时间与空间效率。

外模式面向具体的应用程序，它定义在逻辑模式之上，独立于内模式和存储设备。仅当应用需求发生变化时，外模式才作相应改动，因此设计外模式时应充分考虑应用的扩充性。

应用程序是在外模式描述的数据结构上编制的，它依赖于特定的外模式，与数据库的模式和存储结构独立。不同的应用程序有时可以共用同一个外模式。

二级映像保证了数据库外模式的稳定性，从而从底层保证了应用程序的稳定性，除非应用需求本身发生变化，否则应用程序一般不需要修改。

数据与程序之间的独立性使数据的定义和描述可以从应用程序中分离出去。另外，由于数据的存取由数据库管理系统管理，使应用程序只需关注功能的实现和数据的需求，大大减少了应用程序的维护和修改。

本章小结

本章主要讲解了数据库的基础知识，对数据库的基本概念作了概述，通过对数据管理技术进展情况的介绍，阐述了数据库技术产生和发展的背景。

本章对组成数据模型的3个要素进行了详细介绍，围绕3个要素对3种主要的数据库模型——层次模型、网状模型和关系模型进行了讲解。

本章还介绍了数据库系统的组成及内部结构，详细讲解了数据库系统的三级模式结构和二级映像功能，这保证了数据库系统能够具有较高的逻辑独立性和物理独立性。

本章涉及的数据库基本概念较多，希望同学们在理解的基础上加以掌握，为进一步学习后面的章节打好基础。

课后练习

1. 试述文件系统与数据库系统的区别和联系。
2. 试述数据库系统的特点。
3. 数据库管理系统的主要功能有哪些？
4. 什么是数据模型？试述数据模型的分类。
5. 定义并解释概念模型中以下术语：实体、实体型、实体集、实体之间的联系。
6. 试述层次模型的概念，举出3个层次模型的实例。
7. 试述网状、层次数据库的优缺点。
8. 试述关系模型的概念，定义并解释以下术语：关系、属性、域、元组、码、分量、关系模式。
9. 试述数据库系统的三级模式结构，并说明这种结构的优点。
10. 数据库中数据的物理独立性和逻辑独立性体现在哪里？

第 2 章 关系数据库

1962 年 CODASYL 发表"信息代数",提出使用数学方法来处理数据。1968 年 David Child 在 IBM7090 机上实现了集合论数据结构。1970 年,E. F. Codd 在美国计算机学会会刊 *Communications of the ACM* 上发表了题为 *A Relational Model of Data for Shared Data Banks* 的论文,此后,E. F. Codd 连续发表了多篇论文,系统、严格地提出了关系模型。由此,奠定了关系数据库应用数学方法来处理数据库中数据的理论基础。

20 世纪 70 年代末,基于关系方法理论的软件系统研制也取得了丰硕成果,IBM 公司的 San Jose 实验室在 IBM370 系列机上研制的关系数据库实验系统 SystemR 历时 6 年获得成功。1981 年,IBM 公司宣布具有 SystemR 全部特征的新的数据库软件产品 SQL/DS 问世。美国加州大学伯克利分校也研制了 INGRES 关系数据库实验系统,并由 INGRES 公司发展成为 INGRES 数据库产品。

基于关系代数理论的关系数据库系统从实验室走向社会,成为最重要、应用最广泛的数据库系统,大大促进了数据库应用的蓬勃发展。本章将对关系数据模型进行深入探讨。

2.1 关系数据模型的基本概念与形式化定义

关系模型的数据结构非常简单,关系模型由一组关系组成。在用户看来,每个关系的数据结构是一张规范化的二维表。

关系模型的数据结构虽然简单却能够表达丰富的语义,描述出现实世界的实体及实体间的各种联系。在关系模型中,现实世界的实体及实体间的各种联系均用单一的结构类型,即关系来表示。

2.1.1 关系模型的基本概念

下面以学生登记表(见图 2-1)为例,介绍关系模型中的一些基本概念。

属性(字段)

学号	姓名	性别	出生年月
1	张三	男	1996-02
2	李四	女	1996-04
3	小明	男	1996-06

元组(记录)

图 2-1 学生登记信息二维表

（1）关系：关系一词与数学领域有关，它是集合基础上的一个重要概念，用于反映元素之间的联系和性质。从用户角度来看，关系模型的数据结构是二维表，即通过二维表来组织数据。一个关系对应一张二维表，表中的数据包括实体本身的数据和实体间的联系。

（2）元组（tuple）：表中的一行即为一个元组，在二维表中又称记录。

（3）属性：表中的一列即为一个属性，每一个属性都有属性名，在二维表中又称字段。

（4）键（key）：又称码。表中的某个属性或属性组，在二维表中，唯一标识某一条记录，又称关键字、码。例如，学生的学号具有唯一性，学号可以作为学生实体的键。而学生姓名可能存在重名，不适合作为键。通过键可以为两个二维表建立联系，如图2-2所示。

学生表

学号	学生姓名	学生性别	班级号
1	张三	男	1
2	李四	女	1
3	小明	男	2
4	小红	女	2

班级表

班级号	班级名称	班主任
1	软件班	张老师
2	设计班	王老师

图2-2 学生表与班级表

在图2-2中，班级表中的"班级号"是该表的键，学生表中的"班级号"表示学生所属的班级，两者建立了一对多的联系，即一个班级中有多个学生。其中，班级表的"班级号"称为主键（primary key），学生表的"班级号"称为外键（foreign key）。

（1）域（domain）：域是属性的取值范围。如性别的域是（男，女）。

（2）分量（component）：元组中的一个属性值。

（3）关系模式：对关系的描述，通常可以简记为：关系名（属性1，属性2，⋯，属性n）。例如，图2-1中二维表的关系模式可描述为学生（学号，姓名，性别，出生年月）。

2.1.2 关系数据结构及其形式化定义

关系模型的数据结构是一张规范化的二维表。本章的2.1.1节已经非形式化地介绍了关系模型及有关的基本概念。关系模型建立在集合代数的基础上，下面从集合论角度给出关系数据结构的形式化定义。

1. 域

定义2-1 域是一组具有相同数据类型的值的集合。

例如，自然数、整数、实数、长度小于25字节的字符串集合、(0,1)、（男，女）、大于或等于0且小于或等于100的正整数等，都可以是域。

2. 笛卡儿积（Cartesian product）

笛卡儿积是域上的一种集合运算。

定义2-2 给定一组域D_1，D_2，D_n，允许其中某些域是相同的，$D_1,D_2,\cdots,D_n$的笛卡儿积为$D_1 \times D_2 \times \cdots \times D_n = \{(d_1,d_2,\cdots,d_i) | d_i \in D_i, i=1,2,\cdots,n\}$

其中，每一个元素$(d_1,d_2,\cdots,d_i)$叫作一个n元组（n-tuple），或简称元组（tuple）。

元素中的每一个值 d_i 叫作一个分量。

一个域允许的不同取值个数称为这个域的基数（cardinal number）。

若 $D_i(i=1,2,\cdots,n)$ 为有限集，其基数为 $m_i(i=1,2,\cdots,n)$，则 $D_1\times D_2\times\cdots\times D_n$ 的基数 M 为

$$M = \prod_{i=1}^{n} m_i$$

笛卡儿积可表示为一张二维表。表中的每行对应一个元组，表中的每一列的值来自一个域。如给出两个域：

D_1 = 学生集合 student = （张三，李四）

D_2 = 班级集合 class = （软件班，设计班）

该笛卡儿积的基数为 2×2=4，也就是说，$D_1\times D_2$ 一共有 2×2=4 个元组。这 4 个元组可列成一张二维表，则 D_1，D_2 的笛卡儿积 $D_1\times D_2$ 如图 2-3 所示。

D_1
学生姓名
张三
李四

D_2
班级名称
软件班
设计班

$D_1\times D_2$	
学生姓名	班级名称
张三	软件班
张三	设计班
李四	软件班
李四	设计班

图 2-3　笛卡儿积示例

3. 关系

定义 2-3　$D_1\times D_2\times\cdots\times D_n$ 的子集叫作在域 $D_1,D_2,\cdots,D_n$ 上的关系，表示为

$$R(D_1,D_2,\cdots,D_n)$$

这里 R 表示关系的名字，n 是关系的目或度（degree），通常称关系为 n 元关系。

关系中的每个元素是关系中的元组，通常用 t 表示。

关系是笛卡儿积的有限子集，所以关系也是一张二维表，表的每行对应一个元组，表的每列对应一个域。由于域可以相同，为了加以区分，必须给每列起一个名字，称为属性。n 目关系必有 n 个属性。

若关系中的某一属性组的值能唯一地标识一个元组，而其子集不能，则称该属性组为候选码（candidate key）。

若一个关系有多个候选码，则选定其中一个为主码（primary key）。

候选码中的属性称为主属性（prime attribute）。不包含在任何候选码中的属性称为非主属性（non-prime attribute）或非码属性（non-key attribute）。

在最简单的情况下，候选码只包含一个属性；在最极端的情况下，关系模式的所有属性是这个关系模式的候选码，称为全码（all key）。

一般来说，$D_1,D_2,\cdots,D_n$ 的笛卡儿积是没有实际语义的，只有它的某个真子集才有实际含义。如一个学生只能在一个班级，而图 2-3 中 $D_1\times D_2$ 显示张三既在软件班又在设计班，这是没有意义的。

关系可以有三种类型：基本关系（通常又称基本表或基表）、查询表和视图表。其中，基本表是实际存在的表，它是实际存储数据的逻辑表示；查询表是查询结果对应的表；视图表是由基本表或其他视图表导出的表，是虚表，不对应实际存储的数据。

按照定义 2-2，关系可以是一个无限集合。由于组成笛卡儿积的域不满足交换律，所以按照数学定义，$(D_1,D_2,\cdots,D_n) \neq (D_2,D_1,\cdots,D_n)$。当关系作为关系数据模型的数据结构时，需要给予以下的限定和扩充。

（1）无限关系在数据库系统中是无意义的。因此，限定关系数据模型中的关系必须是有限集合。

（2）通过为关系的每个列取一个属性名的方法取消关系属性的有序。

因此，基本关系具有以下 6 条性质。

（1）列是同质的（homogeneous），即每一列中的分量是同一类型的数据，来自同一个域。

（2）不同的列可出自同一个域，称其中的每一列为一个属性，不同的属性要给予不同的属性名。如学生姓名和教师姓名都来自同一个姓名域，但为了区分教师和学生，可以分为教师姓名和学生姓名两个属性。

（3）列的顺序无所谓，即列的次序可以任意交换。由于列顺序是无关紧要的，因此在许多实际关系数据库产品中增加新属性时，默认是插至最后一列。

（4）任意两个元组的候选码不能取相同的值。

（5）行的顺序可以任意交换。

（6）分量必须取原子值，即每一个分量都必须是不可分的数据项。

关系模型要求关系必须是规范化的，即要求关系必须满足一定的规范条件。这些规范条件中最基本的一条就是，关系的每一个分量必须是一个不可分的数据项。规范化的关系简称范式（Normal Form，NF）。范式的概念及应用将在第 3 章进行详细介绍。

2.1.3 关系模式

关系数据库中，关系模式是型，关系是值。关系模式是对关系的描述，关系是元组的集合，因此关系模式必须指出这个元组集合的结构，即它由哪些属性构成，这些属性来自哪些域，属性与域之间的映像关系，以及完整性约束条件。

定义 2-4 关系的描述称为关系模式（relation schema）。它可以形式化地表示为

$$R(U,D,DOM,F)$$

其中，R 为关系名，U 为组成该关系的属性名集合，D 为 U 中属性所来自的域，DOM 为属性向域的映像集合，F 为属性间数据的依赖关系集合。

本章中关系模式仅涉及关系名、各属性名、域名、属性向域的映像 4 部分，即 $R(U,D,DOM)$。

关系模式通常可以简记为

$$R(U) \text{ 或 } R(A_1,A_2,\cdots,A_n)$$

其中 R 为关系名，$A_1,A_2,\cdots,A_n$ 为属性名。而域名及属性向域的映像常常直接说明为属性的

类型、长度。

关系是关系模式在某一时刻的具体的值。关系模式是型，具有静态和稳定性，而关系是动态的、随时间不断变化的。在实际工作中，人们常常把关系模式和关系都笼统地称为关系。

2.1.4 关系数据库及其存储结构

在关系模型中，实体及实体间的联系都是用关系来表示的。例如，学生实体、课程实体、学生与课程之间多对多的选课联系都可以分别用一个关系来表示，所有关系的集合构成一个关系数据库。

关系数据库也有型和值之分。关系数据库的型又称关系数据库模式，是对关系数据库的描述。关系数据库模式包括若干关系模式。关系数据库的值是这些关系模式在某一时刻对应的关系的集合，通常就称为关系数据库。

关系数据模型中实体及实体间的联系都用二维表来表示，关系数据库的物理组织取决于数据库管理系统，有的关系数据库管理系统中一个表对应一个操作系统文件，将物理数据组织交给操作系统完成；有的关系数据库管理系统从操作系统申请若干个大文件，划分文件空间，组织表、索引等存储结构，并进行存储管理。如图 2-4 所示是 MySQL 的数据库存储结构。

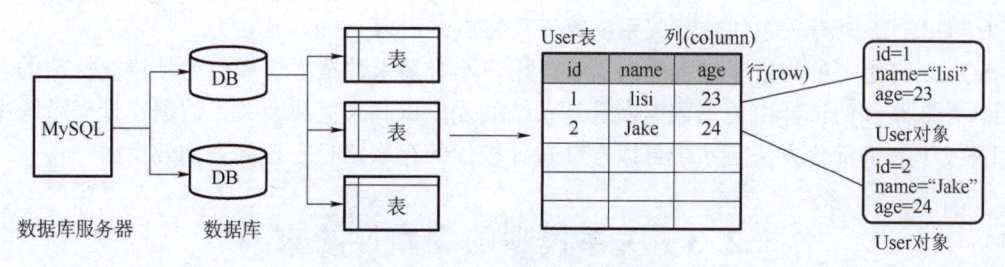

图 2-4 MySQL 的数据库存储结构

2.2 关系操作

关系模型给出了关系操作能力的说明，但不对关系数据库管理系统语言给出具体的语法要求，也就是说不同的关系数据库管理系统可以定义和开发不同的语言来实现这些操作。

2.2.1 基本的关系操作

关系模型中常用的关系操作包括查询操作和插入、删除、修改操作两大部分。

关系的查询表达能力很强，是关系操作中最主要的部分。查询操作又可以分为选择（select）、投影（project）、连接（join）、除（divide）、并（union）、差（except）、交（intersection）、笛卡儿积等。其中选择、投影、并、差、笛卡儿积是 5 种基本操作，其他操作可以用基本操作来定义和导出，就像乘法可以用加法来定义和导出一样。

关系操作的特点是集合操作方式，即操作的对象和结果都是集合。而非关系数据模型的数据操作对象和结果都是一条记录。

2.2.2 关系语言

早期的关系操作能力通常用代数方式或逻辑方式来表示，分别称为关系代数（Relational Algebra）和关系演算（Relational Calculus）。对待查询要求，关系代数用对关系的运算来表达，关系演算则用谓词来表达。一个关系数据语言如果能够表示关系代数可以表示的查询，称其为具有完备的表达能力，简称关系完备性。已经证明关系代数、关系演算在表达能力上是等价的，都具有完备的表达能力。

关系代数、关系演算均是抽象的查询语言，这些抽象的语言与具体的关系数据库管理系统中实现的实际语言并不完全一样。但它们能用作评估实际系统中查询语言能力的标准。实际的查询语言除了提供关系代数或关系演算的功能外，还提供了许多附加功能，如聚集函数、关系赋值、算术运算等。

另外，还有一种介于关系代数和关系演算之间的结构化查询语言（Structured Query Language，SQL）。SQL 不仅具有丰富的查询功能，而且具有数据定义和数据控制功能，是集查询、数据定义语言、数据操纵语言和数据控制语言于一体的关系数据语言。它充分体现了关系数据语言的特点和优点，是关系数据库的标准语言，为目前各大数据库厂商所支持。

关系数据语言可以分为 3 类：关系代数语言（如 ISBL）、关系演算语言（如 ALPHA、QUEL、QBE）、具有关系代数和关系演算双重特点的语言（如 SQL）。

SQL 语言是一种高度非过程化的语言，用户不必请求数据库管理员为其建立特殊的存取路径，存取路径的选择由关系数据库管理系统的优化机制来完成。关系数据库管理系统中研究和开发了查询优化方法，系统可以自动选择较优的存取路径，提高查询效率。

2.3 关系模型的完整性约束

关系模型的完整性规则是为保证数据库中数据的正确性和相容性而规定的某种约束条件。关系值的变化应该满足一些约束条件。这些约束条件实际上是现实世界在数据库世界的语义要求。

完整性约束包括实体完整性、参照完整性和用户定义的完整性。其中实体完整性和参照完整性是关系模型必须满足的完整性约束条件，被称作是关系的两个不变性，由数据库管理系统支持。用户定义的完整性是应用领域需要遵循的约束条件，体现了具体情景的语义要求。

2.3.1 实体完整性

关系数据库中每个元组应该是可区分的，是唯一的。这样的约束条件用实体完整性来保证。

规则 2-1 实体完整性规则：若属性（一个或一组属性）A 是基本关系 R 的主属性，则 A 不能取空值（null value）。

例如，学生（学号，姓名，性别，班级号，出生日期）关系中学号为主码，则学号不能取空值。

按照实体完整性规则的规定，如果主码由若干属性组成，则所有这些主属性都不能取空值。例如，选修（学号，课程号，成绩）关系中，"学号、课程号"为主码，则"学号"和"课程号"两个属性都不能取空值。

对于实体完整性规则说明如下。

（1）实体完整性规则是针对基本关系而言的。一个关系通常对应现实世界的一个实体集。如学生关系对应于学生的集合。

（2）现实世界中的实体是可区分的，即它们都是唯一的。如每个学生都是独特的个体，是不一样的。

（3）关系模型中以主码作为元组的唯一性标识，与现实世界的实体一一对应。

（4）主码中的属性即主属性不能取空值。如果主属性取空值，就说明存在不可标识的实体，即存在不可区分的实体，这与（2）相矛盾，因此这个规则称为实体完整性。

2.3.2 参照完整性

现实世界中的实体之间往往存在某种联系，在关系模型中实体及实体间的联系都是用关系来描述的，关系与关系之间的联系采用引用来表达。如下例所示。

例：学生、课程、学生与课程之间的多对多联系可以用以下3个关系表示。

学生（学号，姓名，性别，专业号，年龄）

课程（课程号，课程名，学分）

选修（学号，课程号，成绩）

这三个关系之间的联系也存在着属性的引用，即选修关系引用了学生关系的主码"学号"和课程关系的主码"课程号"。同样，选修关系中的"学号"值必须是确实存在的学生的学号，即学生关系中有该学生的记录；选修关系中的"课程号"值也必须是确实存在的课程的课程号，即课程关系中有该课程的记录。

选修关系中某些属性的取值需要参照其他关系的属性取值。

定义 2-5 设 F 是基本关系 R 的一个或一组属性，但不是关系 R 的码，K 是基本关系 S 的主码。如果 F 与 K 相对应，则称 F 是 R 的外码，并称基本关系 R 为参照关系（Referencing Relation），基本关系 S 为被参照关系（Referenced Relation）或目标关系（Target Relation）。

显然，目标关系 S 的主码 K，和参照关系 R 的外码 F 必须定义在同一个（或同一组）域上。

选修关系的"学号"属性与学生关系的主码"学号"相对应；选修关系的"课程号"属性与课程关系的主码"课程号"相对应，因此"学号"和"课程号"属性是选修关系的外码。这里学生关系和课程关系均为被参照关系，选修关系为参照关系，如图2-5所示。

学生关系 ←──学号── 选修关系 ──课程号──→ 课程关系

图 2-5 关系参照

需要指出的是，外码并不一定要与相应的主码同名。不过，在实际应用中为了便于识别，当外码与相应的主码属于不同关系时，往往给它们取相同的名字。

参照完整性规则就是定义外码与主码之间的引用规则。

规则 2-2 参照完整性规则：若属性（或属性组）F 是基本关系 R 的外码，它与基本关系 S 的主码 K 相对应（基本关系 R 和 S 不一定是不同的关系），则对于 R 中每个元组在 F 上的值必须满足以下条件。

（1）或者取空值（F 的每个属性值均为空值，表示暂未确定）。

（2）或者等于 S 中某个元组的主码值。

按照参照完整性规则，如学生（学号，姓名，性别，专业号，年龄）和专业（专业号，专业名）两关系中学生关系属性"专业号"为外码，当取空值时表示该学生未分配专业；例中选修关系"学号"和"课程号"属性也可以取两类值：空值或目标关系中已经存在的值。但由于"学号""课程号"是选修关系中的主属性，按照实体完整性规则，它们均不能取空值，所以选修关系中的"学号"和"课程号"属性实际上只能取相应被参照关系中已经存在的主码值。

2.3.3 用户定义的完整性

任何关系数据库系统都应该支持实体完整性和参照完整性。这是关系模型所要求的。除此之外，不同的关系数据库系统根据其应用环境，往往还需要一些特殊的约束条件。针对某一具体关系数据库的约束条件则称为用户定义的完整性，反映某一具体应用所涉及的数据必须满足的语义要求。例如，某个非主属性不能取空值、选修关系中学生成绩取值范围在 0～100 等。

关系模型应提供定义和检验这类完整性的机制，以便使用统一系统方法进行处理。实际应用中，一般由数据库管理系统来提供定义和检验用户定义的完整性的机制。

2.4 关系代数

关系代数是一种抽象的查询语言，它通过专门的关系运算符对关系进行运算来表达查询。关系代数运算的对象是关系，运算结果也是关系。关系代数用到的运算符包括两类：集合运算符和专门的关系运算符，如表 2-1 所示。

表 2-1 关系代数运算符

集合运算符	含义	专门的关系运算符	含义
∪	并	σ	选择
-	差	π	投影
∩	交	⋈	连接
×	笛卡儿积	÷	除

关系代数的运算按运算符的不同可分为传统的集合运算和专门的关系运算两类。其中，传统集合运算的对象是关系的子集也就是元组的集合，是从关系的"水平"方向，即行的角度来进行的；而专门的关系运算不仅涉及行，而且涉及列。比较运算符和逻辑运算符是用

来辅助专门的关系运算符进行操作的。

2.4.1 传统的集合运算

传统的集合运算包括并、差、交、笛卡儿积4种运算。其中，并、差、交需要参与运算的两个关系具有相同数量的属性，其运算结果是一个具有相同数量属性的新关系。

设关系 R 和关系 S 具有相同的目 n（即两个关系都有 n 个属性），且相应的属性取自同一个域，t 是元组变量，$t \in R$ 表示 t 是 R 的一个元组。

可以定义并、差、交、笛卡儿积运算如下。

1. 并

关系 R 与关系 S 的并记作

$$R \cup S = \{t | t \in R \vee t \in S\}$$

其结果关系由属于 R 或属于 S 的元组组成。

2. 差

关系 R 与关系 S 的差记作

$$R - S = \{t | t \in R \wedge t \notin S\}$$

其结果关系由属于 R 而不属于 S 的所有元组组成。

3. 交

关系 R 与关系 S 的交记作

$$R \cap S = \{t | t \in R \wedge t \in S\}$$

其结果关系由既属于 R 又属于 S 的元组组成。关系的交可以用差来表示，即 $R \cap S = R - (R - S)$。

图 2-6 表示了关系 R 和关系 S 的并、差、交的运算结果。

R	
学号	学生姓名
1	张三
2	李四

S	
学号	学生姓名
1	张三
3	小明

R∪S	
学号	学生姓名
1	张三
2	李四
3	小明

R-S	
学号	学生姓名
2	李四

R∩S	
学号	学生姓名
1	张三

图 2-6 并、差、交的运算结果

4. 笛卡儿积

两个分别为 n 目和 m 目的关系 R 和 S 的笛卡儿积是一个 $(n+m)$ 列的元组的集合。元组的前 n 列是关系 R 的一个元组，后 m 列是关系 S 的一个元组。若 R 有 k_1 个元组，S 有 k_2 个元组，$R(<a_1, a_2, \cdots, a_n>)$，$S(<b_1, b_2, \cdots, b_m>)$ 则关系 R 和关系 S 的笛卡儿积有 $k_1 \times k_2$ 个元组。记作

$$R \times S = \{<a_1, a_2, \cdots, a_n, b_1, b_2, \cdots, b_m> | <a_1, a_2, \cdots, a_n> \in R \wedge <b_1, b_2, \cdots, b_m> \in S\}$$

图 2-7 表示了关系 R 和关系 S 的笛卡儿积。

R	
学号	学生姓名
1	张三
2	李四

S	
班级号	班级名称
1	软件班
2	设计班

R×S			
学号	学生姓名	班级号	班级名称
1	张三	1	软件班
1	张三	2	设计班
2	李四	1	软件班
2	李四	2	设计班

图 2-7 关系 R 和关系 S 的笛卡儿积

2.4.2 专门的关系运算

专门的关系运算包括选择、投影、连接、除运算等。这里先引入几个形式定义记号。

（1）$t[A_i]$：设关系模式为 $R(A_1, A_2, \cdots, A_n)$，它的一个关系设为 R。$t \in R$ 表示 t 是 R 的一个元组。$t[A_i]$ 则表示元组 t 中相应于属性 A_i 的一个分量。

（2）$t[A]$ 和 $\overline{A}$：A 为 R 的属性列或属性组。$t[A]$ 表示元组 t 在属性列 A 上诸分量的集合，$\overline{A}$ 则表示关系 R 中去掉属性 A 后剩余的属性组。

（3）象集（Images Set）：给定一个关系 $R(X,Z)$，X 和 Z 为 R 的属性组。当 $t[X]=x$ 时，x 在 R 中的象集定义为

$$Z_x = \{t[Z] | t \in R, t[X]=x\}$$

它表示 R 中属性组 X 上值为 x 的诸元组在 Z 上分量的集合。

R	
x_1	Z_1
x_1	Z_2
x_1	Z_3
x_2	Z_2
x_2	Z_3
x_3	Z_1
x_3	Z_3

图 2-8 象集

例如，图 2-8 中，
x_1 在 R 中的象集 $Z_{x_1} = (Z_1, Z_2, Z_3)$，
x_2 在 R 中的象集 $Z_{x_2} = (Z_2, Z_3)$，
x_3 在 R 中的象集 $Z_{x_3} = (Z_1, Z_3)$
下面给出这些专门的关系运算的定义。

1. 选择

选择又称限制（Restriction）。它是在关系 R 中选择满足给定条件的诸元组，记作

$$\sigma_{F(R)} = \{t | t \in R \land F(t) = '真'\}$$

其中，F 表示选择条件，它是一个逻辑表达式，取逻辑值"真"或"假"。

逻辑表达式 F 的基本形式为

$$X_1 \theta Y_1$$

其中，θ 表示比较运算符，它可以是">""≥""<""≤""=" 或 "<>"，X_1、Y_1 等是属性名，或为常量。

如图 2-9 所示，$\sigma_{学号=1}(R)$，表示在关系 R 中查找学号为 1 的学生。

2. 投影

关系 R 上的投影是从 R 中选择出若干属性列组成新的关系。记作

$$\pi_A(R) = \{t[A] | t \in R\}$$

其中，A 为 R 中的属性列。投影操作是从列的角度进行的运算。如图 2-9 所示，$\pi_{学号,学生姓名}(R)$，

表示在关系 R 中查找学号和学生姓名。

\	R	\
学号	学生姓名	学生性别
1	张三	男
2	李四	女

$\sigma_{学号=/}(R)$

学号	学生姓名	学生性别
1	张三	男

$\pi_{学号,学生姓名}(R)$

学号	学生姓名
1	张三
2	李四

图 2-9 选择与投影

3. 连接

连接又称为 θ 连接。它是从两个关系的笛卡儿积中选取属性间满足一定条件的元组。记作

$$R \bowtie S = \sigma_{R[A]\theta S[B]}(R \times S)$$

其中，A 和 B 分别为 R 和 S 上列数相等且可比的属性组，θ 是比较运算符。连接运算从 R 和 S 的笛卡儿积 $R \times S$ 中选取 R 关系在 A 属性组上的值与 S 关系在 B 属性组上的值满足比较关系 θ 的元组。

连接运算中有两种最为重要也最为常用的连接，一种是等值连接（Equi Join），另一种是自然连接（Natural Join）。

θ 为"="的连接运算称为等值连接。它是从关系 R 与 S 的广义笛卡儿积中选取 A 和 B 中属性值相等的那些元组。

自然连接是一种特殊的等值连接。它要求两个关系中进行比较的分量必须是同名的属性组，并且在结果中把重复的属性列去掉。

一般的连接操作是从行的角度进行运算，但自然连接还需要取消重复列，所以是同时从行和列的角度进行运算。等值连接与自然连接如图 2-10 所示。

R

学号	学生姓名	班级号
1	张三	1
2	李四	1
3	小明	2
4	小红	2

S

班级号	班级名称
1	软件班
2	设计班
3	网络班

$R \underset{R.班级号=S.班级号}{\bowtie} S$ （等值连接）

学号	学生姓名	R.班级号	S.班级号	班级名称
1	张三	1	1	软件班
2	李四	1	1	软件班
3	小明	2	2	设计班
4	小红	2	2	设计班

$R \bowtie S$ （自然连接）

学号	学生姓名	班级号	班级名称
1	张三	1	软件班
2	李四	1	软件班
3	小明	2	设计班
4	小红	2	设计班

图 2-10 等值连接与自然连接

4. 除运算

设关系 R 除以关系 S 的结果为关系 T，则 T 包含所有在 R 但不在 S 中的属性及其值，且 T 的元组与 S 的元组的所有组合都在 R 中。

下面用象集来定义除法。

给定关系 $R(X,Y)$ 和 $S(Y,Z)$，其中 X、Y、Z 为属性组。R 中的 Y 与 S 中的 Y 可以有不同的属性名，但必须出自相同的域集。

R 与 S 的除运算得到一个新的关系 $P(X)$，P 是 R 中满足下列条件的元组在 X 属性列上的投影：元组在 X 上分量值 x 的象集 Y_x 包含 S 在 Y 上投影的集合。记作

$$R \div S = \{ t_r[X] \mid t_r \in R \wedge \pi_Y(S) \subseteq Y_x \}$$

其中，Y_x 为 x 在 R 中的象集，$x = t_r[x]$。

除操作是同时从行和列角度进行运算的。

R

A	B	C
a_1	b_1	c_2
a_2	b_3	c_7
a_3	b_4	c_6
a_1	b_2	c_3
a_4	b_6	c_6
a_2	b_2	c_3
a_1	b_2	c_1

S

B	C	D
b_1	c_2	d_1
b_2	c_1	d_1
b_2	c_3	d_2

R÷S

A
a_1

图 2-11　*R*÷*S* 的结果

例： 关系 R、S，$R \div S$ 的结果如图 2-11 所示。

在关系 R 中，A 可以取 4 个值 $\{a_1, a_2, a_3, a_4\}$。其中

a_1 的象集为 $\{(b_1,c_2),(b_2,c_3),(b_2,c_1)\}$

a_2 的象集为 $\{(b_3,c_7),(b_2,c_3)\}$

a_3 的象集为 $\{(b_4,c_6)\}$

a_4 的象集为 $\{(b_6,c_6)\}$

S 在（B，C）上的投影为

$$\{(b_1,c_2),(b_2,c_1),(b_2,c_3)\}$$

只有 a_1 的象集包含了 S 在（B，C）属性组上的投影，所以 $R \div S = \{a_1\}$

对于学生关系 Student、课程关系 Course 和选修关系 SC：

Student(Sno,Sname,Ssex,Sage,Sdept)

Course(Cno,Cname,Cpno,Ccredit)

SC(Sno,Cno,Grade)

例 1： 查询至少选修 1 号课程和 3 号课程的学生的学号。

首先建立一个临时关系 $K = \sigma_{Cno='1' \vee Cno='2'}(SC)$，

然后求：$\pi_{Sno,Cno}(SC) \div K$。

例 2： 查询选修了 2 号课程的学生的学号。

$$\pi_{Sno}(\sigma_{Cno='2'}(SC))$$

例 3： 查询至少选修了一门其直接先行课为 5 号课程的学生的姓名。

$$\pi_{Sname}(\sigma_{Cpno='5'}(Course) \bowtie SC \bowtie \pi_{Sno,Sname}(Student))$$

或

$$\pi_{Sname}(\pi_{Sno}(\sigma_{Cpno='5'}(Course) \bowtie SC) \bowtie \pi_{Sno,Sname}(Student))$$

例 4： 查询选修了全部课程的学生的学号和姓名。

$\pi_{Sno,Cno}$ (SC) $\div \pi_{Cno}$ (Course) $\div \pi_{Sno,Sname}$ (Student)

2.5 结构化查询语言

结构化查询语言 SQL 是关系数据库的标准语言，也是一个通用的、功能极强的关系数据库语言。其语言构成包括数据库查询语言以及数据库模式创建、数据库数据更新、数据库安全性、完整性定义与控制等程序设计语言。

自 SQL 成为国际标准语言以后，各个数据库厂家纷纷推出各自的 SQL 软件或与 SQL 的

接口软件。大多数数据库均用 SQL 作为共同的数据存取语言和标准接口，这使不同数据库系统之间的互操作有了共同的基础，这对数据库应用的推广和数据库技术的发展具有重要意义。

2.5.1 SQL 的发展

SQL 是在 1974 年由 Boyce 和 Chamberlin 提出的，最初叫 Sequel，由 IBM 公司于 1975—1979 年开发出来的。SQL 简单易学，功能丰富，深受用户及计算机工业界欢迎，因此被各数据库厂商采用。经过不断修改、扩充和完善，SQL 得到业界的认可。在 20 世纪 80 年代，被美国国家标准学会和国际标准化组织（International Organization for Standardization，ISO）定义为关系数据库标准语言。

目前，各大数据库厂商的数据库产品主要支持 SQL 92 标准，但在使用过程中对 SQL 标准也做了一些修改和补充，没有一个数据库系统能够完全支持 SQL 标准的所有概念和特性。大部分数据库系统能支持 SQL 92 标准中的大部分功能及 SQL 99、SQL 2003 中的部分新概念。同时，许多软件厂商对 SQL 基本命令集还进行了不同程度的扩充和修改，又可以支持标准以外的一些功能特性。所以，需要注意的是，不同数据库产品支持的 SQL 存在着一些差别，在使用具体系统时要查阅对应的用户手册。

2.5.2 SQL 特点

SQL 集数据查询（Data Query）、数据操纵（Data Manipulation）、数据定义（Data Definition）和数据控制（Data Control）功能于一体，是一个综合的、功能强大同时又简洁易用的语言。下面对 SQL 的主要特点进行介绍。

1. 综合统一

数据库系统的主要功能是通过数据库支持的数据语言来实现的。

非关系模型（层次模型、网状模型）的数据语言一般包括：模式数据定义语言、外模式数据定义语言、数据存储语言、数据操纵语言，分别完成概念模式、外模式、内模式定义和进行数据的存取与处置。如果需要修改模式，则需要完成现有数据库的停运、转储、修改编译后再重装才能使用，相对来说比较麻烦。

SQL 可以独立完成数据库生命周期中的全部活动，包括以下一系列操作要求。

（1）定义和修改、删除关系模式，定义和删除视图，插入数据，建立数据库。

（2）对数据库中的数据进行查询和更新。

（3）数据库重构和维护。

（4）数据库安全性、完整性控制，以及事务控制。

这就为数据库应用系统的开发提供了良好的环境。特别是用户在数据库系统投入运行后还可根据需要随时逐步地修改模式，并且不影响数据库的运行，使系统具有良好的可扩展性。

另外，在关系模型中实体和实体间的联系均用关系表示，这种一致的数据结构使 SQL 在进行查找、插入、删除、更新等每一种操作时只需一种操作符，使数据操作有了统一的表达方式。

2. 高度非过程化

非关系数据模型的数据操纵语言是"面向过程"的语言，用"过程化"语言完成数据操作必须清楚地表达具体操作及存取等内容。而用 SQL 进行数据操作时，只要提出"做什么"，而无须指明"怎么做"，因此无须了解具体操作方式及存取路径。存取路径的选择及 SQL 的操作过程由系统自动完成。这大大减轻了用户负担，提高了数据独立性。

3. 面向集合的操作方式

非关系数据模型采用的是面向记录的操作方式，操作对象是一条记录。通常要说明具体处理过程，而 SQL 采用集合操作方式，操作对象、操作结果可以是元组的集合，一次的插入、删除、更新操作也可以是元组的集合。

4. 以同一种语法结构提供两种使用方式

SQL 的使用提供自含式和嵌入式两种使用方式，作为自含式语言，它能够独立地用于联机交互的使用方式，用户可以在终端键盘上直接输入 SQL 语句对数据库进行操作；也能够嵌入到高级语言（如 C#、Java、PHP）程序中，供程序员设计程序时使用。而在两种不同的使用方式下，SQL 的语法结构基本上是一致的。这种以统一的语法结构提供多种不同使用方式的做法，提供了极大的灵活性与方便性。

5. 语言简洁，易学易用

SQL 功能极强，但由于设计巧妙，语言十分简洁，完成核心功能只用了 9 个动词，SQL 接近英语口语，因此易于学习和使用。

2.5.3 SQL 功能概述

SQL 的功能主要由以下 4 部分组成，具体如下。

（1）数据定义语言。数据定义语言主要用于定义数据库、表等。例如，CREATE 语句用于创建数据库、数据表等，ALTER 语句用于修改表的定义等，DROP 语句用于删除数据库、删除表等。

（2）数据操纵语言。数据操作语言主要用于对数据库进行添加、修改和删除操作。例如，INSERT 语句用于插入数据，UPDATE 语句用于修改数据，DELETE 语句用于删除数据。

（3）数据查询语言（Data Query Language，DQL）。数据查询语言主要用于查询数据。例如，使用 SELECT 语句可以查询数据库中的一条数据或多条数据。

（4）数据控制语言（Data Control Language，DCL）。数据控制语言主要用于控制用户的访问权限。例如，GRANT 语句用于给用户增加权限，REVOKE 语句用于收回用户的权限，COMMIT 语句用于提交事务，ROLLBACK 语句用于回滚事务。

以上列举的语言功能，在本书后面的章节中会对其语法和使用进行详细讲解。读者此时只需了解 SQL 的基本组成部分即可。

提示：支持 SQL 的关系数据库管理系统同样支持关系数据库系统的三级模式结构。如图 2-12 所示，其中外模式对应视图和部分基本表（Base Table），概念模式对应基本表，内模式对应存储文件（Stored File）。

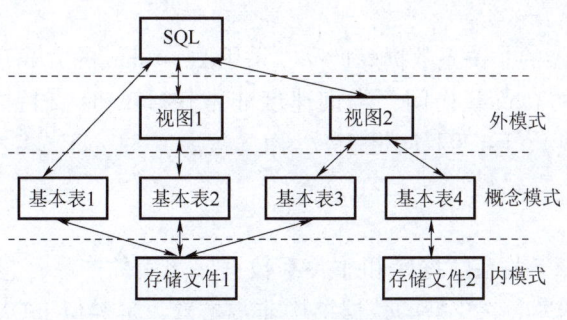

```
                    ┌─────┐
                    │ SQL │
                    └──┬──┘
          ┌────────────┼────────────┐
        ┌─▼──┐                   ┌──▼─┐
        │视图1│                   │视图2│        外模式
        └─┬──┘                   └──┬─┘
    ┌─────┼──────┐          ┌──────┼─────┐
┌───▼──┐┌─▼────┐┌▼─────┐  ┌─▼────┐
│基本表1││基本表2││基本表3│  │基本表4│        概念模式
└───┬──┘└─┬────┘└┬─────┘  └─┬────┘
    └─────┼──────┘          │
      ┌───▼────┐        ┌───▼────┐
      │存储文件1│        │存储文件2│      内模式
      └────────┘        └────────┘
```

图 2-12　SQL 与三级模式

2.6　常见的数据库产品

随着数据库技术的不断发展，关系数据库产品越来越多，常见的有 Oracle，SQL Server，MySQL 等。互联网的高速发展对数据库技术提出了不同的需求，传统关系数据库对于超大规模和高并发类型的网站具有一定局限性。非关系数据库（Not only SQL，NoSQL）则弥补了关系数据库的不足，它的特点在于处理特定需求时数据模型简单、灵活性强、性能高。常见的非关系数据库有 Redis，MongoDB。下面对几种常见的数据库产品进行介绍。

1. Oracle

Oracle 数据库管理系统由 Oracle（甲骨文）公司开发，在数据库领域一直处于领先地位，市场占有率高，适用于各类大型、中型、小型、微型计算机环境，具有良好的兼容性、可移植性、可伸缩性，且性能高、安全性强。与 MySQL 相比，Oracle 虽然功能更加强大，但是软件的价格也比较高。

2. SQL Server

SQL Server 是 Microsoft 公司推出的关系数据库管理系统，它已广泛应用于电子商务、银行、保险、电力等行业，因易操作、界面良好等特点深受广大用户喜爱。早期版本的 SQL Server 只能在 Windows 平台上运行，而 SQL Server 2017 已经支持 Windows 和 Linux 平台。

3. DB2

DB2 是由 IBM 公司研制的关系数据库管理系统，主要应用于 UNIX（包括 IBM 的 AIX）、z/OS（适用于大型机的操作系统）、Windows Server 等平台下，具有较好的可伸缩性，可支持从大型计算机到单用户环境。DB2 提供了高层次的数据利用性、完整性、安全性和可恢复性，以及从小规模到大规模应用程序的执行能力，适合于海量数据的存储，但相对于其他数据库管理系统而言，DB2 的操作比较复杂。

4. MySQL

MySQL 是瑞典 MySQL AB 公司（先后被 Sun 公司和 Oracle 公司收购）开发的关系数据库管理系统，支持在 UNIX、Linux、Mac OS 和 Windows 等平台上使用。相对其他数据库而言，MySQL 体积小、速度快、使用更加方便、快捷，并且开放源代码，开发人员可根据需求自由进行修改。MySQL 采用社区版和商业版的双授权政策，兼顾了免费使用和付费服务的场景，软件使用成本低。因此，越来越多的公司开始使用 MySQL。尤其是在 Web 开发领域，MySQL 占据着举足轻重的地位。本书将以 MySQL 为例讲解数据库应用。

5. Redis

Redis 是一个高性能的非关系数据库产品，采用 key-value 的方式存储数据，适用于内容缓存和处理大量数据的高负载访问，查询速度非常快。Redis 支持的数据类型包括 string（字符串）、hash（字典）、list（双向链表）、set（集合）和 zset（有序集合），支持持久化操作、主从同步等。

6. MongoDB

MongoDB 是一个介于关系数据库和非关系数据库之间的产品，它比非关系数据库功能丰富，更接近关系数据库。它支持的数据结构非常松散，是类似 JSON 的 BSON 格式，可以存储比较复杂的数据类型。MongoDB 最大的特点是它支持的查询语言非常强大，其语法类似于面向对象的查询语言，可以实现类似关系数据库单表查询的绝大部分功能，而且还支持对数据建立索引。它还是一个开源数据库，具有高性能、易部署、易使用、存取数据非常方便等特点。对于大数据量、高并发、弱事务的互联网应用，MongoDB 完全可以满足 Web 2.0 和移动互联网的数据存储需求。

2.7 MySQL 安装与配置

针对不同用户，MySQL 分为两个不同的版本。

（1）MySQL Community Server（社区版）：该版本完全免费，但是官方不提供技术支持。

（2）MySQL Enterprise Server（企业版服务器）：它能够以很高的性价比为企业提供数据仓库应用，支持 ACID 事务处理，提供完整的提交、回滚、崩溃恢复和行级锁定功能。但是该版本需付费使用，官方提供电话技术支持。

MySQL 的主要优势如下。

（1）速度：运行速度快。

（2）价格：MySQL 对多数个人来说是免费的。

（3）容易使用：与其他大型数据库的设置和管理相比，其复杂程度较低，易于学习。

（4）可移植性：能够工作在众多不同的系统平台上，如 Windows、Linux、UNIX、Mac OS 等系统平台。

（5）丰富的接口：提供了用于 C、C++、Eiffel、Java、Perl、PHP、Python、Ruby 和 TCL 等语言的 API。

（6）支持查询语言：MySQL 可以使用标准 SQL 语法和支持 ODBC（开放式数据库连接）的应用程序。

（7）安全性和连接性：十分灵活、安全的权限和密码系统，允许基于主机的验证。连接服务器时，所有的密码传输均采用加密形式，从而保证了密码安全。并且由于 MySQL 是网络化的，因此可以在因特网上的任何地方访问，从而提高了数据共享的效率。

MySQL 支持多种平台，不同平台下的安装与配置过程也不相同。在 Windows 平台下可以使用二进制的安装软件包或免安装版的软件包进行安装，二进制的安装包提供了图形化的安装向导过程。考虑到初学者习惯使用 Windows 平台，本节将主要介绍 Windows 平台下 MySQL 的安装和配置过程。

2.7.1　获取 MySQL

打开 MySQL 的官网地址 https：//www.mysql.com 获取软件的下载。在网站中找到 DOWN-LOADS 下载页面，可以看到 MySQL 各版本的下载地址，MySQL 下载页面如图 2-13 所示。

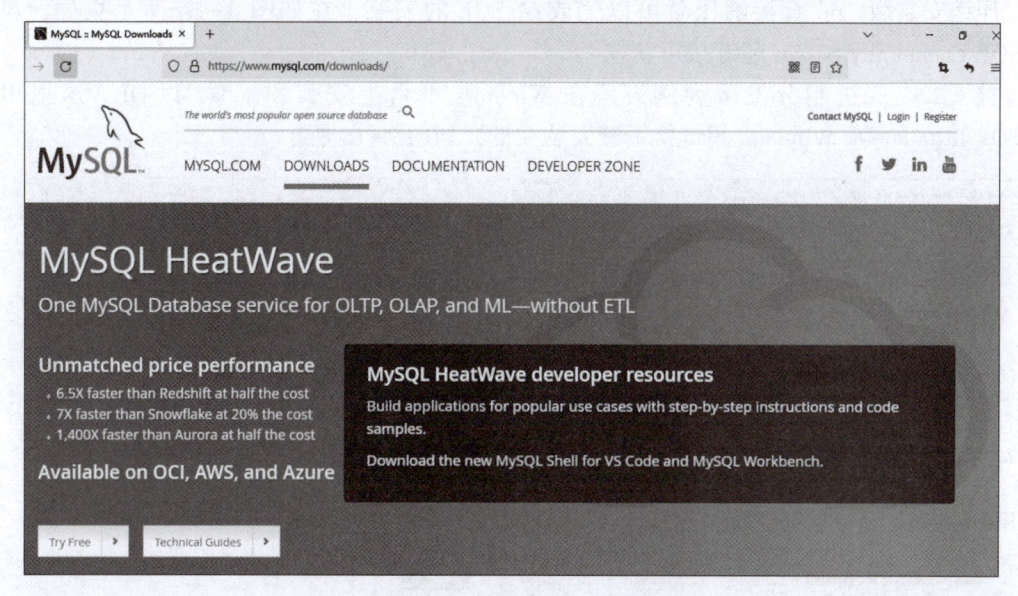

图 2-13　MySQL 下载页面

在下载页面，MySQL 提供了企业版（Enterprise）和社区版（Community）产品，其中社区版是通过 GPL 协议授权的开源软件，可以免费使用，而企业版则是需要收费的商业软件。本书选择 MySQL 社区版进行讲解。单击 MySQL Community（GPL）Downloads 超链接，进入下载 GPL 版本页面，MySQL Community（GPL）Downloads 下载页面如图 2-14 所示。

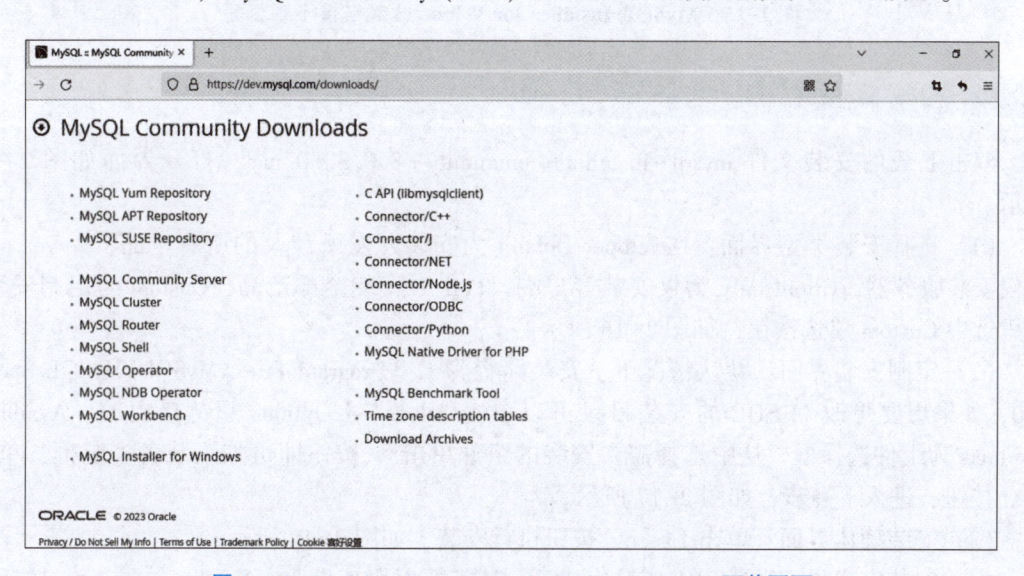

图 2-14　MySQL Community（GPL）Downloads 下载页面

基于 Windows 平台的 MySQL 安装文件有两个版本，一种是以 .msi 作为后缀的二进制分发版，一种是以 .zip 作为后缀的压缩文件。

二进制分发版 .msi 的安装文件提供了图形化的安装向导，在如图 2-14 所示页面，单击 MySQL Installer for Windows 超链接可获取，按照向导提示进行操作即可完成安装。

压缩安装版 .zip 直接解压就可以完成 MySQL 的安装，在如图 2-14 所示页面，单击 MySQL Community Server 超链接可获取。

接下来以二进制分发版为例讲解在 Windows 平台上安装和配置 MySQL。这里单击 MySQL Installer for Windows 超链接下载安装文件，如图 2-15 所示。

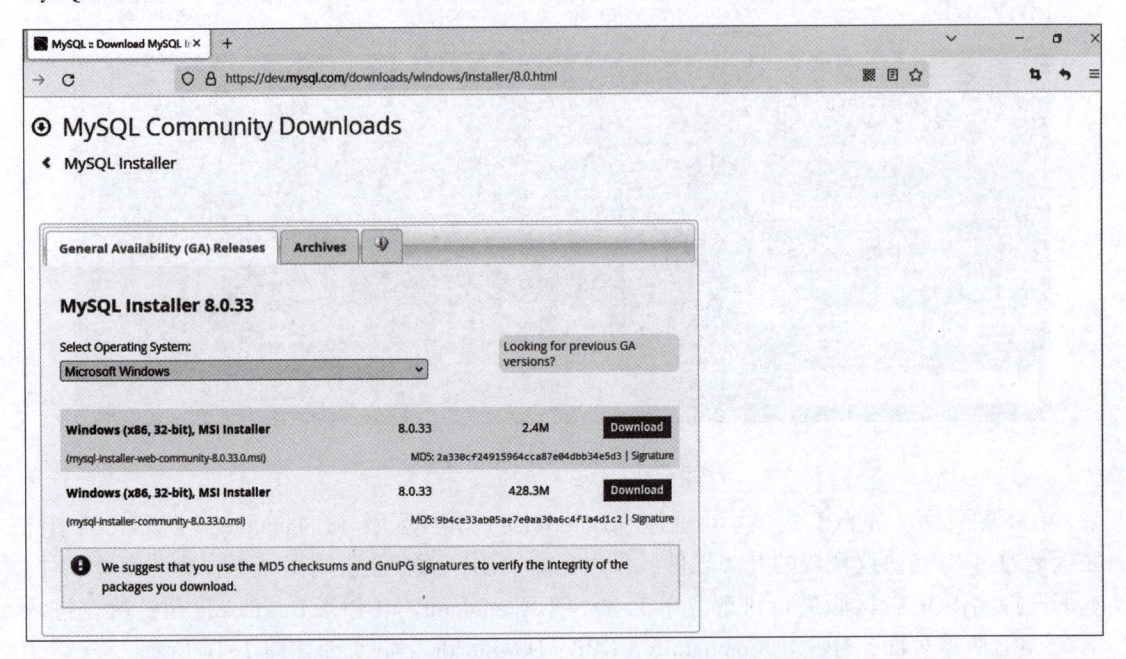

图 2-15　MySQL Installer for Windows 超链接下载页面

2.7.2　安装 MySQL

双击下载的安装文件 mysql-installer-community-8.0.33.0.msi，打开界面如图 2-16 所示。

（1）选择安装类型界面：Developer Default 为安装开发所涉及的所有产品，Server only 为仅安装服务器，Client only 为仅安装客户端，Full 为安装全部产品，Custom 为定制安装。这里选中 Custom 单选按钮，如图 2-16 所示。

（2）定制安装界面：默认情况下，安装路径为 C:\Program Files\MySQL\MySQL Server 8.0，如果想要更改 MySQL 的安装目录可以单击 Advanced Options 超链接更改。Available Products 为组件选择框，从中选择需要安装的组件单击 ➡ 按钮即可加入装备安装框，单击 Next 按钮，进入下一步，如图 2-17 所示。

（3）安装确认界面：单击 Execute 按钮执行安装，如图 2-18 所示。

（4）安装完成界面：MySQL 安装完成后，还需要对服务器进行配置。单击 Next 按钮进入服务器安装配置，如图 2-19 所示。

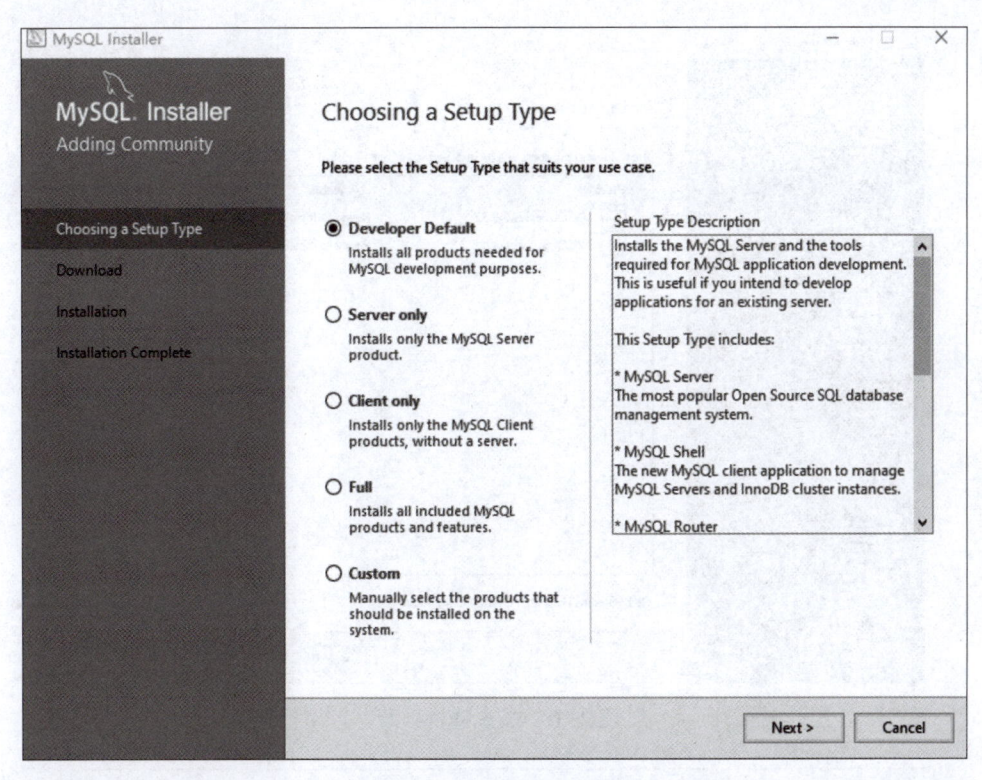

图 2-16　选择安装类型界面

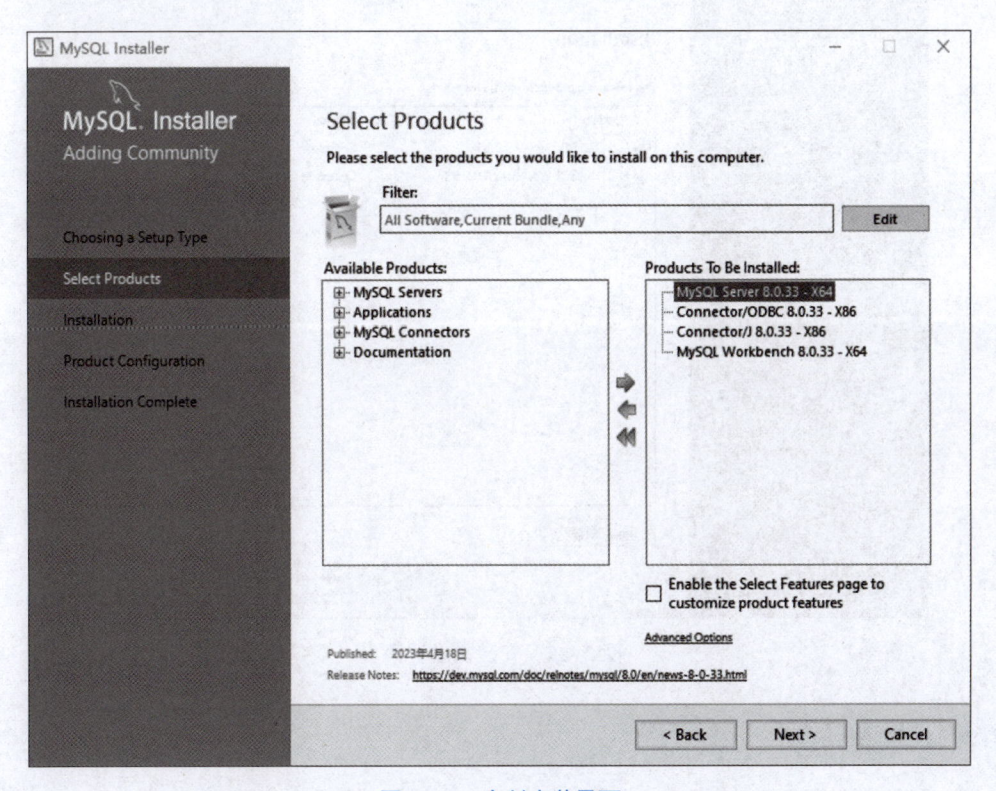

图 2-17　定制安装界面

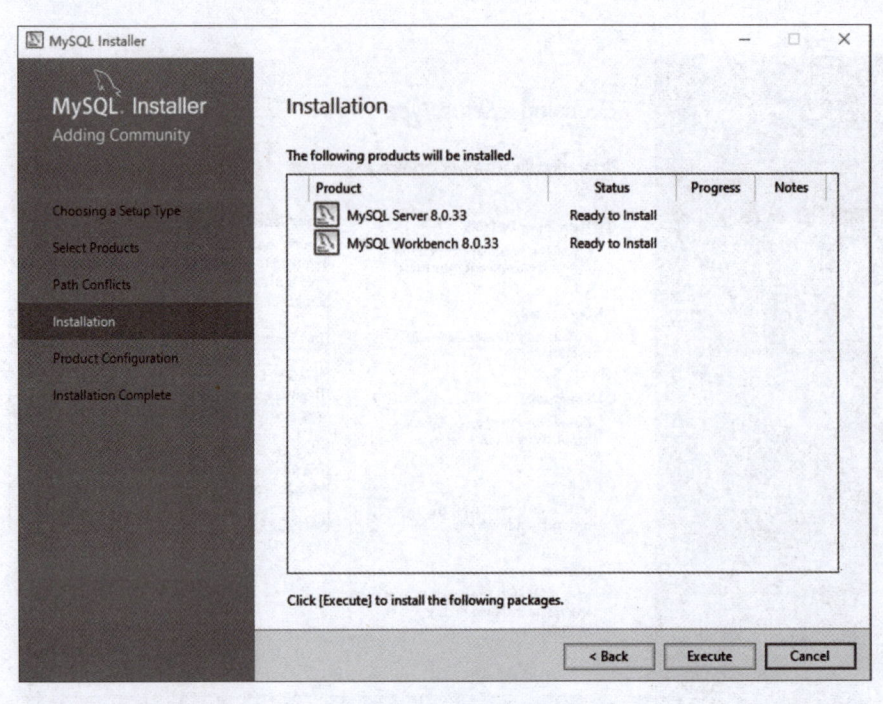

图 2-18　安装确认界面

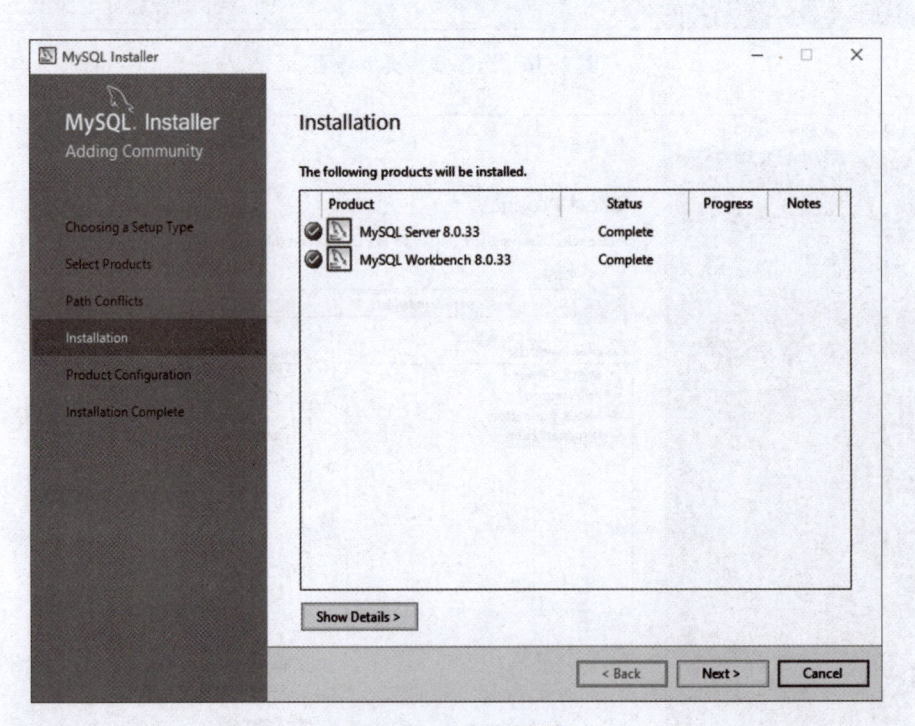

图 2-19　安装完成界面

2.7.3　配置 MySQL

（1）配置初始界面：如图 2-20 所示，单击 Next 按钮开始详细配置。

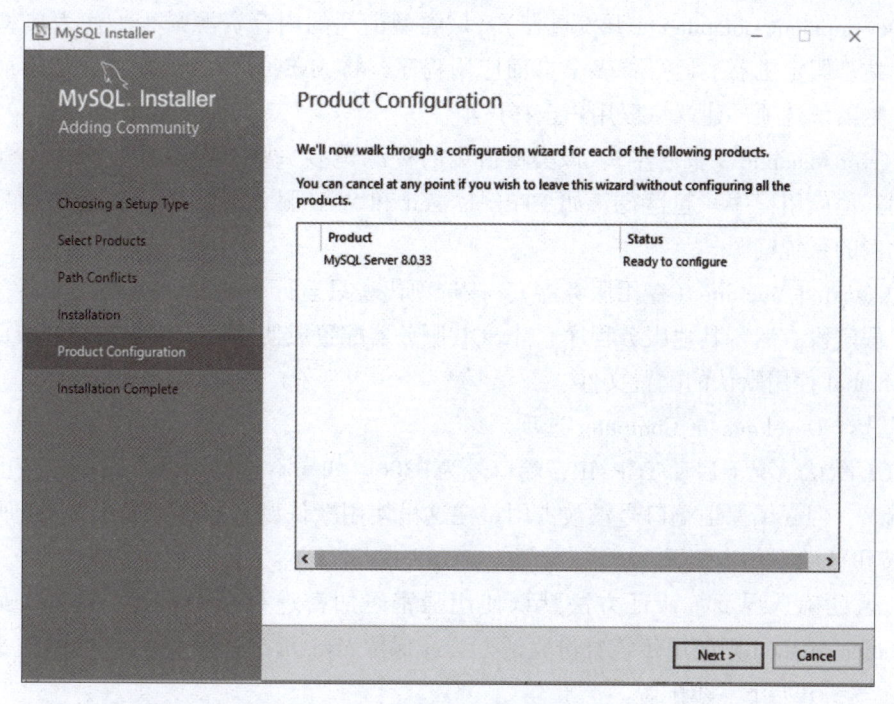

图 2-20 服务器配置初始界面

（2）服务器类型和网络配置界面：Config Type 下拉列表框是对服务器类型进行设置，将影响内存、硬盘使用的决策。如图 2-21 所示，单击下拉按钮可以看到以下 4 个选项。

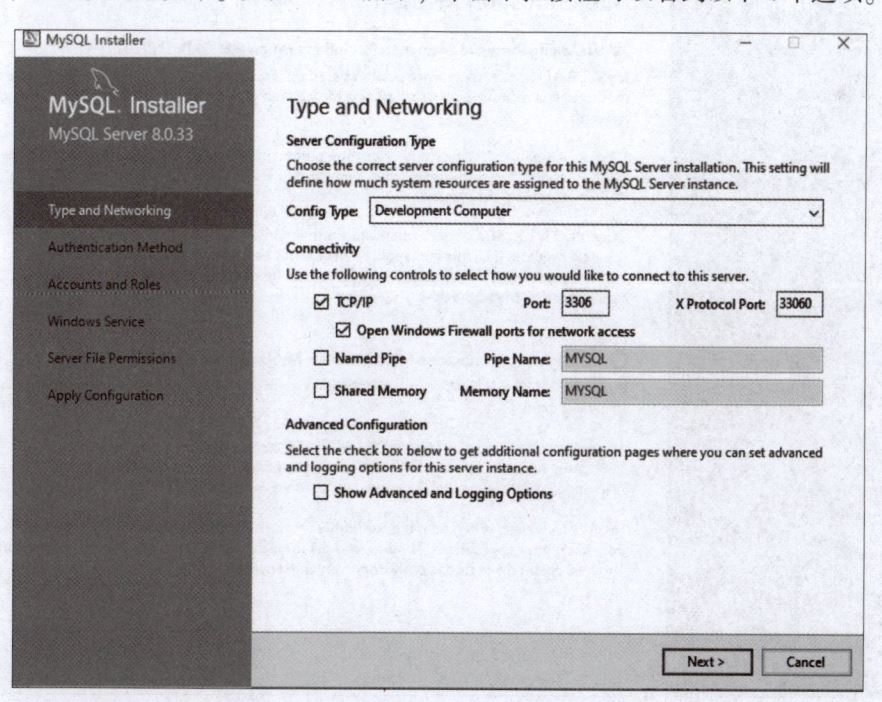

图 2-21 服务器类型和网络配置界面

① Development Computer（开发机器）：该类型消耗的内存资源最少，代表典型个人用桌面工作站。假定机器上运行着多个桌面应用程序，将 MySQL 服务器配置成使用最少的系统资源，是默认选项，建议一般用户选择该项。

② Server Machine（服务器）：该类型占用的资源稍多一些，代理服务器，MySQL 服务器可以同其他应用程序一起运行，如 FTP、E-mail 和 Web 服务器。MySQL 服务器配置成使用适当比例的系统资源。

③ Dedicated Machine（专用服务器）：该选项代表只运行 MySQL 服务的服务器，消耗内存最大，假定没有运行其他服务程序，MySQL 服务器配置成使用所有可用的系统资源。

④ Manual 使用默认的配置文件。

这里选择 Development Computer 选项。

MySQL 默认情况下启动 TCP/IP，端口号为 3306，如果不想使用这个端口号，也可以自己填写端口，但必须保证端口号没被占用。在这里使用默认设置即可。如图 2-21 所示，单击 Next 按钮开始下一步配置。

（3）认证确认界面：认证方法默认使用强密码加密进行身份验证。选择 Use Legacy Authentication Method 则使用传统身份验证方法（保留 MySQL 5.x 兼容性）。如图 2-22 所示，单击 Next 按钮开始下一步配置。

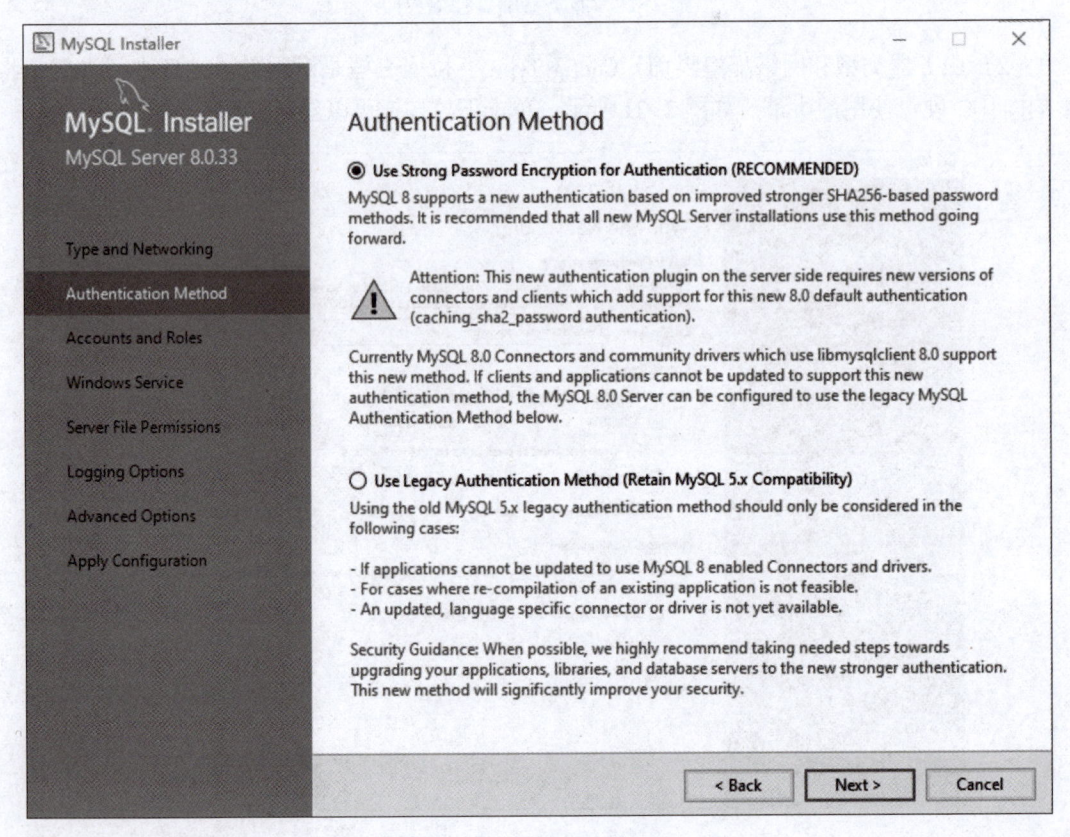

图 2-22　认证确认界面

(4) 登录账户和密码界面：设置 Root 账户密码。

如图 2-23 所示，单击 Add User 按钮可以创建 MySQL 用户账户，同时可以为这些账户分配一个角色，如图 2-24 所示，Backup Admin（备份管理员）只可以备份数据库；DB Admin（数据库管理员）授予执行所有任务的权限；DB Designer（数据库设计员）设计数据库；DB Manager（数据库管理员）授予所有数据库的全部权限；Instance Manager（维护管理员）授权维护服务器所需的权限；Monitor Admin（监控管理员）监控所需的最小权利；Security Admin（安全管理员）管理登录及授予和撤销服务器和数据库级别的权限。

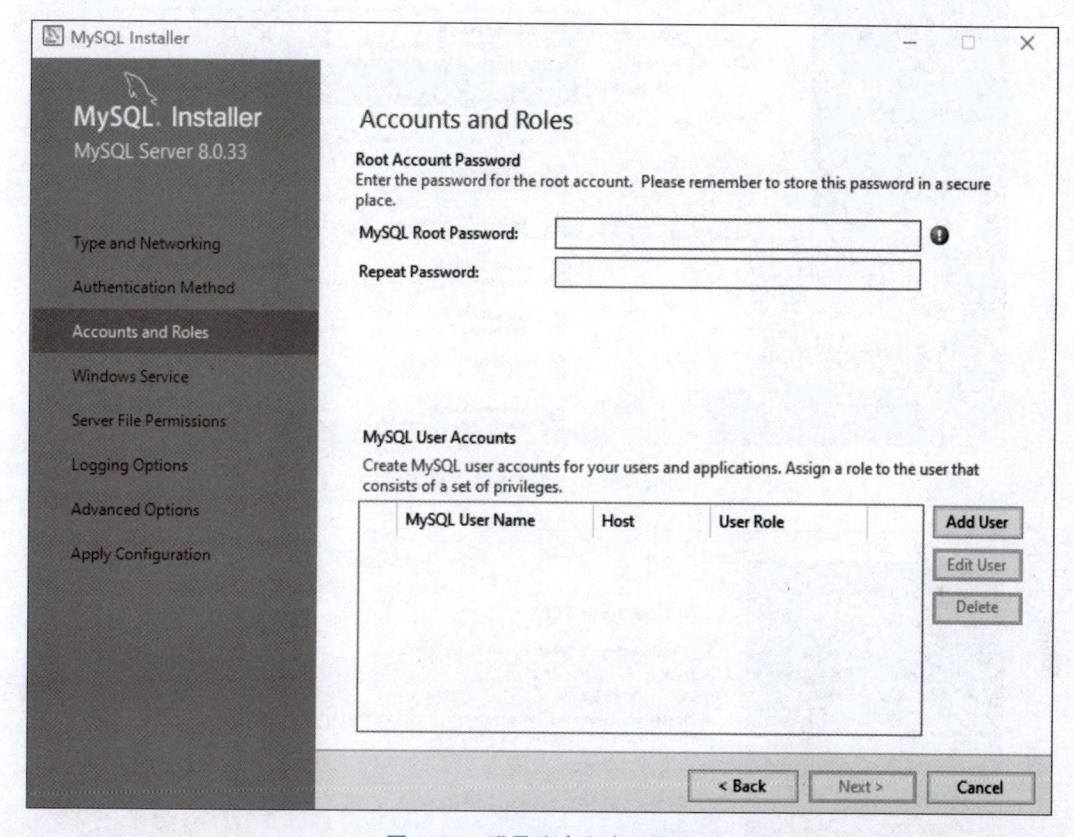

图 2-23 登录账户和密码界面

分配角色后单击 Next 按钮开始下一步配置。

(5) Windows 服务设置界面：设置 MySQL 在 Windows 操作系统的服务名。Run Windows Service as 设置以什么身份运行 Windows 服务，Standard System Account（标准系统账户）为默认选项，用于大多数场景；Custom User 可以为现有账户选择高级方案，如图 2-25 所示，单击 Next 按钮开始下一步配置。

(6) 服务器许可更新设置界面：设置是否允许 MySQL 安装程序更新安装文件夹文件许可，本项默认即可，如图 2-26 所示，单击 Next 按钮开始下一步配置。

(7) 启用设置界面：如图 2-27 所示，单击 Execute 按钮确认执行配置。执行后按钮变为 Finish，单击此按钮完成配置，如图 2-28 所示。

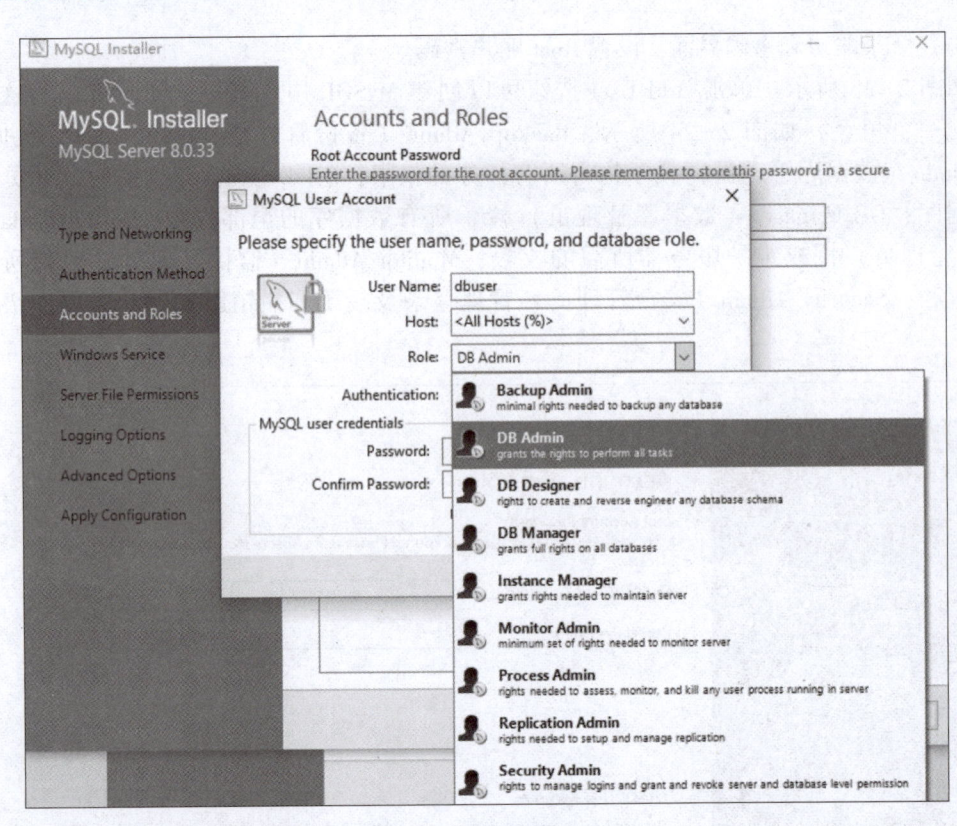

图 2-24 分配角色界面

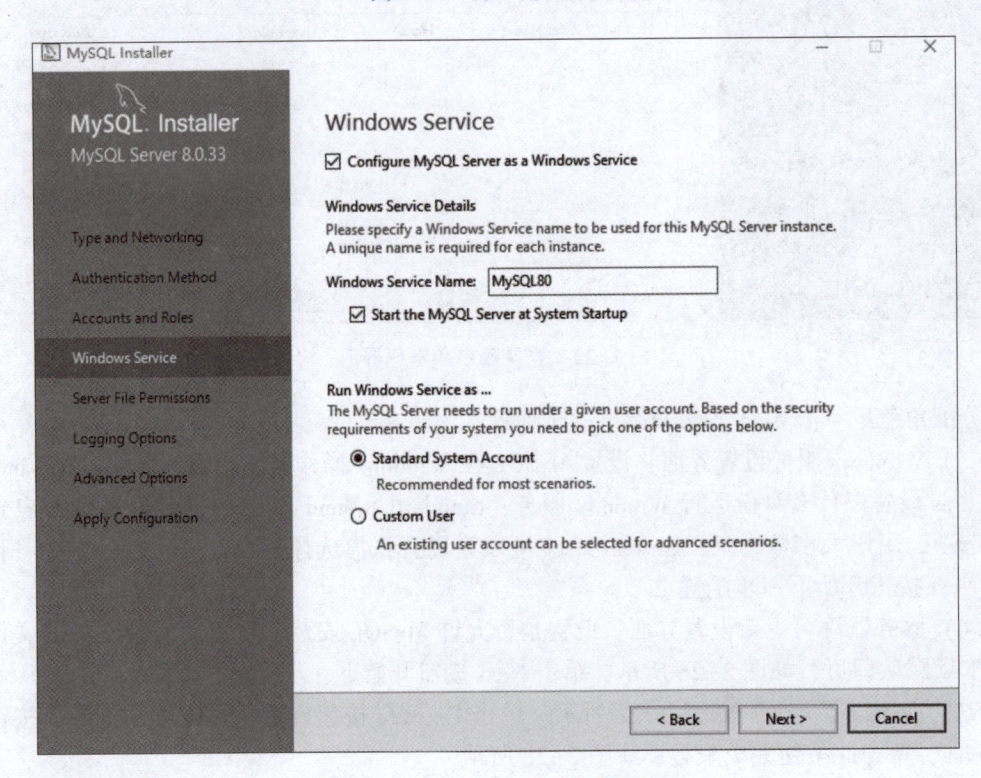

图 2-25 Windows 服务设置界面

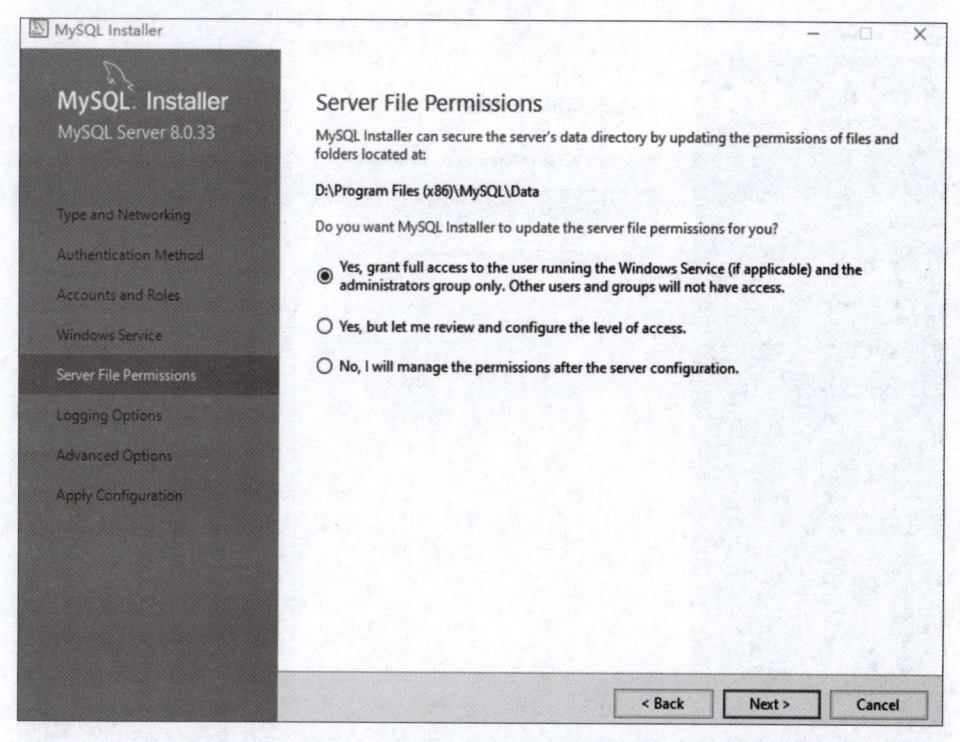

图 2-26　服务器许可更新设置界面

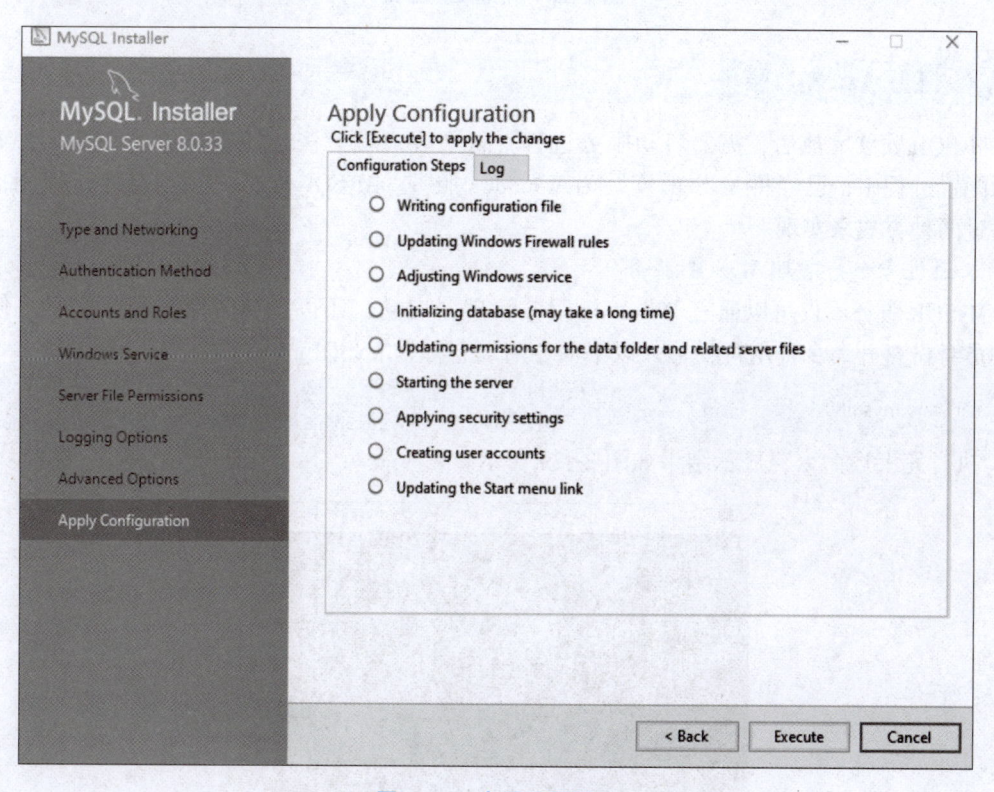

图 2-27　启用设置界面

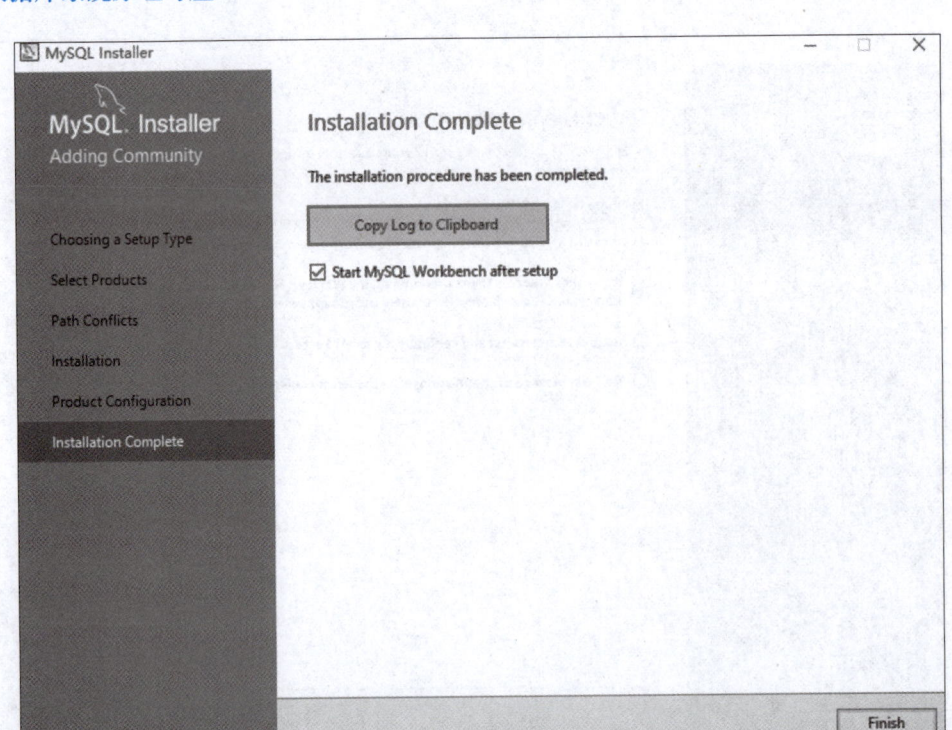

图 2-28　完成设置界面

2.7.4　管理 MySQL 服务

MySQL 安装完成后，需要启动服务进程，否则客户端无法连接数据库。在 2.7.3 节所示的配置过程中，已经将 MySQL 安装为 Windows 服务。MySQL 服务的启动与停止控制，可以通过两种方式来实现。

1. 通过命令行管理 MySQL 服务

MySQL 服务不仅可以通过 Windows 服务管理器启动，还可以通过命令行来启动。使用管理员身份打开命令提示符，输入以下命令启动名称为 MySQL 的服务。

net start mysql80

执行完上述命令，显示结果如图 2-29 所示。

图 2-29　启动 MySQL 服务

停止 MySQL 服务使用如下命令。

netstop mysql80

执行完上述命令，显示结果如图 2-30 所示。

图 2-30　停止 MySQL 服务

2. 通过 Windows 服务管理器管理 MySQL 服务

通过 Windows 的服务管理器可以查看 MySQL 服务是否开启，在命令提示符中输入 services.msc 命令，就会打开 Windows 操作系统的服务管理器，如图 2-31 所示。

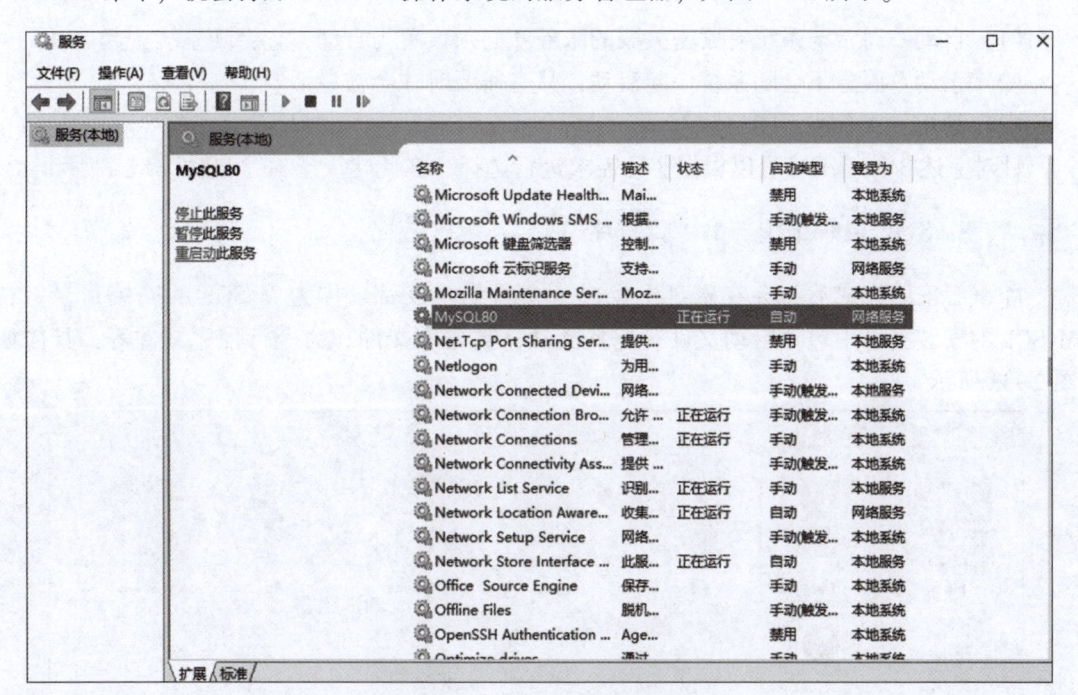

图 2-31　Windows 服务管理器

从图 2-31 可以看出，MySQL 服务正在运行，此时可以直接双击 MySQL 服务项打开属性对话框，通过单击"启动"按钮修改服务的状态，如图 2-32 所示。

图 2-32 中有一个启动类型的选项，该选项有 3 种类型可供选择，具体如下。

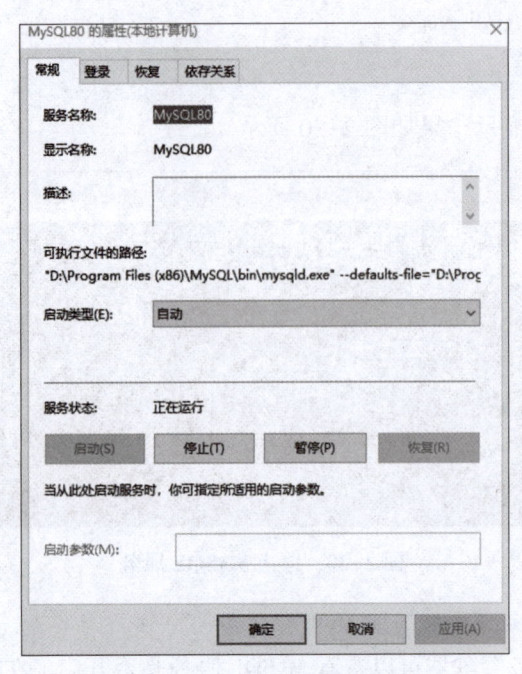

图 2-32 MySQL 服务属性对话框

(1) 自动：通常与系统有紧密关联的服务才必须设置为自动，它会随系统一起启动。

(2) 手动：服务不会随系统一起启动，只有需要时才会被激活。

(3) 禁用：服务将不能启动。

针对上述 3 种情况，可以根据实际需求进行选择，在此建议选择"自动"或"手动"。

2.7.5 MySQL 目录结构与命令行程序

MySQL 安装完成后，会在磁盘上生成一个目录，该目录称为 MySQL 的安装目录。在 MySQL 的安装目录中包含启动文件、配置文件、数据库文件和命令行程序文件等，具体如图 2-33 所示。

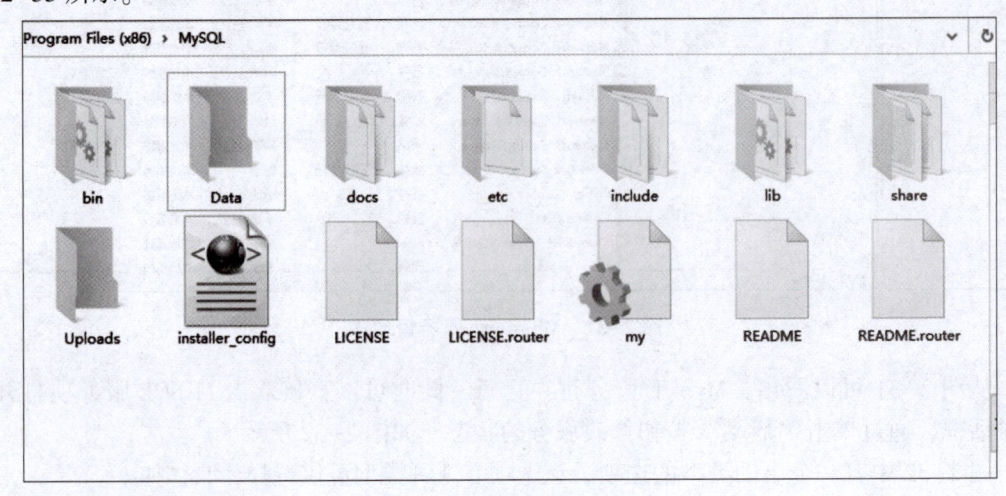

图 2-33 MySQL 安装目录

为了让初学者更好地学习 MySQL，下面对 MySQL 的安装目录进行详细讲解。

（1）bin 目录：存放了许多关于控制客户端和服务器的命令行程序，如 mysql.exe、mysqld.exe、mysqladmin.exe 等。

（2）data 目录：用于放置一些日志文件及数据库。

（3）include 目录：用于放置一些头文件，如 mysql.h、mysqld_ername.h 等。

（4）lib 目录：用于放置一系列的库文件。

（5）share 目录：用于存放字符集、语言等信息。

（6）my.ini：是 MySQL 数据库中使用的配置文件。

下面对 MySQL 安装目录 bin 中常用命令行程序功能进行简要介绍。

（1）mysqld：SQL 后台程序（即 MySQL 服务器进程），该程序运行之后，客户端才能通过连接服务器来访问数据库。

（2）myisamchk：用来描述、检查、优化和维护 MyISAM 表的实用工具。

（3）myisampack：压缩 MyISAM 表以产生更小的只读表的一个工具。

（4）mysql：交互式输入 SQL 语句或文件以批处理模式执行它们的命令行工具。

（5）MySQLadmin：执行管理操作的客户程序，例如，创建或删除数据库、重载校权表、将表刷新到硬盘上，以及重新打开日志文件。MySQLadmin 还可以用来检索版本、进程，以及服务器的状态信息。

（6）mysqlbinlog：用可视化的方式展示出二进制日志（binary log）中的内容。同时，也可以将其中的内容读取出来。在二进制日志文件中包含执行过的语句，可用来帮助系统从崩溃中恢复。

（7）mysqlcheck：检查、修复、分析及优化表的健康状态的客户程序。

（8）mysqldump 和 mysqlpump：执行逻辑备份，生成一组 SQL 语句，可以执行这些 SQL 语句来重新生成原始的数据库对象定义和表数据。其中，mysqldump 为单线程方式，mysqlpump 为多线程方式。

（9）mysqlshow：显示数据库、表、列及索引相关信息的客户程序。

（10）mysqlimport：使用 LOADDATAINFILE 将文本文件导入相关表的客户程序。

2.7.6 设置环境变量与用户登录

1. 设置环境变量

在登录 MySQL 服务器的时候，不能直接输入 MySQL 登录命令，这是因为没有把 MySQL 的 bin 目录添加到系统的环境变量中，所以不能直接使用 MySQL 命令，在没有设置环境变量的情况下，每次登录都输入 cd 命令跳转到 MySQL 安装目录 bin 中，才能使用 MySQL 等其他命令工具，这样比较麻烦。

下面介绍手动配置 PATH 变量的操作步骤，具体如下。

（1）在桌面上右击计算机图标，在弹出的快捷菜单中选择"属性"命令，然后在打开的"系统属性"对话框中，单击"高级"标签，如图 2-34 所示。

（2）单击"环境变量"按钮，打开"环境变量"对话框，如图 2-35 所示。

（3）在"系统变量"列表里选中 Path，单击"编辑"按钮，打开如图 2-36 所示的"浏览文件夹"对话框。

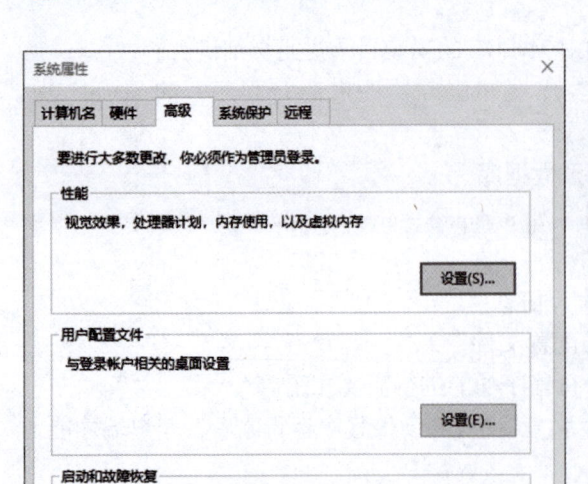

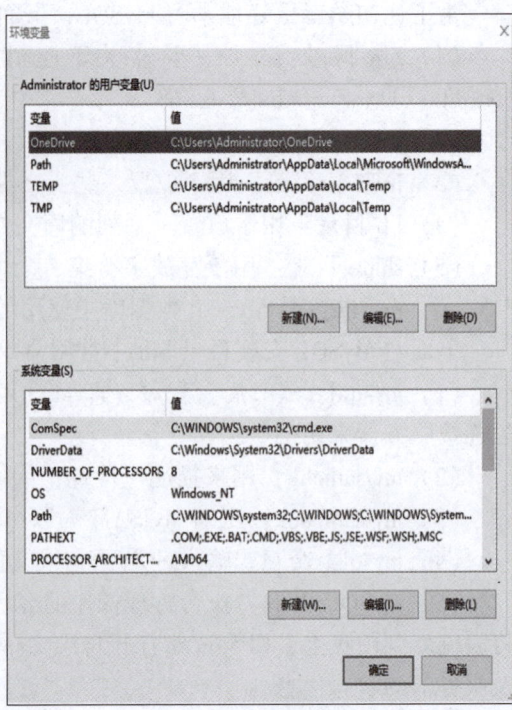

图 2-34 "系统属性"对话框　　　　图 2-35 "环境变量"对话框

（4）单击下拉列表中的安装路径 bin，单击"确定"按钮即可将安装目录 bin 添加到环境变量中，如图 2-37 所示。

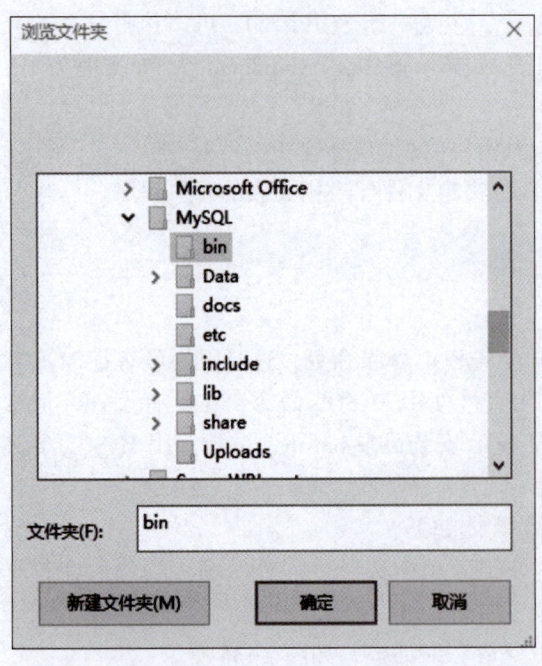

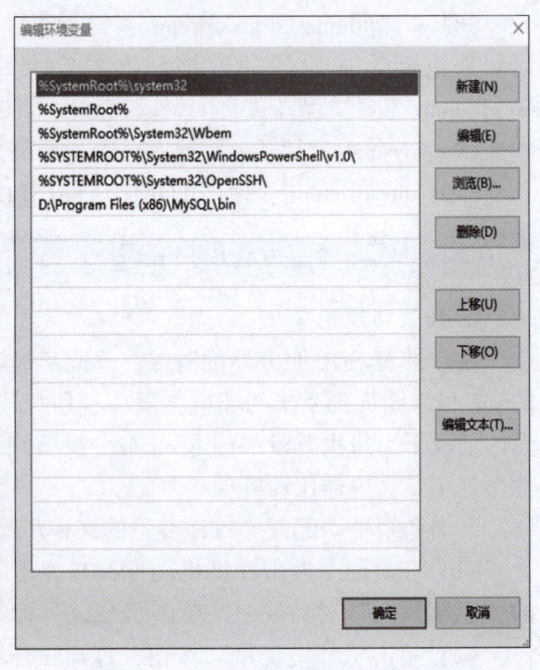

图 2-36 "浏览文件夹"对话框　　　　图 2-37 "编辑环境变量"对话框

2. 登录 MySQL 数据库

当 MySQL 服务启动完成后，便可以通过客户端来登录 MySQL 数据库。在 Windows 操作系统中，可以通过两种方式登录 MySQL 数据库。

（1）使用 Windows 命令登录。

在 MySQL 的 bin 目录中，mysql.exe 是 MySQL 提供的命令行客户端工具，用于访问数据库。该程序不能直接双击运行，需要先设置环境变量，然后执行以下命令登录 MySQL 服务器。

```
mysql -u root -p
```

在上述命令中，"mysql"表示运行当前目录下的 mysql.exe；"-u root"表示以 root 用户的身份登录，其中，"-u"和"root"之间的空格可以省略。

成功登录 MySQL 服务器后，运行效果如图 2-38 所示。

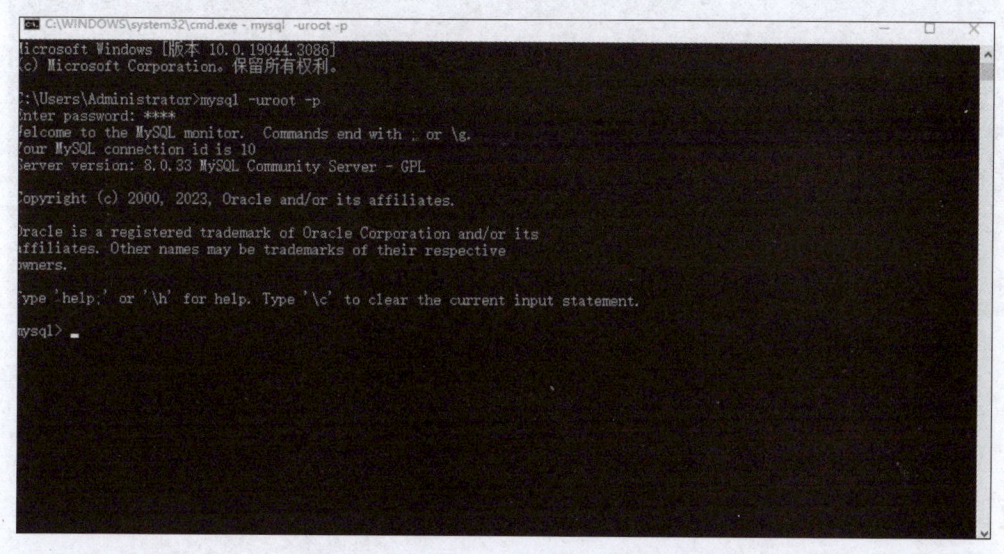

图 2-38 使用命令登录 MySQL 服务器

（2）使用命令行登录。

使用 DOS 命令登录 MySQL 相对比较麻烦，而且命令中的参数容易忘记，因此可以通过一种简单的方式来登录 MySQL，该方式需要记住 MySQL 的登录密码。在"开始"菜单中选择"程序"→MySQL→MySQL Server 8.0→MySQL 8.0 Command Line Client 命令打开 MySQL 命令行客户端窗口，此时就会提示输入密码，密码输入正确后便可以登录到 MySQL 数据库，如图 2-39 所示。

图 2-39 使用命令行方式登录 MySQL 服务器

2.7.7 MySQL 客户端的相关命令

对于初学者来说，使用命令行客户端工具登录 MySQL 数据库后，还不知道如何进行操作。为此，可以查看帮助信息，在命令行中输入 help 或 "\h" 命令，就会显示 MySQL 客户端的帮助信息，如图 2-40 所示。

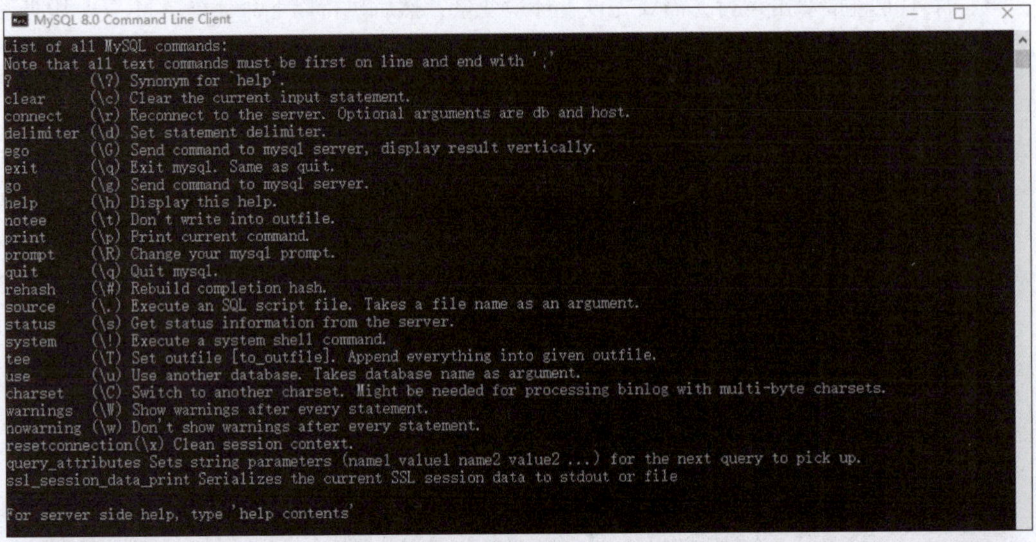

图 2-40 MySQL 相关命令显示

表 2-2 中列出了 MySQL 中的常用命令，这些命令既可以使用一个单词来表示，也可以通过 "\字母" 的方式来表示。

表 2-2 MySQL 中的常用命令

命令	简写	具体含义
?	\?	显示帮助信息
clear	\c	清除当前输入语句
connect	\r	连接到服务器，可选参数为数据库和主机
delimiter	\d	设置语句分隔符
ego	\G	发送命令到 MySQL 服务器，并显示结果
exit	\q	退出 MySQL 服务器
go	\g	发送命令到 MySQL 服务器
help	\h	显示帮助信息
notee	\t	不能将数据导出到文件中
print	\p	打印当前命令
prompt	\R	改变 MySQL 提示信息
quit	\q	退出 MySQL 服务器
rehash	\#	重建完成散列，用于表名自动补全

续表

命令	简写	具体含义
source	\.	执行一个 SQL 脚本文件，以一个文件名作为参数
status	\s	查看 MySQL 服务器的状态信息
tee	\T	设置输出文件，将所有信息添加到给定的输出文件中
use	\u	选择一个数据库使用，参数为数据库名称
charset	\C	切换到另一个字符集
warnings	\W	每一个语句之后显示警告
nowarnings	\w	每一个语句之后不显示警告
resetconnection	\x	清理会话上下文信息

使用 status 命令查看 MySQL 服务器状态信息，结果如图 2-41 所示。

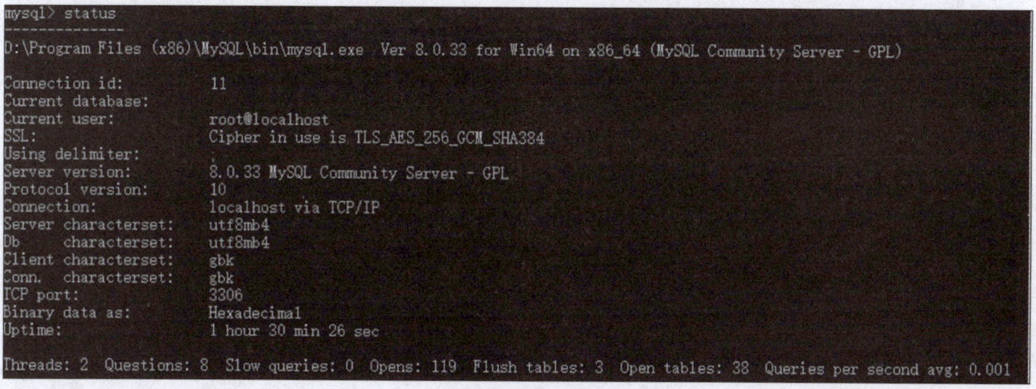

图 2-41　MySQL 服务器状态信息

2.8　常用图形化工具

MySQL 命令行客户端的优点在于不需要额外安装，在 MySQL 软件包中已经提供。然而命令行这种操作方式不够直观，而且容易出错。为了更方便地操作 MySQL，可以使用一些图形化工具。本节将对 MySQL 常用的两种图形化工具进行讲解。

1. Navicat

Navicat 是一套快速、可靠的图形化数据库管理工具，它的设计符合数据库管理员、开发人员及中小企业的需要。支持的数据库包括 MySQL、MariaDB、SQL Server、SQLite、Oracle 及 PostgreSQL。以 Navicat 12 版本为例演示。

打开 Navicat 12 后，选择"文件"→"新建连接"→MySQL 命令，打开"新建连接"对话框，如图 2-42 所示。

在图 2-42 中，输入连接名（如新连接）、主机名或 IP 地址、端口、用户名和密码后，单击"确定"按钮，即可连接数据库。连接成功后进入 Navicat 主界面，如图 2-43 所示。

图 2-42 "新建连接"对话框

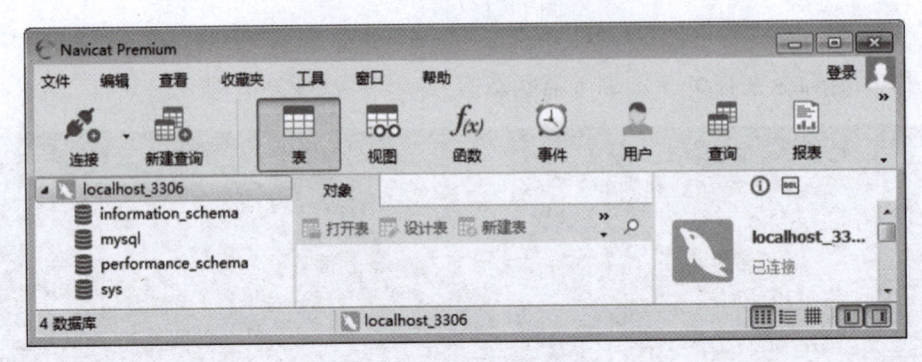

图 2-43 Navicat 主界面

2. Workbench

MySQL Workbench 是 MySQL 自带的可视化数据库设计软件，为数据库管理员和开发人员提供了一整套可视化的数据库操作环境，主要功能有数据库设计与模型建立、SQL 开发（取代 MySQL Query Browser）、数据库管理（取代 MySQL Administrator）。

在 Windows 操作系统"开始"菜单中选择 MySQL→MySQL Workbench 8.0 CE 命令，Workbench 欢迎界面如图 2-44 所示。

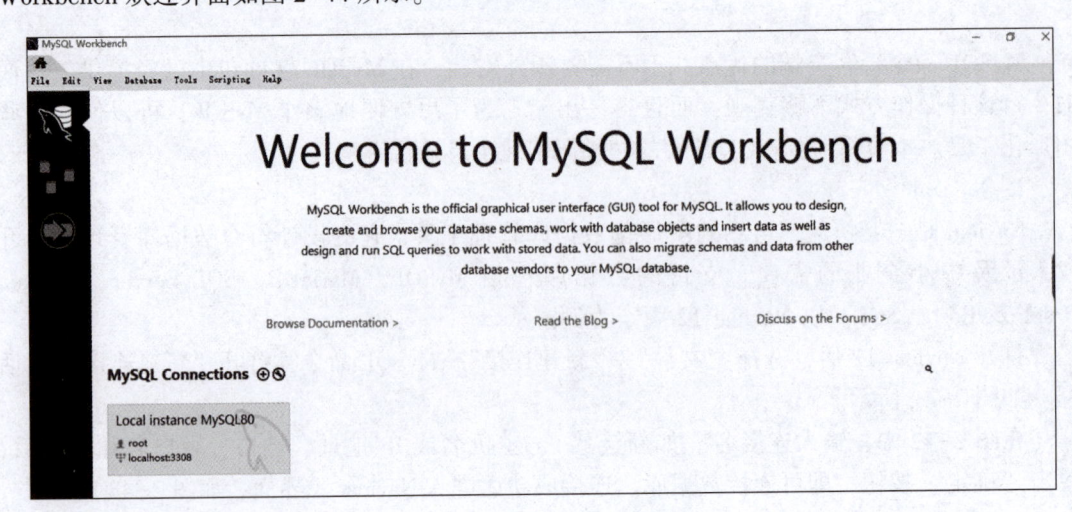

图 2-44 Workbench 欢迎界面

首次使用时需要连接数据库服务器，选择 Database→Manage Connections 命令，打开 Manage Server Connections 数据库连接界面，单击 New 按钮加入新建连接，如图 2-45 所示。

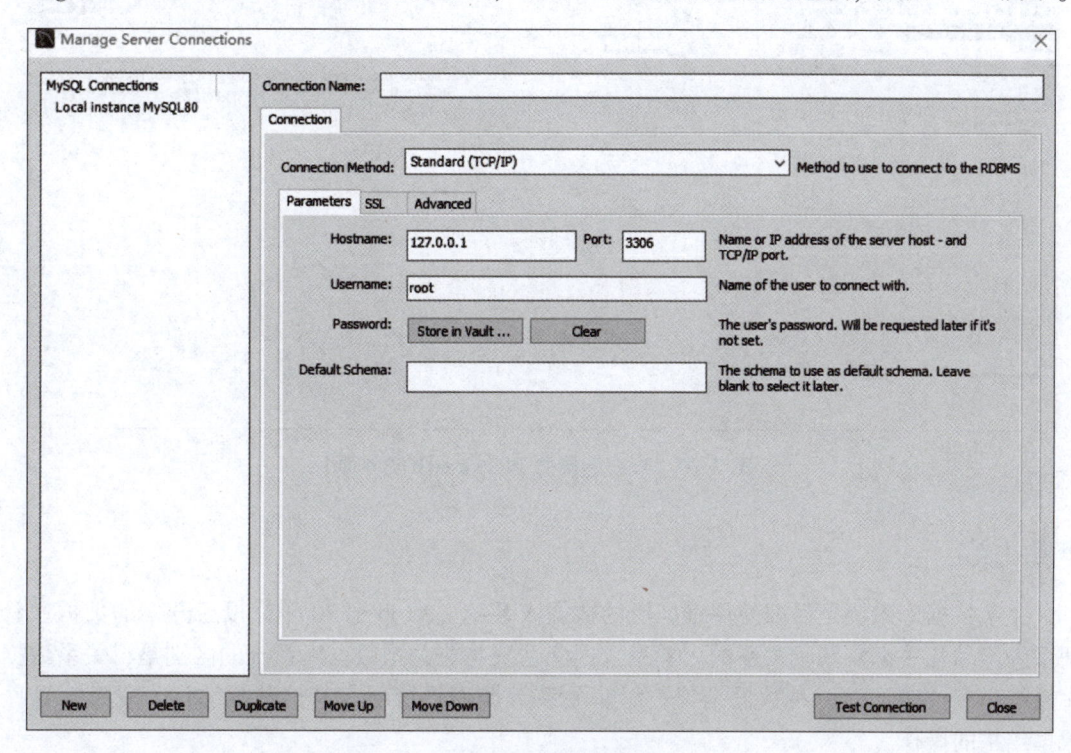

图 2-45 创建连接

填入 Connection Name（连接名）、连接 IP、端口号、用户名等信息，单击 Test Connection 按钮测试连接，创建好后可在主界面查看，如图 2-46 所示。

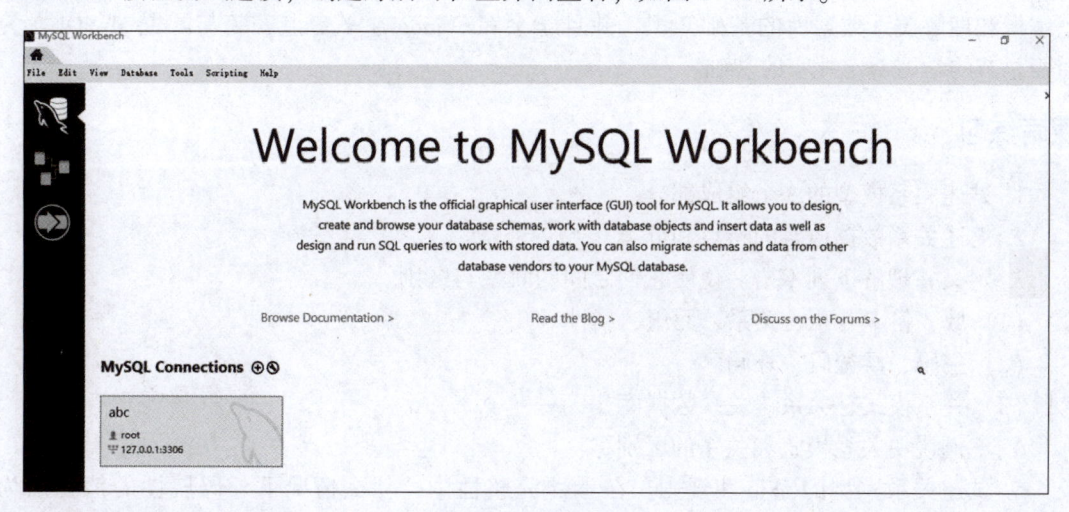

图 2-46 连接显示

单击主界面中显示的数据库连接，可进入当前连接主界面，如图 2-47 所示。

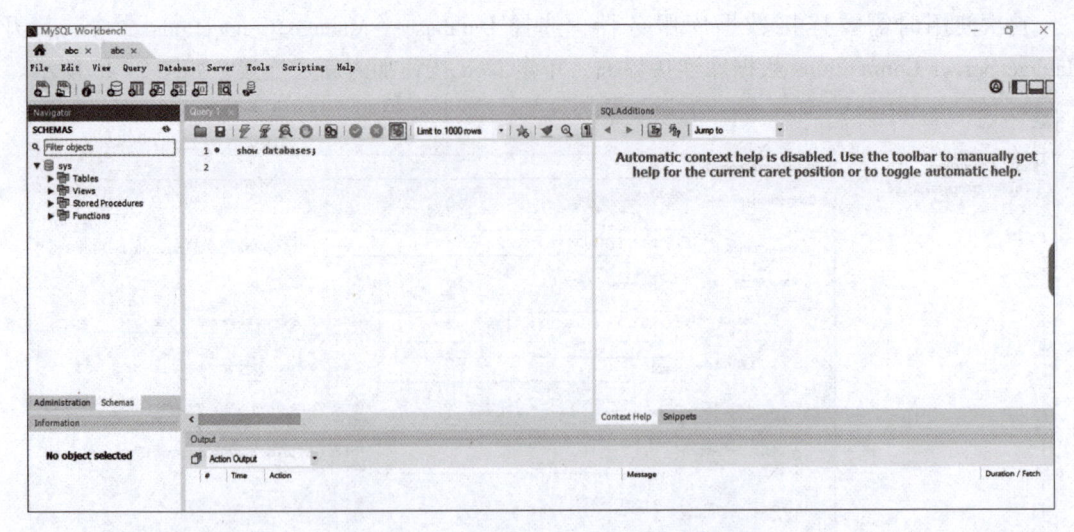

图 2-47 当前连接的 Workbench 主界面

本章小结

关系数据库系统是目前使用最广泛的数据库系统，20 世纪 70 年代以后开发的数据库管理系统产品几乎都是基于关系的。关系数据库系统与非关系数据库系统的区别是，关系数据库系统只有"表"这一种数据结构；而非关系数据库系统还有其他数据结构，以及对这些数据结构的操作。

本章系统地讲解了关系数据库的重要概念，包括关系模型的数据结构、关系操作及关系的三类完整性；介绍了用代数方式表达的关系语言，即关系代数；对结构化查询语言的发展、特点、功能和 MySQL 的安装与配置作了简要的介绍。通过本章的学习，希望初学者真正掌握和理解关系数据库的基础知识，并且学会在 Windows 平台上安装与配置 MySQL，为后面章节的学习奠定扎实的基础。

课后练习

1. 试述关系模型的 3 个组成部分。
2. 简述关系数据语言的特点和分类。
3. 定义并理解下列术语，说明它们之间的联系与区别。
（1）域、笛卡儿积、关系、元组、属性。
（2）主码、候选码、外码。
（3）关系模式、关系、关系数据库。
4. 举例说明关系模式和关系的区别。
5. 试述关系模型的完整性规则。在参照完整性中，什么情况下外码属性的值可以为空值？
6. 设教学数据库中有以下 3 个关系。

学生关系 $S(S\#, SNAME, SD, AGE)$。

课程关系 $C(C\#, CN)$。

成绩关系 SC(S#,C#,GRADE)。
试用关系代数，完成以下查询。
（1）检索学习课程号为 C2 的学生学号与成绩。
（2）求选修数据库原理这门课程的学生名和所在系。
（3）检索学习课程号为 C2 或 C3 的学生学号和所在系。
（4）求至少选修 C2 和 C3 这两门课程的学生名。
（5）求不学 C2 这门课程的学生学号。
（6）求选修全部课程的学生名。
（7）求至少选修了学生编号为 S2 所选课程的学生名。

第 3 章

数据库设计

第 1 章和第 2 章主要讲解了数据库的基本理论。但是，在将数据库技术应用到实际需求时，还需要研究如何设计一个合理、规范和高效的数据库。本章将围绕数据库设计的技术和方法进行详细讲解，主要讨论基于关系数据库管理系统的关系数据库设计问题。

学习目标

熟悉数据库设计的基本步骤。
掌握数据库设计范式的使用。
掌握数据库应用系统的数据库设计。

3.1 数据库设计概述

数据库之所以存在是因为需要把数据转换为信息。数据就是原始的没有经过处理的事实。信息是通过把数据加工成有用事物的过程来获得的。现实世界直接数据化是不可行的，每个事物的无穷特性如何数据化？事物之间错综复杂的联系怎么数据化？所以，数据的加工是一个逐步转换的过程，经历了现实世界、信息世界和计算机世界 3 个不同的层面，这个转换的过程就需要进行设计，将数据库中的数据对象以及这些数据对象之间的关系进行规划和结构化。

广义地讲，数据库设计是数据库及其应用系统的设计，即设计整个数据库应用系统，使用数据库的各类信息系统都称为数据库应用系统，如学生管理系统、教务管理系统、人事管理系统等；狭义地讲，数据库设计是指设计数据库本身，即设计数据库的各级模式并建立数据库，这实际上是数据库应用系统设计的一部分。

本书主要讲解狭义的数据库设计。当然，好的数据库结构是应用系统的基础，要想设计好的数据库应用系统，必须先设计一个好的数据库，特别在实际的系统开发项目中两者更是密切相关、并行进行的。

下面给出数据库设计的一般定义。

数据库设计可能是指对于一个给定的应用环境，构造及优化数据库的逻辑物理结构，并据此建立数据库及其应用系统，有效地存储和管理数据，满足用户的信息和处理需求。

数据库设计须满足信息管理要求和数据操作要求。这里，信息管理要求是指在数据库中存储和管理数据对象的具体需求；数据操作要求是指对数据对象在不同情景的操作需求，如增、删、改、查等操作。

数据库设计的目标是为用户和各种应用系统提供一个高效且能保证较低冗余和避免异常的信息基础环境。

3.1.1 数据库设计的过程与特点

数据库设计是指数据库应用系统从设计、实施到运行与维护的全过程，是对数据的抽象、实施与管理的过程。数据库建设和一般的软件系统的设计、开发、运行与维护有许多相同之处，更有其自身的一些特点。

（1）现实世界。

现实世界是指客观存在的事物及其相互间的联系。现实世界中的事物有着众多的特征和千丝万缕的联系，但人们往往只选择感兴趣的一部分来描述，如学生，人们通常用学号、姓名、班级、成绩等特征来描述和区分，而对身高、体重、长相不太关心，而如果对象是演员，则可能正好相反。事物可以是具体的、可见的实物，也可以是抽象的。

（2）信息世界。

信息世界是人们把现实世界的信息和联系，通过"符号"记录下来，然后用规范化的数据库定义语言来定义描述而构成的一个抽象世界。信息世界实际上是对现实世界的一种抽象化描述。信息世界不是简单地对现实世界进行符号化，而是要通过筛选、归纳、总结、命名等抽象过程形成概念模型，用以表示对现实世界的抽象与描述。

（3）计算机世界。

计算机世界是将信息世界的内容数字化后的产物，即将信息世界中的概念模型，进一步转换成数据模型，形成便于计算机处理的数据表现形式。

（4）数据库设计优化过程。

根据现实世界的实体模型优化设计数据库的主要步骤，如图3-1所示。首先，现实世界的实体模型通过建模转换为信息世界的概念模型，概念模型经过模型转换，得到数据库世界使用的数据模型（在关系数据库设计中为关系模型）。然后，数据模型进一步规范化，形成科学、规范、合理的实施模型——数据库结构模型。

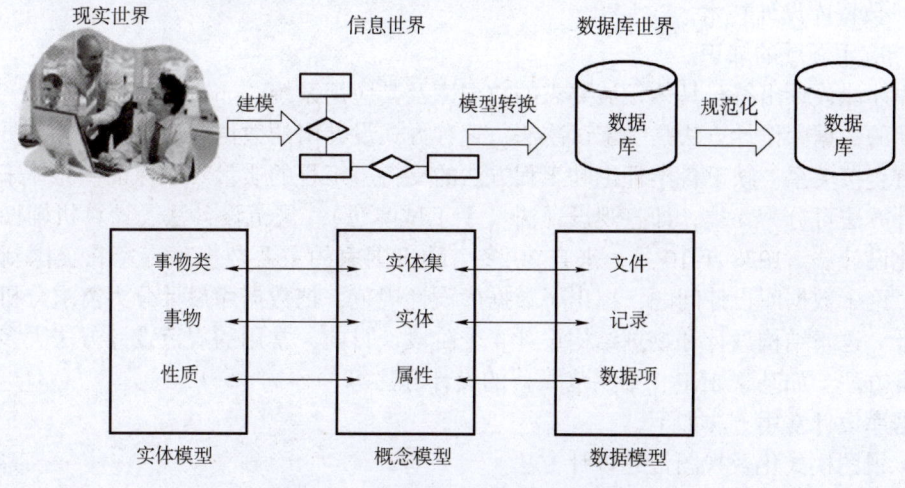

图3-1 数据库设计优化过程对照

数据库设计的特点如下。

(1) 三分技术，七分管理，十二分基础数据。

数据库建设中不仅涉及技术，还涉及管理。要建设好一个数据库应用系统，相比于开发技术，管理显得更加重要。这里的管理包括数据库建设本身的项目管理和企业的业务管理。

企业的业务管理一般来说比较复杂，对数据库结构的设计有直接影响。这是因为数据库结构（即数据库模式）是对企业中业务部门数据及数据之间联系的描述和抽象。代表了业务部门的职能甚至是整个企业的管理。

同时，数据的收集、整理、组织和不断更新是数据库建设中的重要环节。基础数据的收集、入库是数据库建立初期最重要的工作。基础数据和新数据是数据库应用系统在生命周期中服务企业业务管理，提高企业竞争力的重要基础。

(2) 结构设计和行为设计相结合。

数据库设计应该和应用系统设计相结合。也就是说，整个设计过程中要把数据库结构设计和对数据的处理设计密切结合起来。在数据库设计中使用传统的软件工程理论或着重于结构特性的设计都是不合理的。传统的软件工程理论会产生着重于处理过程，而对应用中数据语义的分析和抽象忽视的现象。而如果在设计时致力于数据模型和数据库建模方法的研究，着重结构特性的设计而忽视了行为设计也是不合理的。因此，数据库设计中要把结构特性和行为特性结合起来。

3.1.2 数据库设计方法概述

大型数据库设计是涉及多学科的综合性技术，是一项庞大的工程项目。它要求从事数据库设计的专业人员具备多方面的知识和技术，主要包括以下6个方面。

(1) 计算机的基础知识。
(2) 软件工程的原理和方法。
(3) 程序设计的方法和技巧。
(4) 数据库的基本知识。
(5) 数据库设计技术。
(6) 应用领域的知识。

这样才能设计出符合具体领域要求的数据库及其应用系统。

早期的数据库设计方法是手工试凑法，这种方式设计出的数据库质量与设计人员的经验和水平有直接关系，缺乏科学理论和工程方法的支持，工程的质量难以保证。总体来说，数据库设计方法可分为4类，即直观设计法（手工试凑法）、规范设计法、计算机辅助设计法和自动化设计法。1978年10月，来自30多个欧美国家的主要数据库专家在美国新奥尔良市专门讨论了数据库设计问题，提出了数据库设计规范，把数据库设计分为需求分析、概念结构设计、逻辑结构设计和物理结构设计4个阶段。目前，常用的规范设计方法大多起源于新奥尔良方法，如基于3NF（第三范式）的设计方法等。

数据库设计常用方法如下。

(1) 视图模式化及视图汇总设计方法。
(2) 关系模式设计方法。
(3) 新奥尔良设计方法。
(4) 基于E-R模型的设计方法。

（5）基于 3NF 的设计方法。
（6）基于抽象语法规范的设计方法。
（7）计算机辅助数据库设计方法。

3.1.3 数据库设计的基本步骤

1. 数据库的生命周期

同任何事情一样，数据库也有有限的生命期。即使是最成功的数据库也会在某个时候被另一个更灵活、更新的结构所替代。数据库的生命周期一般有以下 6 个阶段。

（1）分析。分析阶段就是会见用户，掌握需求，或者测试已存在的系统来找出问题，决定新系统的目标和范围。

（2）设计。设计阶段就是从前面决定的需求创建一个概念性的设计，包含为数据库实现而做的逻辑和物理设计。

（3）实现。实现阶段就是安装 DBMS，创建数据库，录入或导入数据。

（4）测试。测试阶段对数据库进行测试和调整，一般与关联的应用结合起来完成。

（5）运行。运行阶段是让数据库正常工作，产生有效信息。

（6）维护。维护阶段就是针对新需求或变化的运行条件（如负载加重）对数据库进行调整。

2. 数据库的设计

数据库设计开始之前，首先必须选定参加设计的人员，包括系统分析人员、数据库设计人员、应用开发人员、数据库管理员和用户代表。系统分析和数据库设计人员将自始至终参与数据库设计。用户和数据库管理员在数据库设计中主要参加需求分析与数据库的运行和维护，应用开发人员（包括程序员和操作员）分别负责编制程序和准备软硬件环境，在系统实施阶段参与进来。

考虑到数据库及其应用系统开发全过程，将数据库设计分为以下 6 个阶段。

（1）需求分析阶段，数据库设计人员需要分析用户的需求，首先必须准确了解与分析用户需求（包括数据预处理），将分析结果记录下来，形成需求分析报告。在这个阶段中，双方需要进行深入的沟通，以避免理解不准确导致后续的工作出现问题。

（2）概念结构设计阶段，将对用户的需求进行综合、归纳、抽象，形成一个独立于具体数据库管理系统的概念模型。概念模型使设计人员摆脱数据库系统的具体技术问题，将精力集中在分析数据及数据之间联系等方面。一般通过绘制 E-R 图，直观呈现数据库设计人员对用户需求的理解。

（3）逻辑结构设计面向数据库系统，在概念数据库设计中完成 E-R 图等成果后，将其转换为 DBMS 支持的数据模型（如关系模型），完成实体、属性和联系的转换。在进行逻辑数据库设计时，应遵循一些规范化理论，如范式（将在后面的小节中详细讲解）。不规范的设计可能会导致数据库出现大量冗余、插入异常、删除异常等问题。

（4）物理结构设计阶段需要确定数据库的存储结构、文件类型等。通常 DBMS 为了保证其独立性与可移植性，承担了大部分任务，数据库设计人员只需要考虑硬件、操作系统的特性，为数据表选择合适的存储引擎、为字段选择合适的数据类型，以及评估磁盘空间需求等工作。

（5）数据库实施就是将前面那些工作的成果实施起来，根据逻辑设计和物理设计的结果建立数据库，设计人员运用数据库管理系统提供的数据库语言及其宿主语言，例如，使用 SQL 语句创建数据库、数据表，编写与调试应用程序等，组织数据入库，并进行试运行。

（6）数据库运行和维护就是将数据库系统正式投入运行，在运行后进行维护、调整、备份、升级等工作。

在数据库设计过程中，需求分析和概念结构设计可以独立于任何数据库管理系统进行，逻辑结构设计和物理结构设计与选用的数据库管理系统密切相关。数据库设计流程与阶段对照如图 3-2 所示。

需要指出的是，如果不了解应用环境对数据的处理要求，或者没有考虑如何去实现这些处理要求，是不可能设计出一个良好的数据库结构的。在设计过程中应该把数据库的设计和对数据库中数据处理的设计紧密结合起来，将这两个方面的需求分析、抽象、设计、实现在各个阶段同时进行，相互参照、补充，以完善两方面的设计。设计一个完善的数据库应用系统是不可能一蹴而就的，它往往是上述 6 个阶段的不断反复。图 3-3 概括了设计过程中各阶段关于数据特性的设计描述。

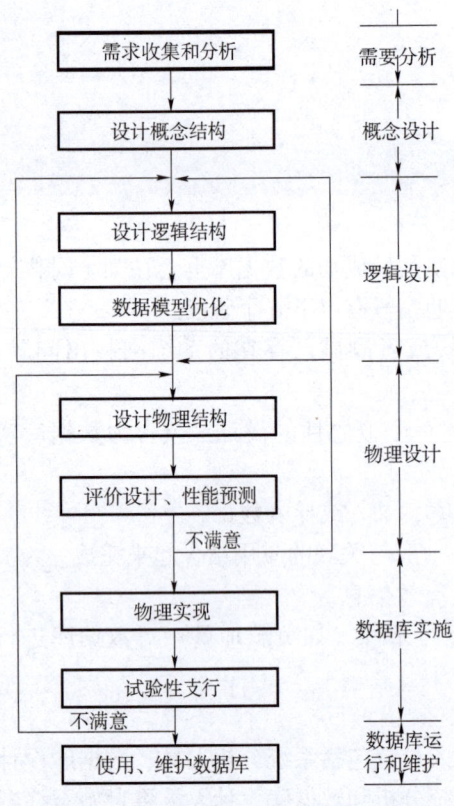

图 3-2　数据库设计流程与阶段对照

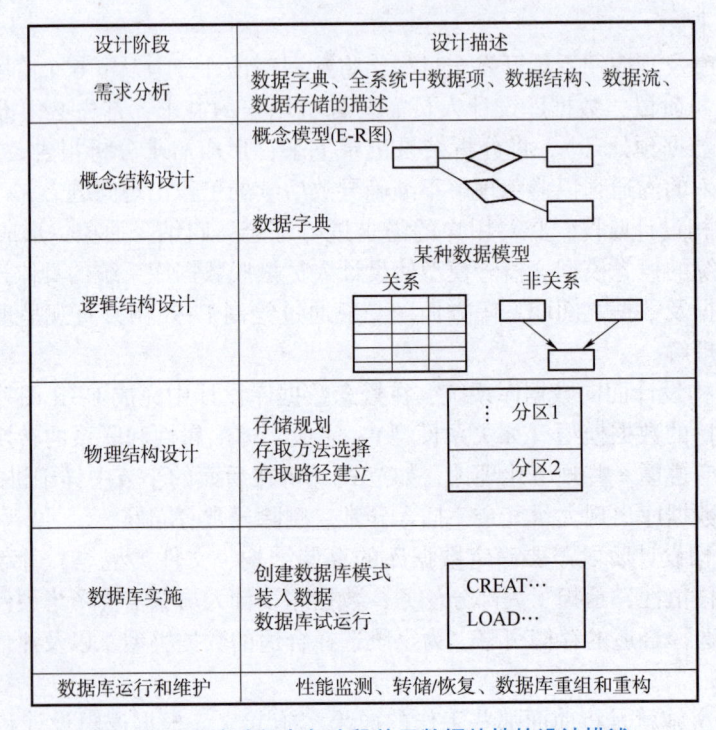

设计阶段	设计描述
需求分析	数据字典、全系统中数据项、数据结构、数据流、数据存储的描述
概念结构设计	概念模型(E-R图) 数据字典
逻辑结构设计	某种数据模型 关系　　　非关系
物理结构设计	存储规划 存取方法选择 存取路径建立 分区1／分区2
数据库实施	创建数据库模式 装入数据 数据库试运行 CREAT…　LOAD…
数据库运行和维护	性能监测、转储/恢复、数据库重组和重构

图 3-3　设计过程中各阶段关于数据特性的设计描述

3.2 数据库需求分析

需求分析就是分析用户的要求。需求分析是设计数据库的开始，需求分析结果是否准确反映用户的实际要求直接影响后面各阶段的设计，并影响设计结果的合理性和适用性。

3.2.1 需求分析的任务

需求分析的任务是通过详细调查现实世界要处理的对象（组织、部门、企业等），充分了解原系统（手工系统或计算机系统）的工作概况，明确用户的各种需求，然后在此基础上确定新系统的功能。新系统必须充分考虑今后可能的扩充和改变，不能仅仅按当前应用需求来设计数据库。

调查的重点是"数据"和"处理"，通过调查、收集与分析，获得用户对数据库的如下要求。

（1）信息要求。指用户需要从数据库中获得信息的内容。由信息要求可以导出数据要求，也就是数据库中需要存储的数据。

（2）处理要求。指用户要完成的数据处理需求及处理的性能要求。

（3）安全性与完整性要求。

需求分析常见的工作如下。

（1）收集数据。一个企业内的数据可能分散、零碎，由不同人员负责管理。为了使用数据库系统管理这些数据，需要尽可能多地收集数据，并理解企业的业务过程和数据处理流程，理解数据处理的性能需求。可以利用数据流图等工具辅助分析与理解。

（2）解决冲突。包括命名冲突（同名异义、异名同义）、属性冲突、结构冲突。例如，商品库存数量是否包含已下订单未出库数量；到货数量和入库数量以哪一个为准；用户名和昵称、真实姓名如何区分；性别使用男、女，还是0、1或f、m来表示。

（3）制定标准。如商品编号一共有多少位，未来是否会增加位数，每一位的含义是什么；订单编号按照什么规则生成，如何避免编号重复，编号中包含哪些信息，是否加入一些随机数防止被推测等。

确定用户的最终需求是一件很困难的事，这需要设计人员必须不断深入地与用户交流，才能逐步确定用户的实际需求。

3.2.2 需求调查

进行需求分析首先是调查清楚用户的实际要求，与用户达成共识，然后分析与表达这些需求。

调查用户需求的具体步骤如下。

（1）调查组织机构情况。包括了解该组织的部门组成情况、各部门的职责等，为分析信息流程作准备。

（2）调查各部门的业务活动情况。包括了解各部门输入和使用什么数据，如何加工处理这些数据，输出什么信息，输出到什么部门，输出结果的格式是什么等，这是调查的重点。

(3) 在熟悉业务活动的基础上，协助用户明确对新系统的各种要求，包括信息要求、处理要求、安全性与完整性要求，这是调查的又一个重点。

(4) 确定系统的边界。对调查的结果进行初步分析，确定哪些功能由计算机完成或将来准备让计算机完成，哪些活动由人工完成。由计算机完成的功能就是系统应该实现的功能。

在调查过程中，常用的方法如下。

(1) 跟班作业。通过亲身参加业务工作来了解业务流程。

(2) 开调查会。通过与用户座谈来了解业务活动情况及需求。

(3) 业务专家讲授。

(4) 咨询。对某些调查中的问题可以找专业咨询。

(5) 设计调查表请用户填写。

(6) 查阅记录。查阅与原系统有关的数据记录。

做需求调查时往往需要同时采用上述多种方法，但无论使用何种调查方法，都必须有用户的积极参与和配合。

调查了解用户需求以后，还需要对用户的需求进行分析。一般采用结构化分析 (Structured Analysis，SA) 方法，从最上层的系统结构入手，采用自顶向下、逐层分解的方式分析系统。

对用户需求进行分析与表达后，要形成需求分析报告，提交给用户并得到用户的认可。在需求分析过程中，需要注意以下两点。

(1) 需求分析应充分考虑可能的扩充和改变，使设计易于更改、系统易于扩充。

(2) 必须强调用户的参与，设计人员应该和用户充分沟通，对设计工作的最后结果承担共同的责任。

3.3 概念结构设计

将需求分析得到的用户需求抽象为信息结构（即概念模型）的过程就是概念结构设计。它是整个数据库设计的关键。本节将介绍概念模型的特点，以及用 E-R 模型来表示概念模型的方法。用 E-R 模型来认识和分析现实世界，从中抽取实体和实体之间的联系，建立概念模型，又称建模。

3.3.1 概念模型

在需求分析阶段所得到的应用需求应该首先抽象为信息世界的结构，然后才能更好、更准确地用某一数据库管理系统实现这些需求。

概念模型的主要特点如下。

(1) 能真实、充分地反映现实世界，包括事物和事物之间的联系，能满足用户对数据的处理要求，是现实世界的一个真实模型。

(2) 易于理解，可以用它和不熟悉计算机的用户交换意见。用户的积极参与是数据库设计成功的关键。

(3) 易于更改,当应用环境和应用要求改变时容易对概念模型进行修改和扩充。

(4) 易于向关系、网状、层次等各种数据模型转换。

概念模型是各种数据模型的共同基础,它比数据模型更独立于机器、更抽象,从而更加稳定。描述概念模型的有力工具是 E-R 模型。

3.3.2 E-R 模型

Peter Chen 于 1976 年提出的 E-R 模型是用 E-R 图来描述现实世界的概念模型。第 1 章已经简单介绍了 E-R 模型涉及的主要概念,包括实体、属性、实体之间的联系等,指出了实体应该区分实体集和实体(又称实体型),初步讲解了实体之间的联系。下面首先对 E-R 图进行讲解,然后对实体之间的联系作进一步介绍。

1. E-R 图

E-R 图提供了表示实体、属性和联系的方法,如图 3-4 所示。

(1) 实体用矩形表示,矩形框内写明实体名。

(2) 属性用椭圆形表示,椭圆形框内写明属性名。

(3) 联系用菱形表示,菱形框内写明联系名。

图 3-4 实体、属性、联系的描述方法

需要注意的是,如果一个联系具有属性,则这些属性也要用无向边与该联系连接起来,如图 3-5 所示。

图 3-5 E-R 图中属性与实体的描述

2. 实体之间的联系

在现实世界中,事物内部及事物之间是有联系的。实体内部的联系通常是指组成实体的各属性之间的联系,实体之间的联系通常是指不同实体的实体集之间的联系,又称实体之间的映射。实体之间的联系有一对一、一对多和多对多 3 种,如图 3-6 展示了客户、订单和产品之间的映射关系。

(1) 一对一联系(1∶1)。

如果对于实体集 A 中的每一个实体,实体集 B 中至多有一个(也可以没有)实体与之联系,反之亦然,则称实体集 A 与实体集 B 具有一对一联系。如图 3-7 所示,某学院有若

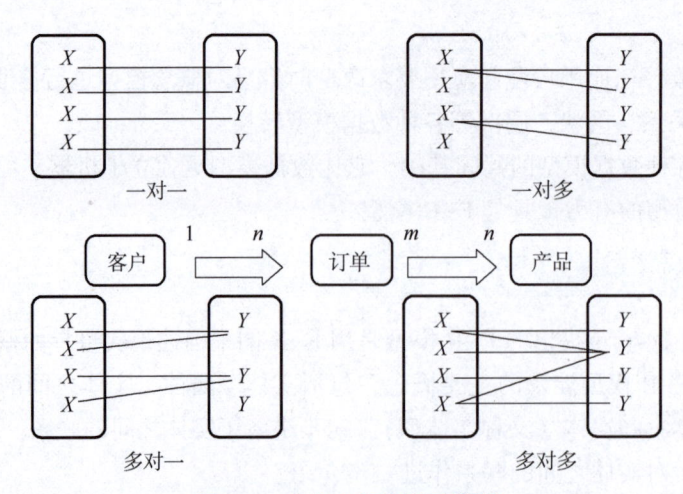

图 3-6　实体之间的联系类型

干个系，每个系只有一个主任，则主任和系之间是一对一的联系。

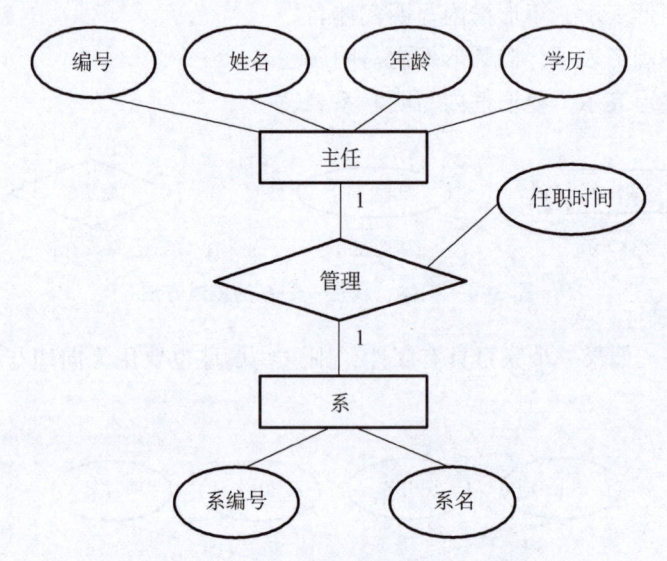

图 3-7　系和系主任之间的 1∶1 联系

（2）一对多联系（1∶n）。

如果对于实体集 A 中的每一个实体，实体集 B 中有 n 个实体（n≥0）与之联系，反之，对于实体集 B 中的每一个实体，实体集 A 中至多只有一个实体与之联系，则称实体集 A 与实体集 B 有一对多联系。如图 3-8 所示，在某仓库管理系统中，有两个实体集：仓库和商品。仓库用来存放商品，且规定一类商品只能存放在一个仓库中，一个仓库可以存放多件商品，仓库和商品就是一对多联系。

（3）多对多联系（m∶n）。

如果对于实体集 A 中的每一个实体，实体集 B 中有 n 个实体（n≥0）与之联系，反之，对于实体集 B 中的每一个实体，实体集 A 中也有 m 个实体（m>0）与之联系，则称实体集 A 与实体集 B 具有多对多联系。如图 3-9 所示，某教务管理系统中，一个教师可以讲授多门课，一门课也可以由多个老师讲授，则课程实体与教师实体具有多对多联系。

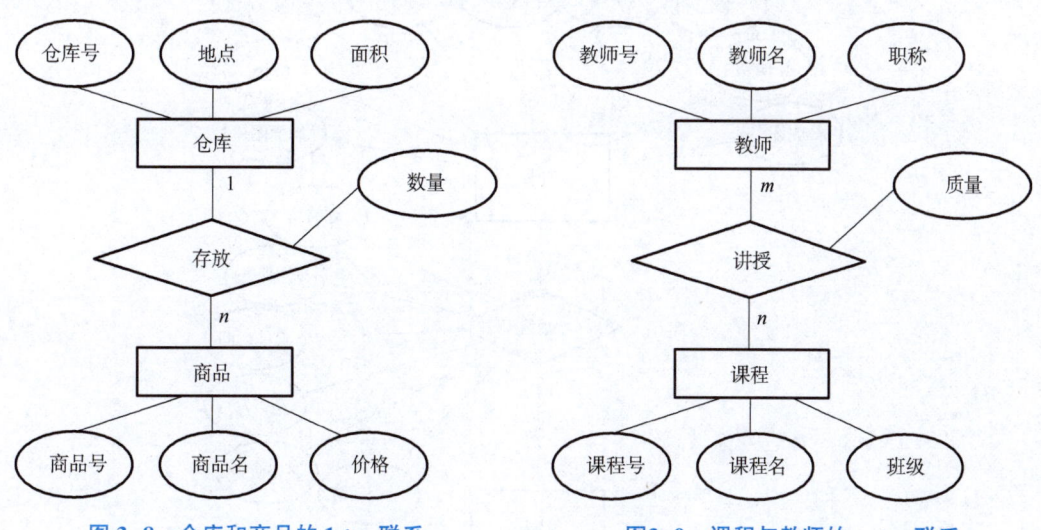

图 3-8　仓库和商品的 1：n 联系

图 3-9　课程与教师的 m：n 联系

3. E-R 模型设计实例

【例 3-1】 网络图书销售系统处理会员图书销售。网络销售的图书信息包括图书编号、图书类别、书名、作者、出版社、出版时间、单价、数量、折扣、封面图片等；简化的业务处理过程是：用户需要购买图书必须先注册为会员，提供信息（身份证号、会员姓名、密码、性别、联系电话、系统记录注册时间等信息），系统根据会员的购买订单形成销售信息，包括订单号、身份证号、图书编号、订购册数、订购时间、是否发货、是否收货、是否结清。画出网络图书销售数据库 E-R 图。

（1）经过对需求进行分析，确定实体集。

网络图书销售系统中有两个实体集：图书和会员。

（2）确定实体集属性及主码。

实体集的会员属性有身份证号、会员姓名、性别、联系电话、注册时间、密码。会员实体集中可用身份证号来唯一标识各会员，因此主码为身份证号。

实体集图书属性有图书编号、图书类别、书名、作者、出版社、出版时间、单价、数量、折扣、封面图片。图书实体集中可用图书编号来唯一标识图书，主码为图书编号。

（3）确定实体集之间的联系。

图书销售给会员时图书与会员建立关联，联系"销售"的属性有订购册数、订购时间、是否发货、是否收货、是否结清。为了更方便标识销售记录，添加订单号作为该联系的主码。

（4）确定联系类型。

因为一个会员可以购买多种图书，一种图书可销售给多个会员，因此这是一种多对多（m：n）的联系。

根据以上分析画出的网络图书销售数据库 E-R 图，如图 3-10 所示。

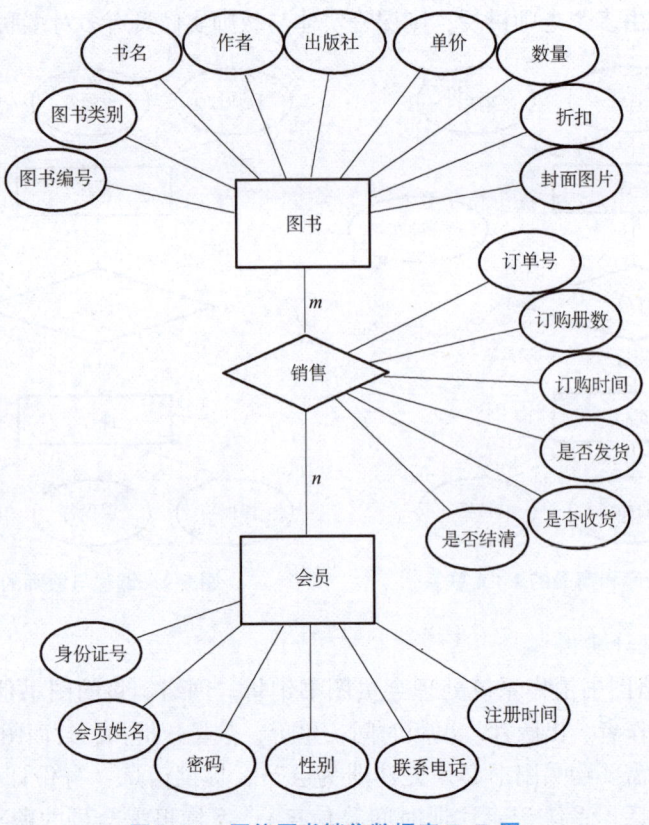

图 3-10　网络图书销售数据库 E-R 图

3.3.3　概念结构设计

概念结构设计的第一步就是对需求分析阶段收集到的数据进行分类、组织,确定实体、实体的属性、实体之间的联系类型,进行数据抽象,设计局部 E-R 模型,然后集成各局部 E-R 模型,形成全局 E-R 模型,如图 3-11 所示。

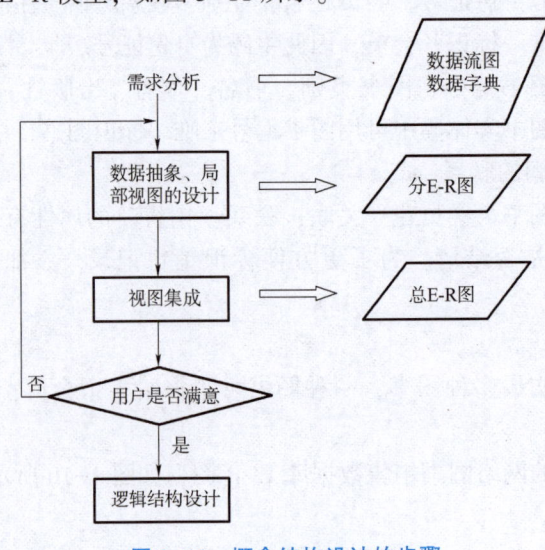

图 3-11　概念结构设计的步骤

1. 局部 E-R 图设计

设计局部 E-R 图首先需要根据系统的具体情况，在多层的数据流图中选择一个适当层次的数据流图，让这组图中的每一部分对应一个局部应用，然后以这一层次的数据流图为出发点，设计分 E-R 图。

将各局部应用涉及的数据分别从数据字典中抽取出来，参照数据流图，确定各局部应用中的实体、实体的属性、标识实体的码、实体之间的联系及其类型（$1:1,\ 1:n,\ m:n$）。

【例 3-2】画出出版社和图书的 E-R 图。

（1）实体与联系分析。

一个出版社可以出版多本图书，一本图书只能由一个出版社出版，出版社和图书之间就是一对多的关系。

（2）属性与主码。

出版社实体有社名、地址、邮编、网址、联系电话等属性。

图书实体有出版社、书名、作者、价格等属性。

（3）出版社和图书的联系分析。

出版社和图书的联系：出版社通过出版与图书建立联系。一个出版社可以出版多本图书，一本图书一般由一个出版社出版，出版社和图书之间就是一对多的联系。

出版社实体有社名、地址、邮编、网址、联系电话等属性，为了建立出版社与图书实体一对多的联系，增加出版社代码来唯一标识出版社。图书实体有出版社代码、书名、作者、价格等属性。为了唯一标识图书，增加书号属性，如图 3-12 所示。

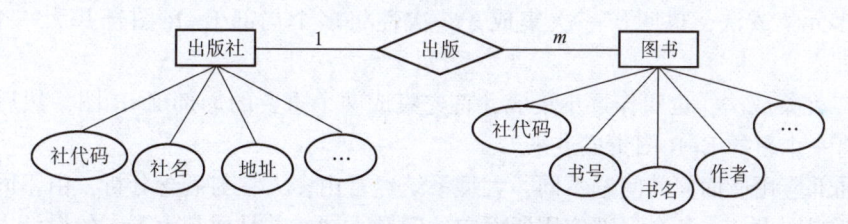

图 3-12　出版社出版图书 E-R 图

在进行概念结构设计时，需要注意实体与属性的划分原则。

遵循的一条原则是：为了简化 E-R 图的处理，现实世界的事物能作为属性对待的尽量作为属性对待。同时，需要注意以下两条划分原则。

（1）属性必须是不可分的数据项，不能包含其他属性，也就是属性不应是再需要其他属性来描述的。

（2）属性仅描述当前实体，而不能与其他实体有联系，即 E-R 图中的联系是实体之间的联系。

凡满足上述两条准则的事物，一般均可作为属性对待，否则应作为实体对待。

例如，职工是一个实体，职工号、姓名、性别是职工的属性，职工有职称，如果职称没有需要进一步描述的特性，如职称没有对应的工资标准、薪级、津贴等，则可以作为职工实体的属性；反之，职称可以作为一个实体。

再如，如果一种货物只存放在一个仓库中，则可以将存放货物的仓库号作为描述货物存放地点的属性，但如果一种货物可以存放在多个仓库中，或者仓库本身又用面积作为属性，又或者仓库与职工发生管理上的联系，则应将仓库作为一个实体。

有些属性的值如果有多个，该如何处理？如出版社实体有电话属性，但一个出版社一般不止一部电话，如何处理？

一种方法是仍使用一个电话属性，只记下一部电话号码即可，这种方法适合于小单位；第二种方法是按照实体与属性的划分原则的第二条要求，将电话作为实体独立出来，建立一个新的电话实体，通过出版社代码属性，建立出版社和电话的一对多联系，如图 3-13 所示。

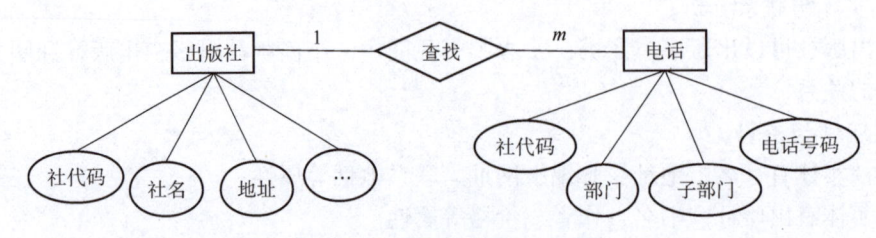

图 3-13 出版社电话 E-R 图

2. E-R 图的集成

在开发一个大型信息系统时，最常采用的策略是自顶向下地进行需求分析，然后再自底向上地设计概念结构。即首先设计各子系统的分 E-R 图，然后将它们集成起来，得到全局 E-R 图。

在 E-R 图集成时常采用以下两种方法。

（1）多元集成法，也叫作一次集成，一次性将多个局部 E-R 图合并为一个全局 E-R 图。

（2）二元集成法，也叫作逐步集成，首先集成两个重要的局部 E-R 图，然后用累加的方法逐步将一个新的 E-R 图集成进来。

各个局部应用所面向的问题不同，大型系统经常由多人参与概念分析，由不同的设计人员进行局部视图设计，各个局部应用所面向的问题不同，并且通常由不同的设计人员进行局部 E-R 图设计，因此，各局部 E-R 图不可避免地会有许多不一致的地方，通常把这种现象称为冲突。

合理消除各 E-R 图的冲突是合并 E-R 图的主要工作与关键所在。

冲突主要有以下两种，在合并时需要注意。

（1）命名冲突。

① 同名异义，即不同意义的对象在不同的局部应用中具有相同的名字。

② 异名同义（一义多名），即同一意义的对象在不同的局部应用中具有不同的名字。

（2）结构冲突。

① 同一对象在不同应用中具有不同的抽象。例如，职工在某一局部应用中被当作实体，而在另一局部应用中则被当作属性。解决方法通常是把属性变换为实体或把实体变换为属性，使同一对象具有相同的抽象。但变换时仍要遵循实体与属性的划分原则。

② 同一实体在不同子系统的 E-R 图中所包含的属性个数和属性排列次序不完全相同。这是很常见的一类冲突，原因是不同的局部应用关心的是该实体的不同侧面。解决方法是使该实体的属性取各子系统的 E-R 图中属性的并集，再适当调整属性的次序。

③ 实体间的联系在不同的 E-R 图中为不同的类型。

【例 3-3】 工厂物流管理中涉及雇员、部门、供应商、原材料、成品和仓库等实体，并且存在以下关联。

一个雇员只能在一个部门工作，一个部门可以有多个雇员；每一个部门可以生产多种成品，但一种成品只能由一个部门生产；一个供应商可以供应多种原材料，一种原材料也可以由多个供应商供货；购买的原材料放在仓库中，成品也放在仓库中。一个仓库可以存放多种产品，一种产品也可以存放在不同的仓库中；各部门从仓库中提取原料，并将成品放在仓库中。一个仓库可以存放多个部门的产品，一个部门的产品也可以存放在不同的仓库中。

画出简单的工厂物流管理系统的 E-R 图。

(1) 找出工厂物流管理系统实体集，分别是雇员、部门、成品、供应商、原材料和仓库。

(2) 从生产的角度，画出雇员、部门和成品三个实体间的初步联系，如图 3-14 所示。

(3) 从供应的角度，画出供应商和原材料两个实体间的初步联系，如图 3-15 所示。

(4) 从仓储的角度，画出仓库与各实体之间的联系，如图 3-16 所示。

由各子系统的分 E-R 图，最终得到工厂物流管理系统的 E-R 图，实体联系中有多个数量属性，分别用数量1，数量2……区分。

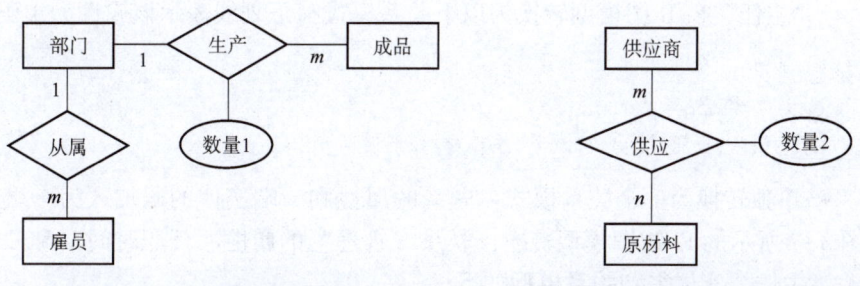

图 3-14 生产角度 E-R 图

图 3-15 供应角度 E-R 图

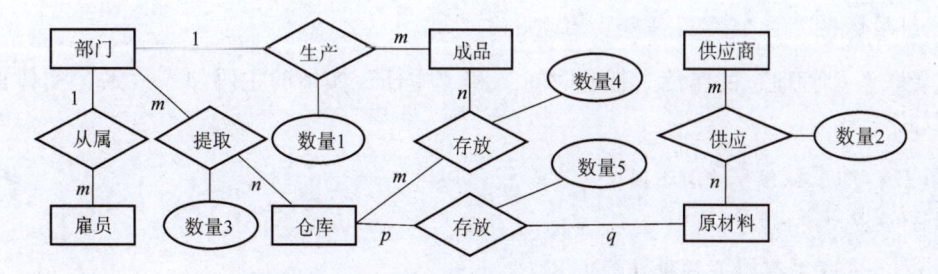

图 3-16 工厂物流管理 E-R 图

3.4 逻辑结构设计

概念结构是独立于任何一种数据模型的信息结构，逻辑结构设计就是把概念结构设计的 E-R 图转换为与选用数据库管理系统产品所支持的数据模型相符合的逻辑结构。

目前的数据库应用系统都采用支持关系数据模型的关系数据库管理系统，所以本节只介绍 E-R 图向关系数据模型的转换原则与方法。

3.4.1　E-R 图向关系模型的转换

关系模型的逻辑结构是一组关系模式的集合。E-R 图是由实体、属性和实体之间的联系组成的，因此，将 E-R 图转换为关系模型实际上就是要将实体、属性和实体之间的联系转换为关系模式，这种转换可称为模型转换。其中，实体之间的联系如何在关系模式中表达是模型转换的关键。

下面介绍转换的一般原则。

1. 实体的转换

一个实体转换为一个关系模式，关系的属性就是实体的属性，关系的码就是实体的码。

2. 实体型间联系的转换

根据映射关系不同分为 3 种情况。

（1）1∶1 联系有以下两种转换方式。

① 联系单独转换为一个关系模式：联系本身的属性、参与联系各实体的码转换为联系的关系模式，每个实体的码均是该关系的候选码。如图 3-7 所示的 E-R 图模型转换，联系"管理"可单独对应一个关系模式。

"系"与"主任" E-R 图模型转换为以下关系模式（下划线表示该属性为主码）。

> 系(<u>系编号</u>,系名)
> 主任(<u>编号</u>,姓名,年龄,学历)
> 管理(<u>系编号</u>,编号,任职时间) 或 (<u>编号</u>,系编号,任职时间)

② 联系不单独转换为一个关系模式：联系的属性和一端实体的码加入另一端实体关系模式。如图 3-7 所示的 E-R 图模型转换，联系"管理"的属性"任职时间"和"系"实体的主码加入"主任"实体得到关系模型如下。

> 系(<u>系编号</u>,系名)
> 主任(<u>编号</u>,姓名,年龄,学历,系编号,任职时间)

或者联系"管理"的属性"任职时间"和"主任"实体的主码加入"系"实体得到关系模型如下。

> 系(<u>系编号</u>,系名,编号,任职时间)
> 主任(<u>编号</u>,姓名,年龄,学历)

（2）1∶n 联系有以下两种转换方式。

① 联系单独转换为一个关系模式：联系本身的属性、参与联系各实体的码转换为联系的关系模式，该关系的码为 n 端实体的码。如图 3-8 所示的 E-R 图联系"存放"可单独对应一关系模式，模型转换后仓库存放商品关系模型如下。

> 仓库(<u>仓库号</u>,地点,面积)
> 商品(<u>商品号</u>,商品名,价格)
> 存放(<u>商品号</u>,仓库号,数量)

② 联系不单独转换为一个关系模式：联系的属性和一端实体的码加入 n 端实体关系模式，主码仍为 n 端实体主码。如图 3-8 所示的 E-R 图仓库存放商品关系模型可设计如下。

仓库(<u>仓库号</u>,地点,面积)
商品(<u>商品号</u>,商品名,价格,仓库号,数量)

（3）$m:n$ 联系有以下一种转换方式。

联系单独转换为一个关系模式：联系本身的属性、参与联系各实体的码转换为联系的关系模式，该关系的码由各实体的码共同组成。如图 3-9 所示的教师教授课程 E-R 图关系模型可设计如下。

教师(<u>教师号</u>,教师名,职称)
课程(<u>课程号</u>,课程名,班级)
讲授(<u>教师号</u>,课程名,质量)

3.4.2 关系数据库设计规范化及其理论系统

针对一个具体问题，应该如何构造一个适合于它的数据库模式，即应该构造几个关系模式，每个关系由哪些属性组成等，这是关系数据库逻辑设计问题。数据库设计尤其大型数据库的设计，仅仅完成 E-R 图向关系模型的转换是远远不够的，依靠这种简单的转换会产生不规范的数据库，出现数据冗余，造成插入、删除、更新操作异常等情况。

因此，需要对模型转换后的数据模型进行优化，也就是规范化。本节对关系数据库优化的理论依据——范式理论进行介绍。第 1 部分对一些概念进行阐述，第 2 部分对范式进行介绍，讨论各种范式及可能存在的冗余和插入、删除等问题并给出解决办法，第 3 部分讨论函数依赖（Function Dependency）的推理系统。第 1 部分、第 2 部分是关系数据库理论基础，本科生需要掌握并能够根据范式理论进行模式分解，第 3 部分作为本科生选学。

1. 一些概念

在介绍概念前，首先回顾一下关系模型的形式化定义。
在第 2 章关系数据库中已经介绍过，一个关系模式可以形式化地表示为

$R(U, D, DOM, F)$

其中，R 为关系名，U 为组成该关系的属性名集合，D 为 U 中属性所来自的域，DOM 为属性向域的映像集合，F 为属性间数据的依赖关系集合。

由于 D、DOM 与模式设计关系不大，因此这里把关系模式简化为 $R<U, F>$，当且仅当 U 上的一个关系 r 满足 F 时，r 称为关系模式 R 的一个关系。

（1）范式和规范化。

关系数据库中的关系须满足一定的要求，满足不同程度要求的为不同范式。根据要求的程度不同，范式有多种级别，满足最低要求的叫第一范式，简称 1NF；在第一范式中满足进一步要求的为第二范式，简称 2NF，其余以此类推。

有关范式理论的研究主要是 E. F. Codd 所做的工作。1971—1972 年 Codd 系统地提出了 1NF、2NF、3NF 的概念，讨论了规范化的问题。1974 年，Codd 和 Boyce 共同提出了 BCNF。1976 年 Fagin 提出了 4NF，后来又有研究人员提出了 5NF。最常用的有 1NF、2NF 和 3NF。

所谓"第几范式"原本是表示关系的某一种级别，可理解为符合某一种级别的关系模式的集合。

各种范式之间的关系为 5NF⊂4NF⊂BCNF⊂3NF⊂2NF⊂1NF，如图 3-17 所示。

一个低一级范式的关系模式通过模式分解（Schema Decomposition）可以转换为若干个高一级范式的关系模式的集合，这种过程称为规范化。

（2）函数依赖。

数据依赖是一个关系内部属性与属性之间的一种约束关系。这种约束关系是通过属性间值的相等与否体现出来的数据间相关联系。它是现实世界属性间相互联系的抽象，是数据内在的性质，是语义的体现。人们提出了多种类型的数据依赖，最重要的有函数依赖和多值依赖（Multi-valued Dependency）。函数依赖类似于数学中的函数 $y=f(x)$，当自变量 x 确定后，函数 y 的值也就唯一确定，把这种数据依赖称为函数依赖。

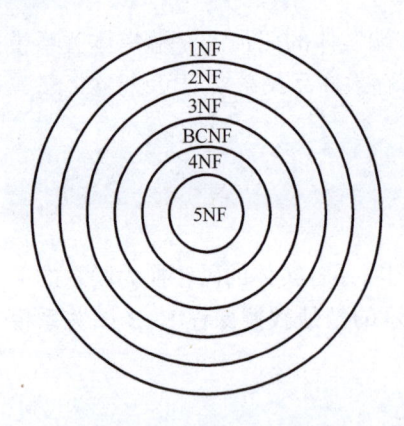

图 3-17　各种范式之间的关系

下面给出关系属性间函数依赖的形式定义。

定义 3-1　设 $R(U)$ 是属性集 U 上的关系模式，X，Y 是 U 的子集。若对于 $R(U)$ 的任意一个可能的关系 r，r 中不可能存在两个元组在 X 上的属性值相等，而在 Y 上的属性值不等，则称 X 函数确定 Y 或 Y 函数依赖于 X，记作 $X \rightarrow Y$。

函数依赖是语义范畴的概念，需要根据语义来确定是否存在函数依赖。例如，姓名→班级这个函数依赖只有在各个班级的学生没有重名的条件下成立。如果允许重名，则班级就不再函数依赖于姓名。

下面介绍相关术语和记号。

① $X \rightarrow Y$，但 $Y \not\subseteq X$，则称 $X \rightarrow Y$ 是非平凡函数依赖。

② $X \rightarrow Y$，但 $Y \subseteq X$，则称 $X \rightarrow Y$ 是平凡函数依赖。对于任一关系模式，平凡函数依赖都是必然成立的，它不反映新的语义。本书的讨论如无说明总是指非平凡函数依赖。

③ 若 $X \rightarrow Y$，则 X 称为这个函数依赖的决定属性组，又称决定因素。

④ 若 $X \rightarrow Y$，$Y \rightarrow X$，则记作 $X \longleftrightarrow Y$。

⑤ 若 Y 不函数依赖于 X，则记作 $X \not\rightarrow Y$。

定义 3-2　在 $R(U)$ 中，如果 $X \rightarrow Y$，并且对于 X 的任何一个真子集 X'，都有 $X' \not\rightarrow Y$，则称 Y 对 X 完全函数依赖，记作

$$X \xrightarrow{F} Y$$

若 $X \rightarrow Y$，但 Y 不完全函数依赖于 X，则称 Y 对 X 部分函数依赖（Partial Functional Dependency），记作

$$X \xrightarrow{P} Y$$

定义 3-3　在 $R(U)$ 中，如果 $X \rightarrow Y$，$Y \not\subseteq X$，$Y \not\rightarrow X$，$Y \rightarrow Z$，$Z \not\subseteq Y$ 则称 Z 对 X 传递函数依赖（Transitive Functional Dependency），记为 $X \xrightarrow{传递} Z$。

这里的条件 $Y \not\rightarrow X$，是因为如果 $Y \rightarrow X$，则 $X \longleftrightarrow Y$，实际上是 $X \xrightarrow{直接} Y$，则 Z 对 X 是直接函数依赖而不是传递函数依赖。

【例 3-4】建立一个描述学校教务的数据库,该数据库涉及的对象包括学生的学号(Sno)、姓名(Sname)、所在系(Sdept)、系主任姓名(Mname)、课程名(Cname)和成绩(Grade)。假设用一个单一的关系模式 Student 来表示,则该关系模式的属性集合为

$U=(Sno, Sname, Sdept, Mname, Cname, Grade)$

根据已知事实(语义)可得到以下信息。
① 一个系有若干学生,但一个学生只属于一个系。
② 一个系只有一名(正职)负责人。
③ 一个学生可以选修多门课程,每门课程有若干学生选修。
④ 每个学生学习每一门课程有一个成绩。
如表 3-1 所示是关系模式 Student 的一个实例。

表 3-1 Student 表

Sno	Sname	Sdept	Mname	Cname	Grade
1022211101	李小明	经济系	王强	高等数学	95
1022211101	李小明	经济系	王强	大学英语	87
1022211101	李小明	经济系	王强	普通化学	76
1022211102	张莉莉	经济系	王强	高等数学	72
1022211102	张莉莉	经济系	王强	大学英语	98
1022211102	张莉莉	经济系	王强	计算机基础	88
1022511101	高芳芳	法律系	刘玲	高等数学	82
1022511101	高芳芳	法律系	刘玲	法学基础	82

于是根据定义 3-1,可以得到属性组 U 上的一组函数依赖 F

$F=(Sno\to Sname, Sno\to Sdept, Sno\to Mname, Sdept\to Mname, (Sno, Cname)\to Grade)$

如果只考虑函数依赖这一种数据依赖,可以得到一个描述学生的关系模式 Student$<U, F>$。

对照定义 3-2 和语义,可以得到:(Sno, Cname) $\xrightarrow{F}$ Grade 是完全函数依赖,因为 Sno→Sdept 成立,而 Sno 是 (Sno, Cname) 的真子集,所以 (Sno, Cname) $\xrightarrow{P}$ Sdept 是部分函数依赖。有 Sno-Sdept,Sdept→Mname 成立,所以 Sno $\xrightarrow{传递}$ Mname。

(3)码。

码是关系模式中的一个重要概念。在第 2 章中已给出了有关码的定义,这里用函数依赖的概念来定义码。

定义 3-4 设 K 为 $R<U, F>$ 中的属性或属性组合,若 $K \xrightarrow{F} U$,则 K 为 R 的候选码。注意 U 是完全函数依赖于 K,而不是部分函数依赖于 K。若候选码多于一个,则选定其

中的一个为主码。

包含在任何一个候选码中的属性称为主属性；不包含在任何候选码中的属性称为非主属性或非码属性。

定义 3-5 关系模式 R 中属性或属性组 X 并非 R 的码，但 X 是另一个关系模式的码，则称 X 是 R 的外部码，又称外码。

根据【例 3-1】，如果产生关系模式 S（Sno，Sname，Sdept，Sage）和 Sc（Sno，Cname，Grade），则 Sno 是 S 的码，（Sno，Cname）是 Sc 的码，Sno 是关系模式 Sc 的外码。

2. 范式理论系统

（1）1NF。

1NF 是指关系的每一个属性都是不可分割的基本数据项，同一列中不能有多个值，即实体的某个属性不能有多个值或不能有重复的属性，则称该关系满足 1NF。简而言之，1NF 遵从原子性，属性不可再分。其形式化定义如下。

定义 3-6 若关系模式 $R(U)$ 中关系的每个分量都是不可分的数据项（值、原子），则称 $R(U)$ 属于 1NF，记为 $R(U) \in 1NF$。

如表 3-2 和表 3-3 所示，即为不满足 1NF 的情况。

表 3-2　学生联系方式表 1

学号	联系方式
081101	王林 邮箱：wl@example.com，手机号：18900000000
081102	程明 邮箱：cm@example.com，手机号：15900000000、17300000000

表 3-3　学生联系方式表 2

学号	姓名	邮箱	手机号	手机号
081101	王林	wl@example.com	18900000000	—
081102	程明	cm@example.com	15900000000	17300000000

表 3-2 存在的问题是属性"联系方式"包含了多个值，属性存在可分的情况；表 3-3 的问题是存在重复的属性"手机号"。

如果出现重复的属性，为了满足 1NF，就需要定义一个新的实体，新的实体由重复的属性构成，新实体与原实体之间为一对多关系，如表 3-4 和表 3-5 所示。

表 3-4　学生表

学号	姓名
081101	王林
081102	程明

表 3-5　学生联系方式表 3

编号	学号	联系方式	具体值
1	081101	邮箱	wl@example.com
2	081101	手机号	18900000000
3	081102	邮箱	cm@example.com
4	081102	手机号	15900000000
5	081102	手机号	17300000000

通过对表 3-2 和表 3-3 的规范化，得到表 3-4 和表 3-5，无论一个用户有多少个联系方式，都可以通过这两张表来保存。

（2）2NF。

2NF 是在 1NF 的基础上建立起来的，如果一个关系满足 1NF，并且除了主键以外的其他列，都依赖于该主键，则称该关系满足 2NF。简而言之，2NF 要消除部分依赖。其形式化定义如下。

定义 3-7　若关系模式 $R \in 1NF$，并且每一个非主属性都完全函数依赖于任何一个候选码，则 $R \in 2NF$。

先来看一个不是 2NF 的例子。

【例 3-5】 由【例 3-4】关系模式 Student（Sno，Sname，Sdept，Mname，Cname，Grade）的码为（Sno，Cname），则函数依赖有：

$$(Sno, Cname) \xrightarrow{P} Sname, Sno \rightarrow Sname, (Sno, Cname) \xrightarrow{P} Sdept, (Sno, Cname) \xrightarrow{P} Mname$$
$$Sno \rightarrow Sdept, Sno \rightarrow Mname,$$
$$Sdept \rightarrow Mname, (Sno, Cname) \xrightarrow{F} Grade$$

由以上函数依赖关系，可以看到非主属性 Sname、Sdept、Mname 并不完全依赖于码，因此关系模式 Student 不符合 2NF 的定义，即 $Student \notin 2NF$。

当一个关系模式不属于 2NF，会带来以下问题。

① 插入异常。如果新增加院系，当前仍无学生，则主码为空，新院系不能录入。

② 删除异常。如果某院系学生全部毕业，删除完学生该院系信息消失。

③ 更新异常。学生转系，则需要修改学生所有信息，如果有某一条记录未修改就造成数据不一致。

④ 冗余较大。一个学生选修了 n 门课程，则学生的姓名、系名与系主任名就重复 n 次，一个院系有 m 名学生，系名与系主任名就重复 m 次。

分析上面的例子可以发现，关系模式 Student 中存在两类非主属性，一类对码是完全函数依赖，如属性 Grade；另一类对码是部分函数依赖，如属性 Sdept、Sname、Sdept、Mname。解决的办法是用投影分解把关系模式 Student 分解为两个关系模式：SC（Sno，Cname，Grade）和 S（Sno，Sname，Sdept，Mname），结果如表 3-6 和表 3-7 所示。

表 3-6 S 表（学生表）

Sno	Sname	Sdept	Mname
1022211101	李小明	经济系	王强
1022211102	张莉莉	经济系	王强
1022511101	高芳芳	法律系	刘玲

表 3-7 SC 表（选修表）

Sno	Cname	Grade
1022211101	高等数学	95
1022211101	大学英语	87
1022211101	普通化学	76
1022211102	高等数学	72
1022211102	大学英语	98
1022211102	计算机基础	88
1022511101	高等数学	82
1022511101	法学基础	82

关系模式 SC 的码为（Sno，Cname），关系模式 S 的码为 Sno，都不存在非主属性对码的部分依赖，关系模式 SC 和 S 都属于 2NF。那么 2NF 对部分依赖的消除对问题有没有改进呢？具体分析如下：

① 如果新增加院系，当前仍无学生，则主码为空，新院系不能录入。插入异常无改进。
② 如果某院系学生全部毕业，删除完学生该院系信息消失。删除异常无改进。
③ 学生转系，则只需要修改一条记录即可完成。更新异常有改进。
④ 一个学生选修了 n 门课程，则学生的姓名、系名与系主任名只保存一次，一个院系有 m 名学生，系名与系主任名就重复 m 次。冗余有部分改进。

（3）3NF。

3NF 是在 2NF 的基础上建立起来的，即如果一个关系满足 2NF，并且除了主键以外的其他列都不传递依赖于主键列，则称该关系满足 3NF。简而言之，3NF 要消除传递依赖。

其形式化定义如下。

定义 3-8 设关系模式 $R<U, F> \in 1NF$，若 R 中不存在这样的码 X、属性组 Y 及非主属性 $Z(Z \supseteq Y)$，使得 $X \rightarrow Y$，$Y \rightarrow Z$ 成立，$Y \not\rightarrow X$ 不成立，则称 $R<U, F> \in 3NF$。

由定义 3-7 可以证明，若 $R \in 3NF$，则每一个非主属性既不传递依赖于码，也不部分依赖于码。也就是说，可以证明如果 R 属于 3NF，则必有 R 属于 2NF。

证明如下：

反证法，假设 R 属于 3NF，R 不属于 2NF，则必有非主属性 Z 部分依赖于码 X，则有 $X' \subseteq X$，$X \rightarrow X'$，但 $Y \not\rightarrow X$，于是有 $X \rightarrow X'$，$Y \not\rightarrow X$，$X' \rightarrow Z$ 并且 Z 不属于 X，因此 Z 传递依赖于 X，这与 R 属于 3NF 不相符，因此如果 R 属于 3NF，则必有 R 属于 2NF。

【例 3-6】 由关系模式 Student（Sno，Sname，Sdept，Mname，Cname，Grade）的码为（Sno，Cname），经过分解，形成如下两个关系模式：

SC(Sno，Cname，Grade)，S(Sno，Sname，Sdept，Mname)

在关系模式 SC 中（Sno，Cname）→Grade，SC∈3NF。

在关系模式 S 中：Sno→Sdept（Sdept ↛ Sno），Sdept ⟶ Mname，可知 Sno $\xrightarrow{传递}$ Mname，S∉3NF。

当一个关系模式不是 3NF，则可能同样出现与 2NF 类似问题，解决的办法就是消除传递依赖。关系模式 S（Sno，Sname，Sdept，Mname）分解为两个关系模式 S（Sno，Sname，Sdept）和 D（Sdept，Mname），结果如表 3-8 和表 3-9 所示。

表 3-8 S 表（学生表）

Sno	Sname	Sdept
1022211101	李小明	经济系
1022211102	张莉莉	经济系
1022511101	高芳芳	法律系

表 3-9 D 表（院系表）

Sdept	Mname
经济系	王强
法律系	刘玲

① 如果新增加院系，新院系可以录入院系表。插入异常有改进。
② 如果某院系学生全部毕业，删除完学生该院系信息不会消失。删除异常有改进。
③ 一个院系有 m 名学生，系主任名只保存一次。冗余有改进。

（4）BCNF（Boyce Codd Normal Form）。

BCNF 是由 Boyce 与 Codd 提出的，比上述的 3NF 又进了一步，通常认为 BCNF 是修正的 3NF，有时又称为扩充的 3NF。

定义 3-9 设关系模式 R<U，F>∈1NF，若 X→Y 且 Y⊆X 时 X 必含有码，则 R<U，F>∈BCNF。

换言之，在关系模式 R<U，F>中，如果每一个决定属性集都包含候选码（消除非码依赖），则 R∈BCNF。

由 BCNF 的定义可以得到一个满足 BCNF 的关系模式有以下关系。
① 所有非主属性对每一个码都是完全函数依赖。
② 所有主属性对每一个不包含它的码也是完全函数依赖。
③ 没有任何属性完全函数依赖于非码的任何一组属性。

由于 R∈BCNF，按定义排除了任何属性对码的传递依赖与部分依赖，所以 R∈3NF。但是若 R∈3NF，R 未必属于 BCNF。

下面用几个例子说明属于 3NF 的关系模式有的属于 BCNF，但有的不属于 BCNF。

【例 3-7】 关系模式 C（Cno，Cname，Pcno），它只有一个码 Cno，这里没有任何属性对 Cno 部分依赖或传递依赖，所以 $C \in$ 3NF。同时 C 中 Cno 是唯一的决定因素，所以 $C \in$ BCNF。

【例 3-8】 关系模式 S（Sno，Sname，Sdept，Sage），假定属性 Sname 也具有唯一性，则 S 就有两个码，这两个码都由单个属性组成，彼此不相交。其他属性不存在对码的传递依赖与部分依赖，所以 $S \in$ 3NF。同时 S 中除 Sno、Sname 外没有其他决定因素，所以 S 也属于 BCNF。

3NF 和 BCNF 是在函数依赖的条件下对模式分解所能达到的分离程度的测度。一个模式中的关系模式如果都属于 BCNF，那么在函数依赖范畴内它已实现了彻底的分离，已消除了插入和删除的异常。3NF 的"不彻底"性表现在可能存在主属性对码的部分依赖和传递依赖。

（4）第四范式（4NF）。

定义 3-10 关系模式 $R<U, F> \in$ 1NF，如果对于 R 的每个非平凡多值依赖 $X \rightarrow\rightarrow Y$（$Y \not\subseteq X$），$X$ 都含有码，则 $R<U, F> \in$ 4NF。

这里的多值依赖通过以下例子来理解。

【例 3-9】 关系模式 WSC(W,S,C) 中，W 表示仓库，S 表示保管员，C 表示商品。假设每个仓库有若干个保管员，有若干种商品。每个保管员保管所在仓库的所有商品，每种商品被所有保管员保管。对于 W 的每一个值，S 有一个完整的集合与之对应而不管 C 取何值。则可记作 $W \rightarrow\rightarrow S$，也就是 S 多值依赖于 W。

4NF 就是限制关系模式的属性之间不允许多值依赖。4NF 所允许的非平凡多值依赖实际上是函数依赖。显然，如果一个关系模式是 4NF，则必为 BCNF。

对于 WSC 的某个关系，对于每一个仓库，都有一个或多个保管员与之相对应，这是第一个多值依赖；对于每个仓库的值，都存在一个或多个关联的商品值，这是第二个多值依赖。当有多个多值依赖时，某个仓库由某个保管员保管的记录会多次存储，某个商品存储于某个仓库的记录也会多次存储。造成数据的冗余度太大，唯一能标识元组的码是 3 个属性的组合，因此还应该继续规范化使关系模式达到 4NF。可以把 WSC 分解为 WS(W,S)，WC(W,C) 即可。

函数依赖和多值依赖是两种最重要的数据依赖。事实上，函数依赖是多值依赖的一种特殊情况，而多值依赖实际上又是连接依赖的一种特殊情况，这是因为若 $X \rightarrow Y$ 时，对属性集合 X 中的每一个值 x，属性集合 Y 都有个确定的 y 值与之对应，此时仅是 $X \rightarrow\rightarrow Y$ 的一个特殊形式。数据依赖中除函数依赖和多值依赖之外，还有其他数据依赖，如连接依赖，但连接依赖不像函数依赖和多值依赖可由语义直接导出，而是在关系的连接运算时才反映出来。存在连接依赖的关系模式仍可能遇到数据冗余及插入、修改、删除异常等问题。如果消除了属于 4NF 的关系模式中存在的连接依赖，则可以进一步达到 5NF 的关系模式。一般来说，数据库设计只需满足 3NF 就可以了，这里不再讨论连接依赖和 5NF，有兴趣的可以参阅有关书籍。

*3. 数据依赖的公理系统

关系模式的规范化是通过对关系模式的分解来实现的，即把低一级的关系模式分解为若干个高一级的关系模式。这种分解不是唯一的。下面将进一步讨论分解后的关系模式与原关系模式"等价"的问题。

数据依赖的公理系统是模式分解的理论基础。下面首先讨论函数依赖的一个有效而完备的公理系统——Armstrong 公理系统（Armstrong's axiom）。

定义 3-11 对于满足一组函数依赖 F 的关系模式 $R<U, F>$，其任何一个关系 r，若函数依赖 $X \to Y$ 都成立（即 r 中的任意两元组 t、s，若 $t[X]=s[X]$，则 $t[Y]=s[Y]$），则称 F 逻辑蕴涵 $X \to Y$。

为了求得给定关系模式的码，为了从一组函数依赖求得蕴涵的函数依赖，例如，已知函数依赖集 F，要想判断 $X \to Y$ 是否为 F 所蕴涵，就需要一套推理规则，这组推理规则是 1974 年由 Armstrong 提出的，即 Armstrong 公理系统。

Armstrong 公理系统设 U 为属性集总体，F 是 U 上的一组函数依赖，于是有关系模式 $R<U, F>$，对 $R<U, F>$ 来说有以下的推理规则。

A1 自反律（Reflexivity Rule）：若 $Y \subseteq X \subseteq U$，则 $X \to Y$ 为 F 所蕴涵。

A2 增广律（Augmentation Rule）：若 $X \to Y$ 为 F 所蕴涵，且 $Z \subseteq U$，则 $XZ \to YZ$ 为 F 所蕴涵。

A3 传递律（Transitivity Rule）：若 $X \to Y$ 及 $Y \to Z$ 为 F 所蕴涵，则 $X \to Z$ 为 F 所蕴涵。

定理 3-1 Armstrong 推理规则是正确的。

下面从定义出发证明推理规则的正确性。

(1) 设 $Y \subseteq X \subseteq U$。

对 $R<U, F>$ 的任一关系 r 中的任意两个元组 t、s：

若 $t[X]=s[X]$，由于 $Y \subseteq X$，有 $t[Y]=s[Y]$，

所以 XY 成立，自反律得证。

(2) 设 $X \to Y$ 为 F 所蕴涵，且 $Z \subseteq U$。

对 $R<U, F>$ 的任一关系 r 中任意的两个元组 t、s；

若 $t[XZ]=s[XZ]$，则有 $t[X]=s[X]$ 和 $t[Z]=s[Z]$；

由 $X \to Y$，于是有 $t[Y]=s[Y]$，所以 $t[YZ]=s[YZ]$，$XZ \to YZ$ 为 F 所蕴涵，增广律得证。

(3) 设 $X \to Y$ 及 $Y \to Z$ 为 F 所蕴涵。

对 $R<U, F>$ 的任一关系 r 中的任意两个元组 t、s：

若 $t[X]=s[X]$，由于 $X \to Y$，有 $t[Y]=s[Y]$；

再由 $Y \to Z$，有 $t[Z]=s[Z]$，所以 $X \to Z$ 为 F 所蕴涵，传递律得证。

根据 A1、A2、A3 这 3 条推理规则可以得到下面 3 条很有用的推理规则。

(1) 合并规则（Union Rule）：由 $X \to Y$，$X \to Z$，有 $X \to YZ$。

(2) 伪传递规则（Pseudo Transitivity Rule）：由 $X \to Y$，$WY \to Z$，有 $XW \to Z$。

(3) 分解规则（Decomposition Rule）：由 $X \to Y$ 及 $Z \subseteq Y$，有 $X \to Z$。

根据合并规则和分解规则，很容易得到这样一个重要事实：

引理 3-1 $X \to A_1 A_2 \cdots A_k$ 成立的充分必要条件是 $X \to A_i$ 成立（$i=1,2,\cdots,k$）。

定义 3-12 在关系模式 $R<U, F>$ 中为 F 所逻辑蕴涵的函数依赖的全体叫作 F 的闭包（Closure），记为 F^+。

自反律、传递律和增广律称为 Armstrong 公理系统。Armstrong 公理系统是有效和完备的，有效性指的是由 F 出发根据 Armstrong 公理推导出来的每一个函数依赖一定在 F^+ 中，完备性指的是 F^+ 中的每一个函数依赖，必定可以由 F 出发根据 Armstrong 公理推导出来。

要证明完备性，就首先要解决如何判定一个函数依赖是否属于由 F 根据 Armstrong 公理

推导出来的函数依赖的集合。当然，如果能求出这个集合，问题就解决了。但是如果从 $F = (X \to A_1, X \to A_2, \cdots, X \to A_n)$ 出发，至少可以推导出 2^n 个不同的函数依赖。为此引入以下概念。

定义 3-13 设 F 为属性集 U 上的一组函数依赖，X、$Y \subseteq U$，$X_F^+ = \{A \mid X \to A$ 能由 F 根据 Armstrong 公理导出$\}$，X_F^+ 称为属性集 X 关于函数依赖集 F 的闭包。

由引理 3-1 容易得出引理 3-2。

引理 3-2 设 F 为属性集 U 上的一组函数依赖，X、$Y \subseteq U$，$X \to Y$ 能由 F 根据 Armstrong 公理导出的充分必要条件是 $Y \subseteq X_F^+$。

于是，判定 $X \to Y$ 是否能由 F 根据 Armstrong 公理导出的问题就转换为求出 X_F^+，判定 Y 是否为 X_F^+ 的子集的问题。这个问题由算法 3-1 解决了。

算法 3-1 求属性集 $X (X \subseteq U)$ 关于 U 上的函数依赖集 F 的闭包 X_F^+。

输入：X、F。

输出：X_F^+。

步骤：

(1) 令 $X^{(0)} = X$，$i = 0$。

(2) 求 B，这里 $B = \{A \mid (\exists V)(\exists W)(V \to W \in F \land V \subseteq X^{(i)} \land A \in W)\}$。

(3) $X^{(i+1)} = B \cup X^{(i)}$。

(4) 判断 $X^{(i+1)}$ 与 $X^{(i)}$ 是否相等。

(5) 若 $X^{(i+1)}$ 与 $X^{(i)}$ 相等或 $X^{(i)} = U$，则 $X^{(i)}$ 就是 X_F^+，算法终止。

(6) 若否，则 $i = i+1$，返回第 (2) 步。

【例 3-10】 已知关系模式 $R<U, F>$，其中 $U = \{A, B, C, D, E\}$，$F = \{AB \to C, B \to D, C \to E, EC \to B, AC \to B\}$，求 $(AB)_F^+$。

解：

(1) 设 $X^{(0)} = AB$。

(2) 计算 $X^{(1)}$：逐一扫描 F 集合中各个函数依赖，找左部为 A、B 或 AB 的函数依赖。得到两个：$AB \to C$，$B \to D$。于是 $X^{(1)} = AB \cup CD = ABCD$。

(3) 因为 $X^{(1)} \neq X^{(0)}$，所以再找出左部为 $ABCD$ 子集的那些函数依赖，又得到 $C \to E$，$AC \to B$，于是 $X^{(2)} = X^{(1)} \cup BE = ABCDE$。

(4) 因为 $X^{(2)} = U$，所以 $(AB)_F^+ = ABCDE$。

这里，$(AB)_F^+ = ABCDE$，根据码的定义，可知属性 $AB \xrightarrow{F} U$，则 AB 为 R 的候选码。下边探讨一下候选码的求解，由候选码的定义可知：若 X 是候选码，则需要满足两个条件：一是 X 没有冗余，二是 X 的闭包是 U。

可以得出，候选码须遵守以下 3 条规则。

(1) 如果有属性不在函数依赖集中出现，那么它必须包含在候选码中。

(2) 如果有属性不在函数依赖集中任何函数依赖的右边出现，那么它必须包含在候选码中。

(3) 如果有属性只在函数依赖集的左边出现，则该属性一定包含在候选码中。

由此，算法如下。

（1）只在 F 中右部出现的属性，不属于候选码。

（2）只在 F 中左部出现的属性，一定存在于某候选码当中。

（3）外部属性一定存在于任何候选码当中。

（4）其他属性逐个与（2），（3）的属性组合，求属性闭包，直至 X 的闭包等于 U，若等于 U，则 X 为候选码。

【例 3-11】 $R<U,F>$，$U=(A,B,C,D,E,G)$，$F=\{AB\to C, CD\to E, E\to A, A\to G\}$，求候选码。

解：

（1）排除 G。

（2）BD 只在左部出现，一定存在于候选码中。

（3）无外部属性。

（4）BD 与同时在 F 中左右部出现的 ACE 组合，求出闭包：$(ABD)_F^+ = U$；$(CBD)_F^+ = U$；$(BDE)_F^+ = U$，故 ABD、CBD、BDE 均为码。

定理 3-2 Armstrong 公理系统是有效的、完备的。

Armstrong 公理系统的有效性可由定理 3-1 得到证明。这里给出完备性的证明。

证明完备性的逆否命题，即若函数依赖 $X\to Y$ 不能由 F 从 Armstrong 公理导出，那么它必然不为 F 所蕴涵，它的证明分如下三步。

（1）若 $V\to W$ 成立，且 $V\subseteq X$；，则 $W\subseteq X_F^+$。

证：因为 $V\subseteq X_F^+$，所以有 $X\to V$ 成立；于是 $X\to W$ 成立（因为 $X\to V$，$V\to W$），所以 $W\subseteq X_F^+$。

（2）构造一张二维表 r，它由下列两个元组构成，可以证明 r 必是 $R(U,F)$ 的一个关系，即 F 中的全部函数依赖在 r 上成立。

$$
\begin{array}{cc}
X_F^+ & U-X_F^+ \\
\overbrace{11\cdots 1} & \overbrace{00\cdots 0} \\
11\cdots 1 & 11\cdots 1
\end{array}
$$

若 r 不是 $R<U,F>$ 的关系，则必由于 F 中有某一个函数依赖 $V\to W$ 在 r 上不成立所致。由 r 的构成可知，V 必定是 X_F^+ 的子集，而 W 不是 X_F^+ 的子集，可是由第（1）步，$W\subseteq X_F^+$，矛盾。所以 r 必是 $R<U,F>$ 的一个关系。

（3）若 $X\to Y$ 不能由 F 从 Armstrong 公理导出，则 Y 不是 X_F^+ 的子集，因此必有 Y 的子集 Y' 满足 $Y'\subseteq U-X_F^+$，则 $X\to Y$ 在 r 中不成立，即 $X\to Y$ 必不为 $R<U,F>$ 蕴涵。

Armstrong 公理的完备性及有效性说明了"导出"与"蕴涵"是两个完全等价的概念。于是 F^+ 也可以说成是由 F 出发借助 Armstrong 公理导出的函数依赖的集合。

从蕴涵（或导出）的概念出发，又引出了两个函数依赖集等价和最小依赖集的概念。

定义 3-14 如果 $G^+=F^+$，就说函数依赖集 F 覆盖 G（F 是 G 的覆盖，或 G 是 F 的覆盖），或 F 与 G 等价。

引理 3-3 $F^+=G^+$ 的充分必要条件是 $F\subseteq G^+$ 和 $G\subseteq F^+$。

证：必要性显然，只证充分性。

（1）若 $F\subseteq G^+$，则 $X_F^+\subseteq X_{G^+}^+$。

（2）任取 $X\to Y\in F^+$，则有 $Y\subseteq X_F^+\subseteq X_{G^+}^+$。

所以 $X \to Y \in (G^+)^+ = G^+$，即 $F^+ \subseteq G^+$。

(3) 同理可证 $G^+ \subseteq F^+$，所以 $F^+ = G^+$。

而要判定 $F \in G^+$，只需逐一对 F 中的函数依赖 $X \to Y$ 考察 Y 是否属于 X_G^+ 即可。因此引理 3-3 给出了判断两个函数依赖集等价的可行算法。

定义 3-15 如果函数依赖集 F 满足下列条件，则称 F 为一个极小函数依赖集，也称最小依赖集或最小覆盖（Minimal Cover）。

(1) F 中任一函数依赖的右部仅含有一个属性。

(2) F 中不存在这样的函数依赖 $X \to A$，使得 F 与 $F-\{X \to A\}$ 等价。

(3) F 中不存在这样的函数依赖 $X \to A$，X 有真子集 Z 使得 $F-\{X \to A\} \cup \{Z \to A\}$ 与 F 等价。

定义 3-15 中 (3) 的含义是对于 F 中的每个函数依赖，它的左部要尽可能简化。

【例 3-12】 关系模式 $S<U, F>$，其中：

$$U = \{Sno, Sdept, Mname, Cno, Grade\},$$
$$F = \{Sno \to Sdept, Sdept \to Mname, (Sno,Cno) \to Grade\},$$
$$F' = \{Sno \to Sdept, Sno \to Mname, Sdept \to Mname,$$
$$(Sno,Cno) \to Grade, (Sno,Sdept) \to Sdept\}$$

根据定义 3-15 可以验证 F 是最小覆盖，而 F' 不是最小覆盖，因为 $F' - \{Sno \to Mname\}$ 与 F' 等价，$F' - \{(Sno,Sdept) \to Sdept\}$ 也与 F' 等价。

定理 3-3 每一个函数依赖集 F 均等价于一个极小函数依赖集 F_m。此 F_m 称为 F 的最小依赖集。

证： 构造性证明，分 3 步对 F 进行"极小化处理"，找出 F 的一个最小依赖集。

(1) 逐一检查 F 中各函数依赖 FD_i: $X \to Y$，若 $Y = A_1 A_2 \cdots A_k$，$k \geq 2$，则用 $\{X \to A_j | j = 1, 2, \cdots, k\}$ 来取代 $X \to Y$。

(2) 逐一检查 F 中各函数依赖 FD_i: $X \to A$，令 $G = F - \{X \to A\}$，若 $A \in X_G^+$，则从 F 中去掉此函数依赖（由于 F 与 G 等价的充要条件是 $A \in X_G^+$，因此 F 变换前后是等价的）。

(3) 逐一取出 F 中各函数依赖 FD_i: $X \to A$，设 $X = B_1 B_2 \cdots B_m$，$m \geq 2$，逐一考查 B_i（$i = 1, 2, \cdots, m$)，若 $A \in (X - B_i)_F^+$，则以 $X - B_i$ 取代 X（由于 F 与 $F - \{X \to A\} \cup \{Z \to A\}$ 等价的充要条件是 $A \in X_F^+$，其中 $Z = X - B_i$，因此 F 变换前后是等价的）。

最后剩下的 F 就一定是极小依赖集。因为对 F 的每一次"替换改造"都保证了改造前后的两个函数依赖集等价，因此剩下的 F 与原来的 F 等价，证毕。

应当指出，F 的最小依赖集 F_m 不一定是唯一的，它与对各函数依赖 FD_i 及 $X \to A$ 中 X 各属性的处置顺序有关。

【例 3-13】 $F = \{A \to B, B \to A, B \to C, A \to C, C \to A\}$，$F_{m_1}$、$F_{m_2}$ 都是 F 的最小依赖集：

$$F_{m_1} = \{A \to B, B \to C, C \to A\}$$
$$F_{m_2} = \{A \to B, B \to A, A \to C, C \to A\}$$

若改造后的 F 与原来的 F 相同，说明 F 本身就是一个最小依赖集。因此，定理 3-3 的证明给出的极小化过程也可以看成是检验 F 是否为极小依赖集的一个算法。

下面给出一个求最小依赖集的通俗求解方法。

【例 3-14】 $U = (A, B, C, D, E, G)$，$F = \{BG \to C, BD \to E, DG \to C, ADG \to BC, AG \to B, B \to$

$D\}$,求 F 最小依赖集。

解:

(1) 右边属性单一化。
$$F=\{BG\to C, BD\to E, DG\to C, ADG\to B, ADG\to C, AG\to B, B\to D\}$$

(2) 筛选多余的函数依赖。

去除 $BG\to C$:$(BG)_F^+=\{BGCDE\}$,包含右边属性 C,可以删除。

去除 $BD\to E$:$(BD)_F^+=\{BD\}$,不包含右边属性 E,不能删除。

去除 $DG\to C$:$(DG)_F^+=\{DG\}$ 不包含右边属性 C,不能删除。

去除 $ADG\to B$:$(ADG)_F^+=\{ABCDEG\}$,包含右边属性 B,可以删除。

去除 $ADG\to C$:$(ADG)_F^+=\{ABCDEG\}$ 包含右边属性 C,可以删除。

去除 $AG\to B$:$(AG)_F^+=\{AG\}$ 不包含右边属性 B,不能删除。

去除 $B\to D$:$(B)_F^+=\{B\}$ 不包含右边属性 D,不能删除。

所以经过筛选后 $F=\{BD\to E, DG\to C, AG\to B, B\to D\}$。

(3) 对左边属性单一化。

① $BD\to E$。

去除 D,$(B)_F^+=\{BDE\}$,包含 E,所以 D 冗余。

去除 B,$(D)_F^+=\{D\}$,不包含 E,所以 B 不冗余。

所以用 $B\to E$ 代替 $BD\to E$。

② $DG\to C$。

去除 D,$(G)_F^+=\{G\}$,不包含 C,所以 D 不冗余。

去除 G,$(D)_F^+=\{D\}$,不包含 C,所以 G 不冗余。

$DG\to C$ 已是最简。

③ $AG\to B$。

去除 A,$(G)_F^+=\{G\}$,不包含 B,所以 A 不冗余。

去除 G,$(A)_F^+=\{A\}$,不包含 B,所以 G 不冗余。

$AG\to B$ 已是最简。

所以最小函数依赖集 $F=\{B\to E, DG\to C, AG\to B, B\to D\}$。

3.4.3 数据模型的优化

数据库逻辑结构设计的结果不是唯一的。为了进一步提高数据库应用系统的性能,还应该根据应用需要适当地修改、调整数据模型的结构,这就是数据模型的优化。关系数据模型的优化通常以规范化理论为指导,方法如下。

(1) 确定数据依赖。根据需求分析阶段得出的语义,分别写出每个关系模式内部各属性之间的数据依赖及不同关系模式属性之间的数据依赖。

(2) 对各个关系模式之间的数据依赖进行极小化处理,消除冗余的联系。

(3) 判断每个关系模式的范式,考察是否存在部分函数依赖、传递函数依赖、多值依赖等,确定各关系模式分别属于第几范式,对关系模式进行规范化。

需要注意的是,并不是规范化程度越高的关系就越优,应根据实际需要确定最合适的范式。例如，当查询经常涉及分解为两个或多个关系模式的属性时，系统就需要进行连接运算，而连接运算的代价是相当高的，这时可以考虑由高阶范式降至低阶范式将几个关系合并为一个关系。所以对于一个具体应用来说，到底规范化到什么程度需要权衡响应时间和潜在问题两者的利弊决定。

（4）根据需求分析阶段得到的处理要求，分析对于应用环境这些模式是否合适，确定是否要对某些模式进行合并或分解。对关系模式进行必要分解，提高数据操作效率和存储空间利用率。常用的两种分解方法是水平分解和垂直分解。

水平分解是把关系的元组分为若干子集合，定义每个子集合为一个子关系，以提高系统的效率。可以把经常使用的数据分解出来，形成一个子关系。

垂直分解是把关系模式的属性分解为若干子集合，形成若干子关系模式。一般将经常在一起使用的属性分解出来形成一个子关系模式。同样，这种分解可以提高某些事务的效率，但也可能存在执行连接操作的需要，从而降低效率，因此需要权衡利弊决定。同时，垂直分解需要确保无损连接性和保持函数依赖。

规范化理论为数据库设计人员判断关系模式的优劣提供了理论标准，可用来预测模式可能出现的问题，使数据库设计工作有了严格的理论基础。

3.5 物理结构设计

数据库在物理设备上的存储结构与存取方法称为数据库的物理结构，它依赖于选定的数据库管理系统。数据库的物理结构设计就是为确定的逻辑数据模型选取合适的存储结构与存取方法的过程，通常分为两步。

（1）确定数据库的物理结构，在关系数据库中主要指存取方法和存储结构。

（2）对物理结构进行评价，评价的重点是时间和空间效率。

以上步骤可能是迭代进行的，直到评价结果满足设计要求，则可进入物理实施阶段，否则，就需要重新设计甚至要返回逻辑设计阶段修改数据模型。

1. 数据库物理设计的内容和方法

不同的数据库管理系统所提供的物理环境、存取方法和存储结构有很大差异，能供设计人员使用的设计变量、参数范围也很不相同。首先，对要运行的事务进行详细分析，获得选择物理数据库设计所需要的参数；其次，要充分了解所用关系数据库管理系统的内部特征，特别是系统提供的存取方法和存储结构。

除此之外，还需要知道每个事务在各关系上运行的频率和性能要求。例如，事务 T 在运行时的时效，对于存取方法的选择具有重大影响。同时，数据库上运行的事务会不断变化、增加或减少，在数据库投入使用后也有可能根据信息的变化调整数据库的物理结构。

通常关系数据库的物理结构设计主要包括为关系模式选择存取方法，以及设计物理存储结构。

下面将介绍这些设计内容和设计方法。

2. 关系模式存取方法选择

数据库系统是多用户共享的系统，物理结构设计要根据关系数据库管理系统支持的存取方法来选择。数据库管理系统一般提供多种存取方法。常用的存取方法为索引方法和聚簇方法。

B+树索引和 hash 索引是数据库中经典的存取方法，使用最普遍。

（1）B+树索引。

MySQL 默认存储使用的是 B+树索引，B+树是为磁盘或其他直接存取辅助设备设计的一种平衡查找树，一般来说以下情况都可定义和使用 B+树索引。

① 如果一个（或一组）属性经常在查询条件中出现。
② 如果一个属性经常作为最大值和最小值等聚集函数的参数。
③ 如果一个（或一组）属性经常在连接操作的连接条件中出现。

关系上定义的索引数并不是越多越好，维护索引要付出代价，查找索引也要付出代价。因为更新一个关系时，必须对这个关系上有关的索引做相应的修改。

（2）hash 索引。

选择 hash 存取方法的规则如下：如果一个关系的属性主要出现在等值连接条件中或主要出现在等值比较选择条件中，而且满足下列两个条件之一，则此关系可以选择 hash 存取方法。

① 一个关系的大小可预知，而且不变。
② 关系的大小动态改变，但数据库管理系统提供了动态 hash 存取方法。

（3）聚簇存取方法。

为了提高某个属性（或属性组）的查询速度，把这个或这些属性上具有相同值的元组集中存放在连续的物理块中称为聚簇。该属性（或属性组）称为聚簇码（Cluster Key）。

MySQL 中聚簇索引并不是一种单独的索引类型，而是一种数据存取方法。也就是说聚簇索引的顺序就是数据的物理存储顺序。它会根据聚簇索引键的顺序来存储表中的数据，即对表的数据按索引键的顺序进行排序，然后重新存储到磁盘上。因为数据在物理存放时只能有一种排列方式，所以一个表只能有一个聚簇索引。

例如，字典中，用"拼音"查汉字，就是聚簇索引。因为正文中字都是按照拼音排序的。而用"偏旁部首"查汉字，就是非聚簇索引，因为正文中的字并不是按照偏旁部首排序的，通过检字表得到正文中的字在索引中的映射，然后通过映射找到所需要的字。

聚簇功能可以大大提高按聚簇码进行查询的效率，聚簇索引的使用场合如下。

① 查询的回传结果是以该字段为排序依据的。
② 查询的结果返回一个区间的值。
③ 查询的结果返回某值相同的大量结果集。

聚簇索引会降低插入和更新操作的性能，而通过聚簇码进行访问或连接是该关系的主要应用，与聚簇码无关的其他访问很少时可以使用聚簇。尤其当 SQL 语句中包含有与聚簇码有关的 ORDER BY、GROUP BY、UNION、DISTINCT 等子句或短语时，使用聚簇特别有利，可以省去对结果集的排序操作。

必须强调的是，聚簇只能提高某些应用的性能，而且建立与维护聚族的开销是相当大的。对已有关系建立聚簇将导致关系中元组移动其物理存储位置，并使此关系上原来建立的所有索引必须重建。所以，是否使用聚簇索引要全面衡量。

3. 确定数据库的存储结构

确定数据库物理结构主要指确定数据的存放位置和存储结构，包括确定关系、索引、聚簇、日志、备份等的存储安排和存储结构，确定系统配置等。

（1）确定数据的存放位置。

为了提高系统性能，应该根据应用情况将数据的易变部分与稳定部分、经常存取部分和存取频率较低部分分开存放。如将表和索引放在不同的磁盘上，提高物理 I/O 读写的效率等。

设计人员应仔细了解给定的关系数据库管理系统提供的方法和参数，针对应用环境的要求确定数据存放位置。

（2）确定系统配置。

初始情况下，数据库管理系统产品都为系统配置变量和存储分配参数赋予了合理的默认值，但是不一定适合每一种应用环境，设计人员和数据库管理员在进行物理设计时和系统运行时可以根据需要重新对这些变量赋值，以改善系统的性能。

数据库物理设计需要对时间效率、空间效率、维护代价和各种用户要求进行权衡，数据库设计人员估算各种方案的存储空间、存取时间和维护代价，选择出一个较优的、合理的物理结构。如果该结构不符合用户需求，则需要修改设计。

3.6 数据库的实施、运行和维护

完成数据库的物理设计之后，设计人员就要用关系数据库管理系统提供的数据定义语言将数据库逻辑设计和物理设计实现出来，经过调试产生目标模式，然后就可以组织数据入库了，这就是数据库实施阶段。

1. 载入数据和应用程序调试

数据库实施阶段包括两项重要的工作，一项是数据的载入，另一项是应用程序的编码和调试。

组织数据载入就要将各类源数据从各个局部应用中抽取出来，再分类转换，最后综合成符合新设计的数据库结构的形式，输入数据库。

数据库应用程序的设计应该与数据库设计同时进行，因此在组织数据入库的同时还要调试应用程序。

2. 数据库的试运行

在原有系统的数据有一小部分已输入数据库后，就可以开始对数据库系统进行联合调试了，称为数据库的试运行。

数据库的试运行主要完成对数据库的各种操作，测试应用程序的功能是否满足设计要求。同时还要测试系统的性能指标是否达到设计目标。如果测试的结果与设计目标不符，则要返回物理设计阶段重新调整物理结构，修改系统参数，某些情况下甚至要返回逻辑设计阶段修改逻辑结构。

3. 数据库的运行和维护

数据库试运行合格后，数据库开发工作就基本完成，可以投入正式运行了。但是由于应用环境在不断变化，数据库运行过程中物理存储也会不断变化，对数据库设计进行评价、调整、修改等维护工作是一个长期的任务，也是设计工作的延续。

在数据库运行阶段，对数据库经常性的维护工作主要是由数据库管理员完成的。数据库的维护工作主要包括以下几方面。

（1）数据库的转储和恢复。

数据库的转储和恢复是系统正式运行后最重要的维护工作之一。数据库管理员要制订转储计划，以保证一旦发生故障能尽快将数据库恢复到某种一致的状态，并尽可能减少对数据库的破坏。

（2）数据库的安全性、完整性控制。

数据库管理员应根据实际情况修改原有的安全性控制和完整性约束条件。

（3）数据库性能的监督、分析和改造。

在数据库运行过程中，数据库管理员应持续分析判断当前系统运行状况是否为最佳，应当做哪些改进，在必要时调整系统物理参数或对数据库进行重新组织或重构等。

（4）数据库的重组织与重构造。

数据库运行一段时间后，数据的存取效率降低，数据库性能下降，这时数据库管理员就要对数据库进行重组织或部分重组织。

按原设计要求重新安排存储位置、回收垃圾、减少指针链等重组织工作，提高系统性能。

数据库的重组织并不修改原设计的逻辑结构和物理结构，而数据库的重构则不同，它是指部分修改数据库的概念模式和内模式。数据库的重构是有限的，只能做部分修改。如果应用变化太大，重构也不能达到需求，说明此数据库应用系统的生命周期已经结束，应该设计新的数据库应用系统。

本章小结

本章主要讨论数据库设计的方法和步骤，详细介绍了数据库设计各个阶段的目标、方法及应注意的事项，其中重点是概念结构的设计和逻辑结构的设计，同学们需要掌握数据库设计的基本步骤：需求分析、建模、模型转换、规范化。在介绍规范化时详细探讨了范式理论，同学们要加以理解。

概念结构的设计（即建模），着重介绍了 E-R 模型的基本概念和设计方法。需要重点掌握实体型、属性和联系的概念，理解实体型之间的一对一、一对多和多对多联系。掌握 E-R 模型的设计，以及把 E-R 模型转换为关系模型（模型转换）的方法。掌握规范化理论，能够对转换后的关系模式按照范式理论进行规范化。

要努力掌握书中讨论的基本方法，能够在实际工作中运用这些思想设计符合应用需求的数据库模式和数据库应用系统。

综合实训　教务管理系统数据库设计

1. 实训任务

设计一个教务管理系统数据库，对学生的所有信息进行科学有效的管理。

2. 实施步骤

教务管理系统数据库，要分需求分析、概念设计、逻辑设计、物理设计、数据库的实施、数据库的运行和维护六个阶段完成，数据库的设计过程不是一蹴而就的，有时可能需要不断反复。

（1）完成需求分析。确定收集哪些数据，明确收集的步骤及方法。

（2）概念设计。面对收集的教务管理系统数据库所需要描述的大量复杂的数据，怎么找出它们之间的联系，用 E-R 模型表示（完成局部和全局 E-R 模型设计）。

（3）逻辑设计。完成 E-R 模型到关系模式的转换，并规范化。

（4）物理设计。明确数据库在存储设备的存储方法及优化策略，确定数据的存放位置和存储结构，包括确定关系、索引、聚簇、日志、备份等的存储安排和存储结构；确定系统配置等。

（5）数据库的实施、数据库的运行和维护。明确数据库的实施、运行与维护操作工作内容，根据需求分析，确定数据库设计包括的子系统，写出其对应的外模式。

课后练习

1. 试述数据库设计过程。
2. 试述数据库设计过程中形成的数据库模式。
3. 需求分析阶段的设计目标是什么？调查的内容是什么？
4. 定义并解释概念模型中以下术语：实体、实体型、实体集、属性、码、实体关系图（E-R 图）。
5. 某工厂生产若干产品，每种产品由不同的零件组成，有的零件可用在不同的产品上。这些零件由不同的原材料制成，不同零件所用的材料可以相同。这些零件按所属的不同产品分别放在仓库中，原材料按照类别放在若干仓库中。请用 E-R 图画出此工厂产品、零件、材料、仓库的概念模型并转换为关系模型。
6. 什么是数据库的逻辑结构设计？试述其设计步骤。
7. 试用规范化理论中有关范式的概念分析习题 5 设计的关系模型中各个关系模式的候选码，它们属于第几范式？会产生哪些更新异常？
8. 理解并给出下列术语的定义：函数依赖、部分函数依赖、完全函数依赖、传递依赖、候选码、超码、主码、外码、1NF、2NF、3NF、BCNF、多值依赖、4NF。
9. 有关系模式 $R(A,B,C,D,E)$，回答下面各个问题：

（1）若 A 是 R 的候选码，具有函数依赖 $BC \to DE$，那么在什么条件下 R 是 BCNF？

（2）如果存在函数依赖 $A \to B$，$BC \to D$，$DE \to A$，列出 R 的所有码。

（3）如果存在函数依赖 $A \to B$，$BC \to D$，$DE \to A$，R 属于 3NF 还是 BCNF。

10. 已知关系模式 $R<U, F>$，其中 $U = \{A,B,C,D,E\}$；$F = \{AB \to C, B \to D, C \to E, EC \to B, AC \to B\}$，求 $(C)_F^+$。

11. 已知关系模式 $R<U, F>$，$U = \{A,B,C,D,E\}$，$F = \{A \to BC, ABD \to CE, E \to D\}$，求 F 的最小依赖集。

第 4 章

数据库基本操作

软件开发中，数据库、数据表和数据的操作是必须掌握的内容，同时也是学习后续课程的基础。本章将对数据库和数据表的基本操作进行详细讲解。

学习目标

掌握数据库的基本操作，会对数据库进行创建、查看、选择、修改与删除操作。
掌握数据表的基本操作，会对数据表进行创建、查看、修改与删除操作。
掌握数据的添加、查询、修改与删除操作。

4.1 数据库操作

MySQL 服务器中的数据库可以有多个，分别存储不同的数据。要想将数据存储到数据库中，首先需要在数据库系统中划分出一块存储数据的空间，还要对这一存储空间进行管理，这就是数据库的操作，主要涉及数据库的创建、查看、选择与删除操作。

4.1.1 创建数据库

MySQL 安装后，系统自动地创建 information_schema 和 mysql 数据库，MySQL 把有关数据库的信息存储在这两个数据库中，除此之外还有 performance_schema 和 sys 数据库用来存储系统的配置信息。如果删除这些数据库，MySQL 就不能正常工作了。

在 MySQL 中，创建数据库的基本语法格式如下所示。

```
CREATE {DATABASE | SCHEMA} [IF NOT EXISTS]数据库名
    [ [DEFAULT] CHARACTER SET 字符集名
    | [DEFAULT] COLLATE 校对规则名];
```

语法格式说明：

语句中"[ ]"内为可选项，"{|}"表示二选一。

语句中的大写单词为命令动词，输入语句时，不能更改命令动词，但 MySQL 命令解释器对大小写不敏感，所以输入命令动词时只要词义不变，与大小写无关，即 CREATE 和 create 在 MySQL 命令解释器中是同一含义。

语句中使用汉字作为变量时，输入命令前，一定要用具体的实意词替代，如"数据库名"要用新建的用户数据库名（如 XS、Student 等）来取代。同样，MySQL 命令解释器对大小写不敏感，所以无论用户输入的是大写还是小写，MySQL 命令解释器都视为小写。因此，无论是输入 Student 还是 student，MySQL 命令解释器中建立的是同一个数据库。

下面就 CREATE DATABASE 语句的使用进行说明。

语法说明如下。

（1）数据库名：在文件系统中，MySQL 的数据存储区将以目录形式表示 MySQL 数据库。因此，语句中的数据库名字必须符合操作系统文件夹命名规则，可以是字母、数字和下划线组成的任意字符串。需要注意的是在 MySQL 中不区分大小写。

（2）IF NOT EXISTS：在建数据库前进行判断，只有该数据库目前尚不存在时才执行 CREATE DATABASE 操作。用此选项可以避免出现数据库已经存在而再新建的错误。

（3）DEFAULT：指定默认值。

CHARACTER SET：指定数据库字符集（charset），其后的字符集名要用 MySQL 支持的具体的字符集名称代替，如 gb2312。

（4）COLLATE：指定字符集的校对规则，其后的校对规则名要用 MySQL 支持的具体的校对规则名称代替，如 gb2312 chinese ci。

根据 CREATE DATABASE 的语法格式，在不使用语句中"[ ]"内的可选项，将 {|} 中的二选一选定为 DATABASE 的情况下创建数据库的最简格式如下。

CREATE DATABASE 数据库名；

操作提示：连接 MySQL 服务器，进入 MySQL Command Line Client 窗口，在"mysql>"提示符后输入"CREATE DATABASE xscj;"，语句必须以英文的";"结束，按 Enter 键系统执行语句。只有在系统提示"Query OK"的情况下才表示语句被正确执行，下面创建一个名称为 xscj 的数据库，具体的 SQL 语句与执行结果如下所示。

mysql> CREATE DATABASE xscj;
Query OK, 1 row affected (0.09 sec)

在创建数据库后，MySQL 会在存储数据的 data 目录中创建一个与数据库同名的子目录（即 xscj）。

需要注意的是，如果创建的数据库已存在，则系统将显示错误提示。

mysql> CREATE DATABASE xscj;
1007 - Can't create database 'xscj'; database exists

为了防止这种情况的发生，在创建数据库时可以在"数据库名称"前添加 IF NOT EXISTS 参数，表示指定的数据库不存在时执行创建操作，否则忽略此操作。

例如，再次创建一个名称为 mydb 的数据库，具体的 SQL 语句如下所示。

mysql> CREATE DATABASE IF NOT EXISTS xscj;
Query OK, 1 row affected, 1 warning (0.01 sec)

从以上结果可以看出，创建数据库时添加 IF NOT EXISTS 子语句后，再次创建 xscj 数据库就不会发生错误，但是服务器返回了一条警告信息。可通过 SHOW WARNINGS 语句查看错误信息，具体的 SQL 语句如下所示。

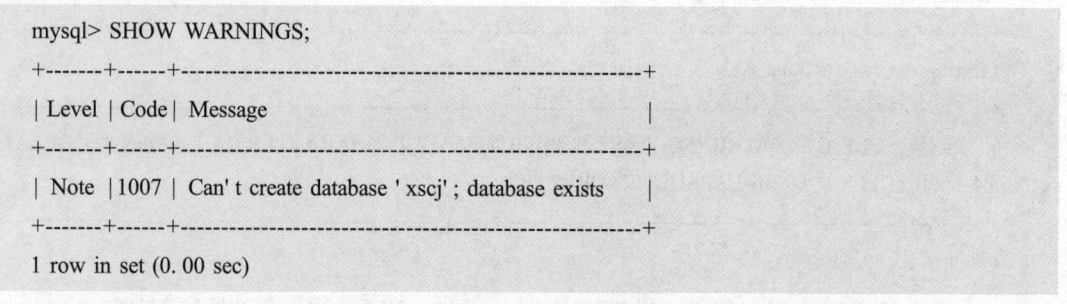

```
mysql> SHOW WARNINGS;
+-------+------+---------------------------------------------+
| Level | Code | Message                                     |
+-------+------+---------------------------------------------+
| Note  | 1007 | Can't create database 'xscj'; database exists |
+-------+------+---------------------------------------------+
1 row in set (0.00 sec)
```

从以上结果可知，MySQL 提示名为 xscj 的数据库已经存在，不能重复创建。

4.1.2 查看数据库

数据库创建完成后，若要查看该数据库的信息，或者查看 MySQL 服务器当前都有哪些数据库，可以根据不同的需求选择以下的方式进行查看。

1. 查看 MySQL 服务器下所有数据库

当需要查看 MySQL 服务器中已经存在的数据库时，基本语法格式及示例如下。

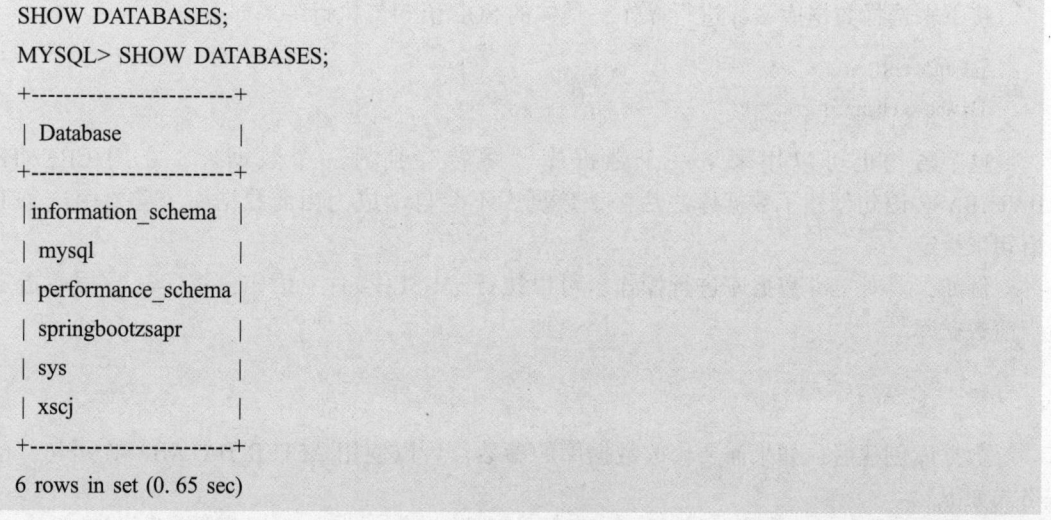

```
SHOW DATABASES;
MYSQL> SHOW DATABASES;
+--------------------+
| Database           |
+--------------------+
| information_schema |
| mysql              |
| performance_schema |
| springbootzsapr    |
| sys                |
| xscj               |
+--------------------+
6 rows in set (0.65 sec)
```

在以上输出的结果中，MySQL 服务器已有 5 个数据库，除 xscj 是手动创建的数据库外，其他数据库都是 MySQL 安装时自动创建的。information_schema 和 performance_schema 数据库分别是 MySQL 服务器的数据字典（保存所有数据表和库的结构信息）和性能字典（保存全局变量等的设置）；mysql 数据库主要负责 MySQL 服务器自己需要使用的控制和管理信息，如用户的权限信息等；sys 是系统数据库，包括了存储过程、自定义函数等信息。对于初学者来说，建议不要随意地删除和修改这些数据库，避免造成服务器故障。

2. 查看指定数据库的创建信息

在完成创建数据库后，若要查看创建该数据库的信息，基本语法格式如下。

```
SHOW CREATE DATABASE 数据库名称;
```

接下来查看前面创建的数据库 xscj，具体的 SQL 语句与执行结果如下。

```
mysql> SHOW CREATE DATABASE xscj;
+----------+-----------------------------------------------------------------------------------+
| Database | Create    Database                                                                |
+----------+-----------------------------------------------------------------------------------+
| xscj     | CREATE DATABASE 'xscj'/*!40100 DEFAULT CHARACTER SET utf8mb4 COLLATE
utf8mb4_0900_ai_ci *//*!80016 DEFAULT ENCRYPTION='N' */                                       |
+----------+-----------------------------------------------------------------------------------+
1 row in set (0.41 sec)
```

以上输出结果显示了创建 xscj 数据库的 SQL 语句，以及数据库的默认字符集。

4.1.3 选择数据库

由于 MySQL 服务器中的数据需要存储到数据表中，而数据表需要存储到对应的数据库下，并且 MySQL 服务器中又可以同时存在多个数据库，因此，在对数据和数据表进行操作前，首先需要选择数据库，基本语法格式如下。

```
USE 数据库名称;
```

接下来选择数据库 xscj 进行操作，具体的 SQL 语句与执行结果如下。

```
mysql> USE xscj;
Database changed
```

这个语句也可以用来从一个数据库"跳转"到另一个数据库，在用 CREATE DATABASE 语句创建了数据库之后，该数据库不会自动成为当前数据库，需要用这条 USE 语句来指定。

例如，要对 xscj 数据库进行操作，可以执行"USE xscj;"语句，将 xscj 数据库指定为当前数据库。

4.1.4 修改数据库

数据库创建后，如果需要修改数据库的参数，可以使用 ALTER DATABASE 语句，语法格式如下。

```
ALTER {DATABASE|SCHEMA}[数据库名]
[DEFAULT] CHARACTER SET 字符集名
[DEFAULT] COLLATE 校对规则名;
```

ALTER DATABASE 语句的语法说明可参照 CREATE DATABASE 语句的语法说明。

ALTER DATABASE 语句用于更改数据库的全局特性，这些特性存储在数据库目录的 db.opt 文件中。用户必须有对数据库进行修改的权限，才可以使用 ALTER DATABASE 语句。修改数据库的选项与创建数据库相同。如果语句中忽略数据库名称，则表示修改当前（默认）数据库。

接下来修改数据库 xscj 的默认字符集为 latinl，校对规则为 latinl_swedish_ci，具体的 SQL 语句与执行结果如下。

```
mysql> ALTER DATABASE xscj CHARACTER SET latin1 COLLATE latin1_swedish_ci;
Query OK, 1 row affected (0.85 sec)
```
下边查看修改是否成功。
```
mysql> SHOW CREATE DATABASE xscj;
+----------+------------------------------------------------------------+
| Database | Create   Database                                          |
+----------+------------------------------------------------------------+
|  xscj    | CREATE DATABASE 'xscj' /*!40100 DEFAULT CHARACTER SET latin1 *//*!80016 DEFAULT ENCRYPTION='N' */|
+----------+------------------------------------------------------------+
1 row in set (0.02 sec)
```

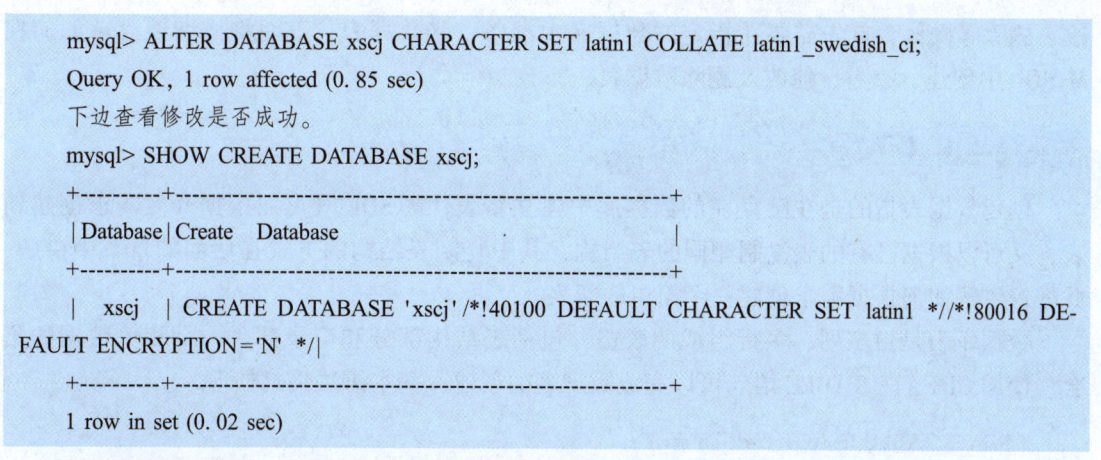

可以看到数据库 xscj 的字符集已经改为 latin1。

4.1.5 删除数据库

在 MySQL 中如若要清除数据库中的所有数据，回收为数据库分配的存储空间，则可以执行删除数据库的操作，基本语法格式如下。

DROP DATABASE [IF EXISTS] 数据库名；

语法格式说明如下。

（1）数据库名：要删除的数据库名。

（2）IF EXISTS：使用 IF EXISTS 子句可以避免删除不存在的数据库时出现的 MySQL 错误信息。

下面以删除 xscj 数据库为例进行演示，具体的 SQL 语句与执行结果如下。

```
mysql>DROP DATABASE xscj;
Query OK, 0 rows affected (0.37 sec)
```

需要注意的是，在使用 DROP DATABASE 语句删除数据库时，若待删除数据库（如 xscj）不存在，MySQL 服务器会报错。因此，可以在删除数据库时，使用 IF EXISTS 子句，具体的 SQL 语句与执行结果如下。

```
mysql>DROP DATABASE IF EXISTS xscj;
Query OK, 0 rows affected ,1 warning(0,00  sec)
```

上述 SQL 语句表示，若 MySQL 服务器中存在数据库 xscj，则删除该数据库，否则不执行删除数据库 xscj 的操作。这与创建一个已存在的数据库类似，MySQL 服务器也会返回一条警告信息用于提示，读者可通过 SHOW WARNINGS 语句查看。

需要注意的是，在执行删除数据库操作前，一定要备份需要保留的数据，确保数据的安全，避免因误操作而造成的数据丢失。

4.2 数据表操作

在 MySQL 数据库中，所有的数据都存储在数据表中，若要对数据执行添加、查看、修改、删除等操作，首先需要在指定的数据库中准备一张数据表。下面将详细地讲解如何在 MySQL 中创建、查看、修改及删除数据表。

4.2.1 创建数据表

创建数据表指的是在已存在的数据库中建立新表，MySQL 既可以根据开发需求创建新表，又可以根据已有的表复制相同的表结构，其中复制表结构的方式在后面的章节中讲解，此处仅讲解如何根据需求创建一个简单的新表。

数据库表是由多列、多行组成的表格，包括表结构部分和记录部分，是相关数据的集合。使用 CREATE TABLE 语句可以完成数据表的创建，基本语法格式如下：

```
CREATE TABLE IF NOT EXISTS 表名
(列名  数据类型  [NOT NULL|NULL][DEFAULT 列默认值])
ENGINE=存储引擎
```

语法格式说明如下。

（1）IF NOT EXISTS：在建表前判断，只有该表目前尚不存在时才执行 CREATE TABLE 操作。用此选项可以避免出现表已经存在而无法再新建的错误。

（2）表名：要创建的表的表名。该表名必须符合标志符规则，如果有 MySQL 保留字，必须用单引号括起来。

（3）列名：表中列的名字。列名必须符合标志符规则，长度不能超过 64 个字符，而且在表中要唯一。如果有 MySQL 保留字，必须用单引号括起来。

（4）数据类型：列的数据类型，有的数据类型需要指明长度 n，并用括号括起来。

（5）NOT NULL|NULL：指定该列是否允许为空。如果不指定，则默认为 NULL。

（6）DEFAULT 列默认值：为列指定默认值，默认值必须为一个常数。如果没有为列指定默认值，MySQL 会自动地分配一个。如果列可以取 NULL 值，默认值就是 NULL。如果列被声明为 NOT NULL，默认值取决于列类型。

（7）ENGINE=存储引擎：MySQL 支持数个存储引擎作为对不同表的类型的处理器，使用时要用具体的存储引擎名称代替代码中的存储引擎，如 ENGINE=InnoDB。

需要注意的是，在操作数据表之前，应该使用语句"USE 数据库名"指定操作是在哪个数据库中进行，否则会抛出 No database selected 错误。

下面在 xscj 数据库中，创建一个名为 xs 的数据表，保存商品信息，具体的 SQL 语句及执行结果如下。

```
mysql> USE xscj;
Database changed
mysql> CREATE TABLE xs
    -> (
    -> 学号 CHAR(6) NOT NULL,
    -> 姓名 CHAR(8) NOT NULL,
    -> 专业名 CHAR(10)DEFAULT NULL,
```

```
    -> 性别 TINYINT(1) NOT NULL DEFAULT 1 COMMENT '1 为男 0 为女',
    -> 出生时间 DATE NOT NULL,
    -> 总学分 TINYINT(1) DEFAULT NULL,
    -> 照片 BLOB,
    -> 备注 TEXT,
    -> PRIMARY KEY(学号)
    -> )
    -> ENGINE=MYISAM DEFAULT CHARSET=gb2312;
Query OK, 0 rows affected, 2 warnings (0.01 sec)
```

上述 SQL 语句中,CHAR(L) 表示字符串,L 表示字符数,TINYINT 用于设置字段数据类型是整型,COMMENT 用于在创建表时添加注释内容,并将其保存到表结构中。

需要注意的是,在操作数据表时,操作语句可以不使用"USE 数据库"的形式选择数据库,而直接将操作语句中表名的位置改为"数据库.表名"的形式,就可以在任何数据库下访问其他数据库中的表,如 CREATE TABLE xscj.xs(字段定义)。

4.2.2 查看数据表

MySQL 中提供了专门的 SQL 语句,用于查看某数据库中存在的所有数据表、指定模式的数据表或数据表的相关信息。下面分别对其进行详细讲解。

1. 查看数据表

选择数据库后,可以通过 MySQL 提供的 SQL 语句进行查看,基本语法格式如下。

SHOW TABLES [LIKE 匹配模式];

上述语法中,若不添加可选项"LIKE 匹配模式",表示查看当前数据库中的所有数据表;若添加则按照"匹配模式"查看数据表。其中,匹配模式符有两种,分别为"%"和"."。"%"表示匹配一个或多个字符,代表任意长度的字符串,长度也可以为 0,"."仅可以匹配一个字符。

为了让读者更好地理解,下面以 xscj 数据库中数据表的查询为例进行演示。首先为 xscj 数据库再添加一张数据表 new_xs,方便读者对以下示例的理解。new_xs 表的创建语句如下。

```
mysql> CREATE TABLE new_xs
    -> (
    -> 学号 CHAR(6) NOT NULL,
    -> 姓名 CHAR(8) NOT NULL,
    -> 专业名 CHAR(10)DEFAULT NULL,
    -> 性别 TINYINT(1) NOT NULL DEFAULT 1 COMMENT '1 为男 0 为女',
    -> 出生时间 DATE NOT NULL
    -> )
    -> ENGINE=MYISAM DEFAULT CHARSET=gb2312;
Query OK, 0 rows affected, 2 warnings (0.01 sec)
```

数据表准备完成后,接下来分别查看 xscj 数据库中的所有数据表和名称中含有 new 的数据表,具体的 SQL 语句如下。

```
mysql> SHOW TABLES;
+----------------+
| Tables_in_xscj |
+----------------+
| new_xs         |
| xs             |
+----------------+
2 rows in set (0.43 sec)
mysql> SHOW TABLES LIKE 'NEW%';
+-------------------------+
| Tables_in_xscj (NEW%)   |
+-------------------------+
| new_xs                  |
+-------------------------+
1 row in set (0.36 sec)
```

从以上输出结果可以看出，xscj 数据库中一共有两个数据表，而数据表名中含有 new 的数据表仅有一个。需要注意的是，LIKE 后的"匹配模式"必须使用单引号或双引号包裹。

2. 查看数据表的相关信息

除了查看数据库下有哪些数据表外，还可以利用 MySQL 提供的 SQL 语句查看数据表的相关信息，如数据表的名称、存储引擎、创建时间等，基本语法格式如下。

SHOW TABLE STATUS [FROM 数据库名] [LIKE 匹配模式];

下面查看 xscj 数据库下数据表名含有 new 的数据表的详细信息，具体的 SQL 语句如下。

```
mysql> SHOW TABLE STATUS FROM xscj LIKE '%NEW%' \G;
*************************** 1. row ***************************
           Name: new_xs
         Engine: InnoDB
        Version: 10
     Row_format: Dynamic
           Rows: 0
 Avg_row_length: 0
    Data_length: 16384
Max_data_length: 0
   Index_length: 0
      Data_free: 0
 Auto_increment: NULL
    Create_time: 2023-08-18 16:48:29
    Update_time: NULL
     Check_time: NULL
      Collation: utf8mb4_0900_ai_ci
       Checksum: NULL
```

```
        Create_options：
            Comment：
    1 row in set (0.10 sec)
```

上述 SQL 语句中，"\G"是 MySQL 客户端可以使用的结束符中的一种，用于将显示结果纵向排列，适合字段非常多的情况。输出结果中 Name 描述的是数据表名，Engine 描述的是数据表的存储引擎，Version 描述的是数据表的结构文件版本号，Row_format 描述的是记录的存储格式，Dynamic 表示动态，Data_length 描述的是数据文件的长度或为集群索引分配的内存，Create_time 描述的是数据表的创建时间，Collation 描述的是数据表的校对集。

4.2.3 修改数据表

在实际开发时，若创建的数据表不符合当前项目的开发要求，可以通过修改数据表来实现。如修改数据表的名称和表选项。下面将分别讲解如何修改数据表。

1. 修改数据表名称

在 MySQL 中，提供了两种修改数据表名称的方式，基本语法格式如下。

语法格式 1：

```
ALTER TABLE 旧表名 RENAME [TO|AS] 新表名;
```

语法格式 2：

```
RENAME TABLE 旧表名 1 TO 新表名 1,旧表名 2 TO 新表名 2,…
```

语法说明：

使用 ALTER TABLE 语句修改数据表名称时，可以直接使用 RENAME 关键字或在其后添加关键字 TO 或 AS。而 RENAME TABLE 语句则必须使用 TO，另外此语法可以同时修改多个数据表的名称。

下面使用 RENAME TABLE 语句将 new_xs 表的名称修改为 my_xs，具体 SQL 语句与执行结果如下。

```
mysql> RENAME TABLE new_xs TO my_xs;
Query OK, 0 rows affected (0.45 sec)
mysql> SHOW TABLES;
+----------------------+
| Tables_in_xscj       |
+----------------------+
| my_xs                |
| xs                   |
+----------------------+
2 rows in set (0.04sec)
```

2. 修改表选项

数据表中的表选项字符集、存储引擎及校对集也可以通过 ALTER TABLE 语句修改，基本语法格式如下。

```
ALTER TABLE 表名 表选项[=]值;
```

下面以修改 xs 数据表的字符集为例进行演示，具体 SQL 语句如下。

```
mysql> ALTER TABLE xs CHARSET UTF8;
Query OK, 0 rows affected, 1 warning (0.50 sec)
Records: 0   Duplicates: 0   Warnings: 1
mysql> SHOW CREATE TABLE xs\G;
***************************1. row ***************************
       Table: xs
Create Table: CREATE TABLE 'xs' (
  '学号' char(6) CHARACTER SET gb2312 NOT NULL,
  '姓名' char(8) CHARACTER SET gb2312 NOT NULL,
  '专业名' char(10) CHARACTER SET gb2312 DEFAULT NULL,
  '性别' tinyint(1) NOT NULL DEFAULT '1'COMMENT '1 为男 0 为女',
  '出生时间' date NOT NULL,
  '总学分' tinyint(1) DEFAULT NULL,
  '照片' blob,
  '备注' text CHARACTER SET gb2312,
  PRIMARY KEY ('学号')
) ENGINE=MyISAM DEFAULT CHARSET=utf8mb3
1 row in set(0.00 sec)
```

在上述 SQL 语句中，使用语句"SHOW CREATE TABLE xs\G"查看表的字符集。SHOW CREATE 语句将在 4.2.4 节讲解。

4.2.4 查看表结构

1. 显示数据表结构

DESCRIBE 语句用于显示表中各列的信息。语法格式如下。

{DESCRIBE | DESC} 表名 | 列名 | 通配符

在上面的语法格式中，DESC 是 DESCRIBE 的简写，二者用法相同。列名 | 通配符：可以是一个列名，或一个包含"%"和"-"通配符的字符串，用于获得对于带有与字符串相匹配的名称的各列的输出。

下面查看 xs 表中各列的信息和"出生时间"列的信息，具体 SQL 语句如下。

```
mysql> DESC xs;
+-----------+-----------+------+-----+---------+-------+
| Field     | Type      | Null | Key | Default | Extra |
+-----------+-----------+------+-----+---------+-------+
| 学号      | char(6)   | NO   | PRI | NULL    |       |
| 姓名      | char(8)   | NO   |     | NULL    |       |
| 专业名    | char(10)  | YES  |     | NULL    |       |
| 性别      | tinyint(1)| NO   |     | 1       |       |
| 出生时间  | date      | NO   |     | NULL    |       |
| 总学分    | tinyint(1)| YES  |     | NULL    |       |
```

```
|照片              | blob           | YES   |     | NULL       |         |
|备注              | text           | YES   |     | NULL       |         |
+-----------------+----------------+-------+-----+------------+---------+
8 rows in set (0.39 sec)
mysql> DESC xs 出生时间;
+-----------------+----------------+-------+-----+------------+---------+
| Field           | Type           | Null  | Key | Default    | Extra   |
+-----------------+----------------+-------+-----+------------+---------+
|出生时间          | date           | NO    |     | NULL       |         |
+-----------------+----------------+-------+-----+------------+---------+
1 row in set (0.00 sec)
```

在上述执行结果中，Field 表示字段名称，Type 表示字段的数据类型，Null 表示该字段是否可以为空，Key 表示该字段是否已设置了索引，Default 表示该字段是否有默认值。Extra 表示获取到的与该字段相关的附加信息。

2. 查看数据表的创建语句

若想要查看创建数据表过程中具体的 SQL 语句及表的字符编码，可以使用 SHOW CREATE TABLE 语句，其基本语法格式如下。

SHOW CREATE TABLE 表名；

下面查看 my_xs 数据表的创建语句，具体的 SQL 语句及执行结果如下。

```
mysql> SHOW CREATE TABLE my_xs\G;
*************************** 1. row ***************************
       Table：my_xs
Create Table：CREATE TABLE 'my_xs'(
    '学号' char(6) NOT NULL,
    '姓名' char(8) NOT NULL,
    '专业名' char(10) DEFAULT NULL,
    '性别' tinyint(1) NOT NULL DEFAULT '1' COMMENT '1 为男 0 为女',
    '出生时间' date NOT NULL
) ENGINE=InnoDB DEFAULT CHARSET=utf8mb4 COLLATE=utf8mb4_0900_ai_ci
1 row in set (0.00 sec)
```

在上述执行结果中，Table 描述表的名称，Create Table 描述数据表的创建语句，其中包含存储引擎、字符集和校对规则。

4.2.5 修改表结构

在创建完数据表后，除了可以修改数据表的名称及表选项外，还可以利用 MySQL 提供的 ALTER TABLE 语句对字段名称、类型、位置等进行修改、增加或删除。下面分别讲解几种常用的使用方式。

1. 修改字段名

在 MySQL 中仅修改数据表中的字段名称，使用 CHANGE 语句实现，基本语法格式如下。

ALTER TABLE 数据表名 CHANGE [COLUMN] 旧字段名 新字段名 字段类型 [字段属性];

在上述语法中，"旧字段名"指的是字段修改前的名称，"新字段名"指的是字段修改后的名称。"数据类型"表示新字段名的数据类型，不能为空，即使与旧字段的数据类型相同，也必须重新设置。

下面将 my_xs 数据表中名为"出生时间"的字段修改为"出生日期"，具体 SQL 语句如下。

```
mysql> ALTER TABLE my_xs CHANGE 出生时间 出生日期 DATE;
Query OK, 0 rows affected (0.63 sec)
Records: 0  Duplicates: 0  Warnings: 0
```

查看字段名修改情况，执行如下 SQL 语句。

```
mysql> DESC my_xs;
```

Field	Type	Null	Key	Default	Extra
学号	char(6)	NO		NULL	
姓名	char(8)	NO		NULL	
专业名	char(10)	YES		NULL	
性别	tinyint(1)	NO		1	
出生日期	date	YES		NULL	

5 rows in set (0.00 sec)

2. 修改字段类型

在 MySQL 中仅修改数据表中的字段类型，通常使用 MODIFY 语句实现，基本语法格式如下。

ALTER TABLE 数据表名 MODIFY [COLUMN] 字段名 新类型 [字段属性];

下面修改 my_xs 数据表中专业名字段的数据类型，将 CHAR（10）修改为 VARCHAR(255)，具体 SQL 语句如下。

```
mysql> ALTER TABLE my_xs MODIFY 专业名 VARCHAR(255);
Query OK, 0 rows affected (0.41 sec)
Records: 0  Duplicates: 0  Warnings: 0
```

查看字段名修改情况，执行如下 SQL 语句。

```
mysql> DESC my_xs;
```

Field	Type	Null	Key	Default	Extra
学号	char(6)	NO		NULL	
姓名	char(8)	NO		NULL	
专业名	varchar(255)	YES		NULL	
性别	tinyint(1)	NO		1	
出生日期	date	YES		NULL	

5 rows in set (0.00 sec)

3. 修改字段位置

数据表在创建时，创建的先后顺序就是字段在数据表中的存储顺序，若需要调整字段的位置，也可以使用 MODIFY 语句实现，基本语法格式如下。

ALTER TABLE 数据表名
MODIFY [COLUMN] 字段名1 数据类型 [字段属性] [FIRST |AFTER 字段名2];

从上述语法可知，修改字段的位置就是在修改字段类型的后面添加 FIRST 或"AFTER 字段名2"。前者表示将"字段名1"调整为数据表的第1个字段，后者表示将"字段名1"插入到"字段名2"的后面。

下面修改 my_xs 数据表中出生日期字段的数据类型到姓名字段之后，具体的 SQL 语句如下。

```
mysql> ALTER TABLE my_xs MODIFY 出生日期 DATE AFTER 姓名;
Query OK, 0 rows affected (0.51 sec)
Records: 0  Duplicates: 0  Warnings: 0
```

查看字段名修改情况，可执行如下 SQL 语句。

```
mysql> DESC my_xs;
+--------------+--------------+------+-----+---------+-------+
| Field        | Type         | Null | Key | Default | Extra |
+--------------+--------------+------+-----+---------+-------+
| 学号         | char(6)      | NO   |     | NULL    |       |
| 姓名         | char(8)      | NO   |     | NULL    |       |
| 出生日期     | date         | YES  |     | NULL    |       |
| 专业名       | varchar(255) | YES  |     | NULL    |       |
| 性别         | tinyint(1)   | NO   |     | 1       |       |
+--------------+--------------+------+-----+---------+-------+
5 rows in set (0.00 sec)
```

4. 新增字段

对于已经创建好的数据表，也可以根据业务需求利用 ADD 新增字段，基本语法格式如下。

语法格式1：新增一个字段，并可指定其位置。

ALTER TABLE 数据表名
ADD [COLUMN] 新字段名 字段类型 [FIRST | AFTER 字段名];

语法格式2：同时新增多个字段。

ALTER TABLE 数据表名
ADD [COLUMN] (新字段名1 字段类型1,新字段名2 字段类型2,…);

在上面的语法格式中，在不指定位置的情况下，新增的字段默认添加到表的最后。另外，同时新增多个字段时不能指定字段的位置。

下面在 my_xs 数据表中专业名字段后新增一个年级字段，具体的 SQL 语句如下。

```
mysql> ALTER TABLE my_xs ADD 年级 CHAR(4) AFTER 专业名;
Query OK, 0 rows affected (0.39 sec)
Records: 0  Duplicates: 0  Warnings: 0
```

查看字段名修改情况，可执行如下 SQL 语句。

```
mysql> DESC my_xs;
+--------------+--------------+------+-----+---------+-------+
| Field        | Type         | Null | Key | Default | Extra |
+--------------+--------------+------+-----+---------+-------+
| 学号         | char(6)      | NO   |     | NULL    |       |
| 姓名         | char(8)      | NO   |     | NULL    |       |
| 出生日期     | date         | YES  |     | NULL    |       |
| 专业名       | varchar(255) | YES  |     | NULL    |       |
| 年级         | char(4)      | YES  |     | NULL    |       |
| 性别         | tinyint(1)   | NO   |     | 1       |       |
+--------------+--------------+------+-----+---------+-------+
5 rows in set (0.00 sec)
```

5. 删除字段

删除字段指的是将某个字段从数据表中删除，MySQL 中可以通过 DROP 语句完成。基本语法格式如下。

ALTER TABLE 数据表名 DROP[COLUMN] 字段名;

下面以删除 my_xs 数据表中年级字段为例演示，具体的 SQL 语句如下。

```
mysql>  ALTER TABLE my_xs DROP 年级;
Query OK, 0 rows affected (0.39 sec)
Records: 0  Duplicates: 0  Warnings: 0
```

执行上述 SQL 语句后，查看删除年级字段后数据表中的字段，具体结果如下。

```
mysql> DESC my_xs;
+--------------+--------------+------+-----+---------+-------+
| Field        | Type         | Null | Key | Default | Extra |
+--------------+--------------+------+-----+---------+-------+
| 学号         | char(6)      | NO   |     | NULL    |       |
| 姓名         | char(8)      | NO   |     | NULL    |       |
| 出生日期     | date         | YES  |     | NULL    |       |
| 专业名       | varchar(255) | YES  |     | NULL    |       |
| 性别         | tinyint(1)   | NO   |     | 1       |       |
+--------------+--------------+------+-----+---------+-------+
5 rows in set (0.00 sec)
```

4.2.6 删除数据表

删除数据表操作指的是删除指定数据库中已经存在的表。另外，在删除数据表的同时，存储在数据表中的数据都将被删除，基本语法格式如下。

DROP TABLE [IF EXISTS] 表名 1 [,表名 2,…];

语法格式说明如下。
（1）表名：要被删除的表名。
（2）IF EXISTS：避免要删除的表不存在时出现错误信息。
从上述语法可知，删除数据表时，可同时删除多个数据表，多个数据表之间使用逗号分隔。可选项 IF EXISTS 用于在删除一个不存在的数据表时，防止产生错误。
下面以删除 my_xs 数据表为例演示，具体的 SQL 语句如下。

```
mysql> DROP TABLE IF EXISTS my_xs;
Query OK, 0 rows affected (0.01 sec)
```

执行上述 SQL 语句后，查看删除数据表，具体结果如下。

```
mysql> SHOW TABLES;
+-----------------+
| Tables_in_xscj  |
+-----------------+
| xs              |
+-----------------+
1 row in set (0.00 sec)
```

可以看到，数据表 my_xs 已经被删除，需要注意的是，DROP TABLE 语句将表的描述、表的完整性约束、表的索引及和表相关的权限等都全部删除。

4.3 数据操作

数据库的数据操作针对数据表中的数据进行，主要内容为数据的增加、查询、修改和删除操作。

4.3.1 添加数据

通常情况下，要想操作数据表中的数据，首先要保证数据表中存在数据。MySQL 中使用 INSERT 语句向数据表中添加数据。通过 INSERT 或 REPLACE 语句可以向表中插入一行或多行数据。
语法格式如下。

```
INSERT [IGNORE][INTO] 表名 [(列名,…)]
VALUES({表达式|DEFAULT},…),(…),…
|SET 列名={表达式|DEFAULT},…;
```

语法格式说明如下。
（1）列名：需要插入数据的列名。如果要给全部列插入数据，列名可以省略。如果只给表的部分列插入数据，需要指定这些列。对于没有指出的列，它们的值根据列默认值或有关属性来确定，MySQL 处理的原则如下。

① 具有 IDENTITY 属性的列，系统生成序号值来唯一标识列。

② 具有默认值的列，其值为默认值。

③ 没有默认值的列，若允许为空值，则其值为空值；若不允许为空值，则出错。

④ 类型为 TIMESTAMP 的列，系统自动赋值。

（2）VALUES 子句：包含各列需要插入的数据清单，数据的顺序要与列的顺序相对应。若表名后不给出列名，则在 VALUES 子句中要给出每一列（除 IDENTITY 和 TIMESTAMP 类型的列）的值，如果列值为空，则值必须置为 NULL，否则会出错。

① 表达式：可以是一个常量、变量或一个表达式，也可以是空值 NULL，其值的数据类型要与列的数据类型一致。例如，当列的数据类型为 INT 时，插入数据'aaa'就会出错。当数据为字符型时要用单引号括起。

② DEFAULT：指定为该列的默认值。前提是该列原先已经指定了默认值。

如果列清单和 VALUES 清单都为空，则 INSERT 会创建一行，每个列都设置成默认值。

（3）IGNORE：当插入一条违背唯一约束的记录时，MySQL 不会尝试去执行该语句。

根据操作的不同，添加数据一般可以分为两种，一种是为所有字段添加数据，另一种是为部分字段添加数据。下面将对这两种操作进行详细讲解。

1. 为所有字段添加数据

在 MySQL 中，为所有字段插入记录时，可以省略字段名称，严格按照数据表结构（字段的位置）插入对应的值，基本语法格式如下。

INSERT [INTO] 数据表名(VALUES |VALUE)(值 1[,值 2…]);

从上述语法可知，关键字 INTO 是可选项，VALUES 和 VALUE 可以任选一种，通常情况下使用 VALUES。值列表"值 1 [, 值 2, …]"中多个值之间使用逗号分隔。

下面向表 xs 插入一条记录，具体 SQL 语句如下。

mysql> INSERT INTO xs VALUES ('081101',' 王林','计算机','1','1990- 02- 10','50', null, null);
Query OK, 1 row affected (0.08 sec)

图片一般可以以路径的形式来存储，即插入图片时可通过直接插入图片的存储路径来实现。当然也可以直接插入图片本身，需要使用 LOAD_FILE（file_name）函数读取文件。在使用 LOAD_FILE（file_name）函数来读取文件时，图片文件的位置必须在服务器上，file_name 必须指定路径全名，而且还必须拥有 FILE 特许权，文件必须可读取，文件容量必须小于 max_allowed_packet 所指定的字节。若文件不存在，或因不满足上述条件而不能被读取，则函数返回值为 NULL。将图片直接存储在数据库中，会造成数据库文件过大，影响数据的检索速度，且读取程序烦琐，一般应尽量避免。

2. 为部分字段添加数据

除了为数据表中所有字段添加数据外，还可以通过指定字段名的方式增加数据。其中指定的字段名可以是数据表中全部的字段，也可以是部分的字段。基本语法格式如下。

INSERT [INTO] 数据表名 (字段名 1[,字段名 2,…])(VALUES|VALUE)(值 1[,值 2,…]);

在上述语法格式中，"(字段名 1[,字段名 2,…])"字段列表中，多个字段名之间使用逗号分隔，且字段名的编写顺序可与表结构（字段位置）不同，只需保证值列表"（值1[，值2,…]）"中的数据与其相对应即可。

下面插入部分数据到 xs 数据表中。具体 SQL 语句及执行结果如下。

```
mysql> INSERT INTO xs(学号,姓名,专业名,性别,出生时间) VALUES ('081221','刘燕敏','软件工程','0','1989-11-12');
Query OK, 1 row affected (0.02 sec)
```

上述 SQL 语句中，字段的名称在使用时不需要使用引号包裹。另外，未添加数据的字段，系统会自动为该字段添加默认值 NULL。

除此之外，MySQL 中还提供了另外一种使用 INSERT 语句为指定字段添加数据的方式。基本语法格式如下。

```
INSERT [INTO]数据表名 SET 字段名1=值1[,字段名2=值2,…];
```

在上述语法中，"字段名1""字段名2"表示待添加数据的字段名称，"值1""值2"表示添加的数据。若在 SET 关键字后，为表中多个字段添加数据，在每对"字段名=值"之间使用逗号（,）分隔即可。

3. 一次添加多行数据

在实际开发中，向一张数据表中同时插入多条记录时，重复地书写以上 INSERT 指令，操作不仅烦琐，又不便于阅读，因此，可以使用 MySQL 提供的另外一种插入数据的语法完成多数据插入，基本语法格式如下。

```
INSERT [INTO] 数据表名 [(字段列表)] (VALUES|VALUE)(值列表)[,(值列表),…];
```

在上述语法中，多个"值列表"之间使用逗号（,）分隔。其中，"字段列表"在省略时，插入的数据需严格按照数据表创建的顺序插入，否则"值列表"插入的数据仅需与字段列表中的字段相对应即可。

例如，将上一次插入一条记录的操作修改成以下形式，完成一次插入多行数据。

```
mysql> INSERT INTO xs VALUES ('081101','王林','计算机','1','1990-02-10','50',null,null),('081221','刘燕敏','软件工程','0','1989-11-12','42',null,null);
Query OK, 2 rows affected (0.00 sec)
Records: 2  Duplicates: 0  Warnings: 0
```

需要注意的是，在多数据插入时，若其中一条数据插入失败，则整条插入语句都会失败。

4.3.2 查询数据

数据的查询操作是 MySQL 中最常用，也是最重要的功能之一。下面介绍查询的基本方式，其他更复杂的操作会在本书的其他章节中详细讲解。

1. 查询表中全部数据

查询数据表中所有字段的数据，可以使用通配符（*）代替数据表中的所有字段名，基本语法格式如下。

```
SELECT *  FROM 数据表名;
```

下面查看 xs 表中插入的全部数据。具体的 SQL 语句如下。

```
mysql> SELECT * FROM xs;
+--------+--------+----------+------+------------+--------+------+------+
| 学号   | 姓名   | 专业名   | 性别 | 出生时间   | 总学分 | 照片 | 备注 |
+--------+--------+----------+------+------------+--------+------+------+
| 081221 | 刘燕敏 | 软件工程 | 0    | 1989-11-12 | 42     | NULL | NULL |
| 081101 | 王林   | 计算机   | 1    | 1990-02-10 | 50     | NULL | NULL |
+--------+--------+----------+------+------------+--------+------+------+
2 rows in set (0.01 sec)
```

2. 查询表中部分字段

查询数据时，可在 SELECT 语句的字段列表中指定要查询的字段，基本语法格式如下。

SELECT (字段名1,字段名2,字段名3,…) FROM 数据表名;

在上面的语法格式中，字段列表"字段名1，字段名2，字段名3，…"中，若列出数据表中所有的字段名，则表示查询表中全部数据。

下面仅查看 xs 表中学号和姓名字段，具体的 SQL 语句及执行结果如下。

```
mysql> SELECT 学号,姓名 FROM xs;
+--------+--------+
| 学号   | 姓名   |
+--------+--------+
| 081221 | 刘燕敏 |
| 081101 | 王林   |
+--------+--------+
2 rows in set (0.00 sec)
```

4.3.3 修改数据

修改数据是数据库中常见的操作，通常用于对表中的部分记录进行修改。例如，学生的总学分发生变化，此时就需要对总学分的数据进行修改。MySQL 提供了 UPDATE 语句修改数据。基本语法格式如下。

```
UPDATE 数据表名
SET 字段名1=值1[,字段名2=值2,…]
[WHERE 条件表达式];
```

在上面的语法格式中，若实际使用时没有添加 WHERE 条件，那么表中所有对应的字段都会被修改成统一的值，因此在修改数据时，要谨慎操作。

下面将 xs 表中王林的总学分由 50 修改为 52。具体的 SQL 语句及执行结果如下。

```
mysql>UPDATE xs SET 总学分=52 WHERE 姓名='王林';
Query OK, 1 row affected (0.04 sec)
Rows matched: 1  Changed: 1  Warnings: 0
```

执行完上述 SQL 语句后，使用 SELECT 语句查看修改情况。

```
mysql> SELECT * FROM xs WHERE 姓名='王林';
+--------+------+--------+------+------------+--------+------+------+
|学号    |姓名  |专业名  |性别  |出生时间    |总学分  |照片  |备注  |
+--------+------+--------+------+------------+--------+------+------+
|081101  |王林  |计算机  | 1    |1990-02-10  | 52     |NULL  |NULL  |
+--------+------+--------+------+------------+--------+------+------+
1 rows in set (0.01 sec)
```

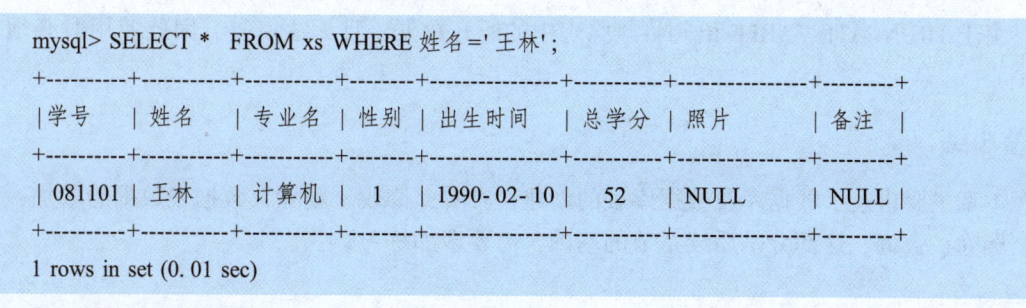

4.3.4 删除数据

删除数据是指对表中存在的记录进行删除。例如，学生毕业后，可以删除毕业学生的相关数据。MySQL 中使用 DELETE 语句删除表中的记录，基本语法格式如下。

```
DELETE FROM 表名 WHERE 条件;
```

语法说明如下。

（1）FROM 子句：用于说明从何处删除数据，表名为要删除数据的表名。

（2）WHERE 子句：条件中的内容为指定的删除条件。如果省略 WHERE 子句则删除该表的所有行。

下面将 xs 表中王林的信息删除。具体的 SQL 语句及执行结果如下。

```
mysql> DELETE FROM xs WHERE 姓名='王林';
Query OK, 1 row affected (0.04 sec)
```

执行完上述 SQL 语句后，使用 SELECT 语句查看删除情况。

```
mysql> SELECT * FROM XS WHERE 姓名='王林';
Empty set (0.01 sec)
```

DELETE 语句删除记录时，每次删除一行，并在事务日志中为所删除的每行进行记录，如果要删除表中所有记录，且记录很多时，语句执行较慢。当要删除表中所有数据时，使用 TRUNCATE TABLE 语句更加快捷。TRUNCATE TABLE 语句又称为清除表数据语句。

语法格式如下：

```
TRUNCATE TABLE 表名;
```

语法说明如下。

（1）使用 TRUNCATE TABLE 语句后，AUTO_INCREMENT 计数器被重新设置为该列的初始值。

（2）对于参与了索引和视图的表，不能使用 TRUNCATE TABLE 语句删除数据，而应使用 DELETE 语句。

TRUNCATE TABLE 语句在功能上与不带 WHERE 子句的 DELETE 语句相同，如 TRUNCATE TABLE xs；与 DELETE FROM xs；功能相同，二者均删除 xs 表中的全部行。但 TRUNCATE TABLE 语句比 DELETE 语句速度快，且使用的系统和事务日志资源少。这是因为 DELETE 语句每次删除一行，都在事务日志中为所删除的每行记录一项；而 TRUNCATE TABLE 语句通过释放存储表数据所用的数据页来删除数据，并且只在事务日志中记录页的释放。

由于 TRUNCATE TABLE 语句将删除表中的所有数据,且无法恢复,因此使用时必须十分小心。

本章小结

本章主要讲述了数据库及数据库表的创建、查看、修改、删除,数据表数据的增加、修改、删除、查询,这部分是后续章节的基础,需要多加练习。

综合实训

1. 实训目的

(1) 了解系统数据库的作用。
(2) 掌握使用命令行方式和图形界面管理工具创建数据库和表的方法。
(3) 掌握使用命令行方式和图形界面管理工具修改数据库和表的方法。
(4) 掌握删除数据库和表的方法。

2. 实训内容

教务管理系统 xscj 包含学生信息表(xs)、课程信息表(kc)和选课成绩表(xs_kc),各表结构如图 4-1~图 4-3 所示。

名	类型	长度	小数点	不是 null	虚拟	键	注释
学号	char	6		☑	☐	🔑1	
姓名	char	8		☑	☐		
专业名	char	10		☐	☐		
性别	tinyint	1		☑	☐		1为男 0为女
出生时间	date			☑	☐		
总学分	tinyint	1		☐	☐		
照片	blob			☐	☐		
备注	text			☐	☐		

图 4-1 学生信息表(xs)

名	类型	长度	小数点	不是 null	虚拟	键	注释
课程号	char	3		☑	☐	🔑1	
课程名	char	16		☑	☐		
开课学期	tinyint	1		☑	☐		只能为1-8
学时	tinyint	1		☑	☐		
学分	tinyint	1		☐	☐		

图 4-2 课程信息表(kc)

名	类型	长度	小数点	不是 null	虚拟	键	注释
学号	char	6		☑	☐	🔑1	
课程号	char	3		☑	☐	🔑2	
成绩	tinyint	1		☐	☐		
学分	tinyint	1		☐	☐		

图 4-3 选课成绩表(xs_kc)

1. 创建与查看操作的 SQL 语句

(1) 创建学生成绩管理系统数据库 xscj。
(2) 在数据库 xscj 中创建学生基本情况表 xs。

(3) 在数据库 xscj 中创建课程表 kc。

(4) 在数据库 xscj 中创建成绩表 xs_kc。

(5) 显示 xscj 数据库建立的数据表文件。

(6) 用 DESCRIBE 语句查看 xs 表的列信息。

(7) 查看 xs 表 "学号" 列的信息。

2. 数据表与数据操作的 SQL 语句

(1) 在表 xs 中增加 "奖学金等级" 列并将表中的 "姓名" 列删除。

(2) 将 xs 表重命名为 student。

(3) 向表 xs 中插入如下一行：081101，王林，计算机，1，1990-02-10，50，NULL，NULL

(4) 若表 xs 中专业的默认值为 "计算机"，照片、备注默认值为 NULL，请使用 SET 语句插入一行数据：081102，王小林，计算机，1，1990-02-10，50

(5) 表 xs 中学号为主键，在第（3）题中已经插入学号为 081101 的数据，现在用下列数据行替换第（3）题插入的数据行：081101，刘华，通信工程，1，1991-03-08，48，NULL，NULL

(6) 将 xs 表中所有学生的总学分都增加 10。将姓名为 "罗林琲" 的同学的备注改为 "转专业学习"，学号改为 081251。

(7) 将 xs 表中总学分小于 50 的所有行删除。

课后练习

一、填空题

1. 在 MySQL 中，可以通过_____语句向数据表中添加数据。

2. 为指定字段添加数据时，指定字段列名无须与其在_____的顺序一致，但需要与 VALUES 中值的顺序一致。

3. 在 MySQL 中，使用_____语句来更新表中的记录。

4. 在 MySQL 中，使用_____语句来删除表中的记录。

二、选择题

1. 下面选项中，用于删除表中数据的关键字是（　　）。

　　A. ALTER　　　　　　B. DROP　　　　　　C. UPDATE　　　　　　D. DELETE

2. 在执行添加数据时出现 "Field 'name' doesn't have a default value" 的错误，可能导致错误的原因是（　　）。

　　A. INSERT 语句出现了语法问题

　　B. name 字段没有指定默认值，且添加了 NOT NULL 约束

　　C. name 字段指定了默认值

　　D. name 字段指定了默认值，且添加了 NOT NULL 约束

3. 下列用于更新的 SQL 语句中，正确的是（　　）。

　　A. UPDATE user SET id = u001 ;

　　B. UPDATE user(id,username) VALUES('u001','jack');

　　C. UPDATE user SET id='u001',username='jack';

　　D. UPDATE INTO user SET id = 'u001' , username = 'jack';

4. 下列选项中，关于 SQL 语句 "TRUNCATE TABLE user；" 的作用的解释，正确的是（　　）。

A. 查询 user 表中的所有数据
B. 与 "DELETE FROM user；" 完全一样
C. 删除 user 表，并再次创建 user 表
D. 删除 user 表

三、判断题

1. 向表中添加数据不仅可以实现整行记录添加，还可以实现添加指定的字段对应的值。（　　）

2. 如果某个字段在定义时添加了非空约束，但没有添加 default 约束，那么插入新记录时必须为该字段赋值，否则数据库系统会提示错误。（　　）

3. 在 DELETE 语句中如果没有使用 WHERE 子句，则会将表中的所有记录都删除。（　　）

4. 使用 TRUNCATE 语句删除表中的记录，它是先删除数据表，然后重新创建表，所以效率更高。（　　）

四、简答题

1. 简述 DELETE 语句与 TRUNCATE 语句的区别。
2. 请写出更新表中记录的基本语法格式。
3. 现有一个 student 表，表结构如下所示。

```
+--------+------------+------+-----+---------+-------+
| Field  | Type       | Null | Key | Default | Extra |
+--------+------------+------+-----+---------+-------+
| id     | int(4)     | YES  |     | NULL    |       |
| name   | varchar(20)| NO   |     | NULL    |       |
| grade  | float      | YES  |     | NULL    |       |
+--------+------------+------+-----+---------+-------+
```

请按照如下要求编写 SQL 语句。

（1）根据 student 表结构编写建表语句。

（2）使用 INSERT 语句向 student 表中插入一条数据，其中 id 字段的值为 5，name 字段的值为 'lily'，grade 字段的值为 100。

第 5 章

数据类型与约束

在数据库中，数据表用来组织和保存各种数据，它是由表结构和数据组成的。在设计表结构时，经常需要根据实际需求，选择合适的数据类型和约束。本章将围绕数据类型和约束进行详细讲解。

数据表由多列字段构成，每一个字段指定了不同的数据类型。例如，当要插入数值的时候，可以将它们存储为整数类型，也可以将它们存储为字符串类型。不同的数据类型也决定了 MySQL 在存储它们的时候使用的方式，以及在使用它们的时候选择什么运算符号进行运算。本章将介绍 MySQL 中的数据类型和常见的运算符。

学习目标

掌握 MySQL 中常用数据类型的使用。

掌握 MySQL 中常用约束的使用。

掌握 MySQL 中字符集的设置与处理。

5.1 数据类型

使用 MySQL 数据库存储数据时，数据库表每一个字段指定了不同的数据类型，不同的数据类型决定了 MySQL 存储数据方式的不同，指定字段的数据类型之后，也就决定了向字段插入的数据内容。MySQL 数据库提供了多种数据类型，其中包括数字类型、日期类型和时间、字符串类型。

（1）数字类型：包括整数类型 TINYINT、SMALLINT、MEDIUMINT、INT、BIGINT；浮点数类型 FLOAT 和 DOUBLE，以及定点数类型 DECIMAL 等。

（2）日期和时间类型：包括 YEAR、TIME、DATE、DATETIME 和 TIMESTAMP。

（3）字符串类型：包括 CHAR、VARCHAR、BINARY、VARBINARY、BLOB、TEXT、ENUM 和 SET 等。字符串类型又分为文本字符串和二进制字符串。

本节将针对这些数据类型进行讲解。

5.1.1 数字类型

在数据库中，经常需要存储一些数字，如学生年龄、分数等，适合用数字类型来保存。数字类型包括整数类型、浮点数类型、定点数类型、BIT 类型等，下面分别进行讲解。

1. 整数类型

MySQL 中的整数类型用于保存整数。根据取值范围的不同，整数类型可分为 5 种，分别是 TINYINT、SMALLINT、MEDIUMINT、INT 和 BIGINT。不同整数类型所对应的字节大小和取值范围如表 5-1 所示。

表 5-1 整数类型

数据类型	字节数	无符号数的取值范围	有符号数的取值范围
TINYINT	1	0~255	-128~127
SMALLINT	2	0~65 535	-32 768~32 767
MEDIUMINT	3	0~16 777 215	-8 388 608~8 388 607
INT	4	0~4 294 967 295	-2 147 483 648~2 147 483 647
BIGINT	8	0~18 446 744 073 709 551 615	-9 223 372 036 854 775 808~9 223 372 036 854 775 807

从表 5-1 中可以看出，不同整数类型所占用的字节数和取值范围都是不同的。其中，占用字节数最小的是 TINYINT，占用字节数最大的是 BIGINT，不同整数类型的取值范围可以根据字节数计算出来，例如，TINYINT 类型的整数占用 1 字节，1 字节是 8 位，那么，TINYINT 类型无符号数的最大值就是 2^8-1（即 255），有符号数的最大值就是 2^7-1（即 127）。同理，可以算出其他不同整数类型的取值范围。

需要注意的是，若使用无符号数据类型，需要在数据类型右边加上 UNSIGNED 关键字来说明，如 INT UNSIGNED 表示无符号 INT 类型。

MySQL 支持选择在该类型关键字后面的括号内指定整数值的显示宽度，如字段的数据类型为 INT(11)，数字 11 表示的是该数据类型指定的显示宽度，默认情况下，显示宽度是取值范围所能表示的最大宽度，如果使用零填充的设置，则数值在显示时，位数不足的部分在前面用零进行填充，补齐到指定的显示宽度。例如，假设声明一个 INT 类型的字段：

year INT(11);

该声明指明，在 year 字段中的数据将显示 11 位数字的宽度，如果不足 11 位，则在前面补 0。

在这里需要注意：显示宽度和数据类型的取值范围是无关的。显示宽度只是指明 MySQL 最大可能显示的数字个数，在默认情况下，即不设置零填充，数值的位数小于指定的宽度时会由空格填充；如果插入了大于显示宽度的值，只要该值不超过该类型整数的取值范围，数值依然可以插入，而且能够显示出来。

例如，假如向 year 字段插入一个数值 19999，当使用 SELECT 语句查询该列值的时候，MySQL 显示的将是完整的带有 5 位数字的 19999，而不是 4 位数字的值。其他整型数据类型也可以在定义表结构时指定所需要的显示宽度，如果不指定，则系统为每一种类型指定默认的宽度值，下面通过案例的方式演示整数类型的显示宽度。

创建表 tmp1，其中字段 x、y、z、m、n 的数据类型依次为 TINYINT、SMALLINT、MEDIUMINT、INT、BIGINT，具体的 SQL 语句如下：

mysql> CREATE TABLE tmp1(x TINYINT(4),y SMALLINT(4),z MEDIUMINT(4),m INT(4),n BIGINT(4));
Query OK, 0 rows affected (0.57 sec)

执行完之后，查看表结构，结果如下。

```
mysql> DESC tmp1;
+---------+-------------+--------+-------+---------+---------+
| Field   | Type        | Null   | Key   | Default | Extra   |
+---------+-------------+--------+-------+---------+---------+
| x       | tinyint     | YES    |       | NULL    |         |
| y       | smallint    | YES    |       | NULL    |         |
| z       | mediumint   | YES    |       | NULL    |         |
| m       | int         | YES    |       | NULL    |         |
| n       | bigint      | YES    |       | NULL    |         |
+---------+-------------+--------+-------+---------+---------+
5 rows in set (0.43 sec)
```

可以看到，系统将按不同的默认值显示宽度。这些显示宽度能够保证每一种数据类型可以取到的取值范围内的所有值。

下面通过案例的方式演示整数类型的使用及注意事项。

（1）创建 my_int 表，选取 INT 和 TINYINT 两种类型测试。具体的 SQL 语句如下。

```
mysql> USE mydb;
mysql> CREATE TABLE my_int (
    ->     int_1 INT,
    ->     int_2 INT UNSIGNED,
    ->     int_3 TINYINT,
    ->     int_4 TINYINT UNSIGNED
    -> );
```

上述 SQL 语句中，int_1 和 int_3 是有符号类型，int_2 和 int_4 是无符号类型。

（2）插入记录进行测试。当数值在合法的取值范围内时，可以正确插入，反之则无法插入，提示错误信息。具体的 SQL 语句及执行结果如下。

```
mysql> INSERT INTO my_int VALUES ( 1000, 1000, 100, 100 );
Query OK, 1 row affected ( 0.00 sec )
mysql> INSERT INTO my_ int VALUES ( 1000, -1000, 100, 100 );
ERROR 1264 ( 22003 ) : Out of range value for column 'int_ 2' at row 1
```

从上述结果可以看出，由于"-1000"超出了无符号 INT 类型的取值范围，数据插入失败，MySQL 显示了错误信息，提示 int_2 字段超出取值范围。

（3）查看 my_int 表的结构，具体的 SQL 语句及执行结果如下。

```
mysql> DESC my_int;
+-------+----------------------+--------+--------+---------+---------+
| Field | Type                 | Null   | Key    | Default | Extra   |
+-------+----------------------+--------+--------+---------+---------+
| int_1 | int(11)              | YES    |        | NULL    |         |
| int_2 | int(10) unsigned     | YES    |        | NULL    |         |
| int_3 | tinyint(4)           | YES    |        | NULL    |         |
| int_4 | tinyint(3) unsigned  | YES    |        | NULL    |         |
+-------+----------------------+--------+--------+---------+---------+
4 rows in set(0.00 sec)
```

在执行结果中，数据类型右边使用小括号数字标注了显示宽度。默认情况下，显示宽度是取值范围所能表示的最大宽度。对于有符号类型，符号也占用一个宽度。例如，255 的显示宽度为 3，-128 的显示宽度为 4。需要注意的是，显示宽度与取值范围无关，若数值的位数小于显示宽度，会填充空格，若大于显示宽度，则不影响显示结果。

（4）为字段设置零填充（ZEROFILL）时，若数值宽度小于显示宽度，会在左侧填充 0。创建 my_int2 表，为字段设置零填充和宽度，具体的 SQL 语句执行结果如下。

```
mysql> CREATE TABLE my_int2 (
    -> int_1 INT(3) ZEROFILL,
    -> int_2 TINYINT(6) ZEROFILL
    -> );
Query OK, 0 rows affected (0.01 sec)
mysql> DESC my_int2;
+-------+------------------------------+------+-----+---------+-------+
| Field | Type                         | Null | Key | Default | Extra |
+-------+------------------------------+------+-----+---------+-------+
| int_1 | int(3) unsigned zerofill     | YES  |     | NULL    |       |
| int_2 | tinyint(5) unsigned zerofill | YES  |     | NULL    |       |
+-------+------------------------------+------+-----+---------+-------+
2 rows in set (0.00 sec)
```

在上述结果中，设置零填充后，字段自动设为无符号类型，这是因为负数不能使用零填充。

（5）插入数据测试，具体的 SQL 语句及执行结果如下。

```
mysql> INSERT INTO my_int2 VALUES(1234, 2);
Query OK, 1 row affected (0.00 sec)
mysql> SELECT * FROM my_int2;
+-------+-------+
| int_1 | int_2 |
+-------+-------+
| 1234  | 00002 |
+-------+-------+
1 row in set (0.00 sec)
```

从上述结果可知，当数值超过显示宽度时，不填充 0；当数值未达到显示宽度时，在左侧填充 0。

不同的整数类型有不同的取值范围，并且需要不同的存储空间，因此，应该根据实际需要选择最合适的类型，这样有利于提高查询的效率和节省存储空间。整数类型是不带小数部分的数值，现实生活中很多场景需要用到带小数的数值，下面将介绍 MySQL 中支持的带小数的数据类型。

2. 浮点数类型和定点数类型

MySQL 中使用浮点数和定点数来表示小数。浮点类型有两种：单精度浮点类型（FLOAT）和双精度浮点类型（DOUBLE）。定点类型只有一种：DECIMAL。浮点类型和定点类型都可以用（M，N）来表示，其中 M 称为精度，表示总共的位数；N 称为标度，是表示小数的位数。

表 5-2 列出了 MySQL 中的浮点数类型和存储需求。

表 5-2 浮点数类型

数据类型	字节数	负数的取值范围	非负数的取值范围
FLOAT	4	−3.402 823 466E+38～ −1.175 494 351E−38	0 和 1.175 494 351E−38～ 3.402 823 466E+38
DOUBLE	8	−1.797 693 134 862 315 7E+308～ −2.225 073 858 507 201 4E−308	0 和 2.225 073 858 507 201 4E−308～ 1.797 693 134 862 315 7E+308

表 5-2 中列举的取值范围是理论上的极限值，但根据不同的硬件或操作系统，实际范围可能会小。另外，当浮点数类型使用 UNSIGNED 修饰为无符号时，取值范围将不包含负数。

需要注意的是，浮点数类型虽然取值范围很大，但是精度并不高。FLOAT 的精度为 6 位或 7 位，DOUBLE 的精度大约为 15 位。如果超出精度，可能会导致给定的数值与实际保存的数值不一致，发生精度损失。

下面通过案例的方式演示浮点数类型的使用及注意事项。具体的 SQL 语句及执行结果如下。

创建表，选取 FLOAT 类型进行测试。

```
mysql> CREATE TABLE my_float (f1 FLOAT, f2 FLOAT);
Query OK, 0 rows affected (0.01 sec)
```

插入未超出精度的数字。

```
mysql> INSERT INTO my_float VALUES(111111, 1.11111);
Query OK, 1 row affected (0.00 sec)
```

插入超出精度的数字。

```
mysql> INSERT INTO my_float VALUES(1111111, 1.111111);
Query OK, 1 row affected (0.00 sec)
```

插入 7 位数，第 7 位四舍五入。

```
mysql> INSERT INTO my_float VALUES(1111114, 1111115);
Query OK, 1 row affected (0.00 sec)
```

插入 8 位数，第 7 位四舍五入，第 8 位忽略。

```
mysql> INSERT INTO my_float VALUES(11111149, 11111159);
Query OK, 1 row affected (0.00 sec)
```

查询结果如下。

```
mysql> SELECT * FROM my_float;
+-----------+----------+
| f1        | f2       |
+-----------+----------+
| 111111    | 1.11111  |
| 1111110   | 1.11111  |
| 1111110   | 1111120  |
| 11111100  | 11111200 |
+-----------+----------+
4 rows in set (0.00 sec)
```

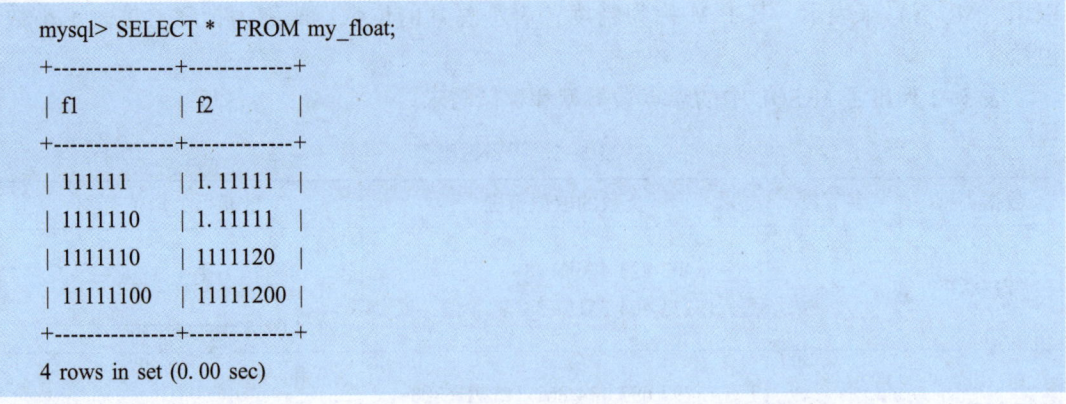

从上述结果可以看出，当一个数字的整数部分和小数部分加起来达到 7 位时，第 7 位就会四舍五入。

定点数类型（DECIMAL）通过 DECIMAL(M,D) 设置位数和精度，其中，M 表示数字总位数（不包括"."和"-"），最大值为 65，默认值为 10；D 表示小数点后的位数，最大值为 30，默认值为 0。例如，DECIMAL(5,2) 表示的取值范围是 -999.99 ~ 999.99。系统会自动根据存储的数据来分配存储空间。若不允许保存负数，可通过 UNSIGNED 修饰。

下面通过案例的方式演示定点数类型的使用及注意事项。具体的 SQL 语句及执行结果如下。

创建表，选取 DECIMAL 类型进行测试。

```
mysql> CREATE TABLE my_decimal (d1 DECIMAL(4,2), d2 DECIMAL(4,2));
Query OK, 0 rows affected (0.01 sec)
```

插入的小数部分超出范围时，会四舍五入并出现警告提示。

```
mysql> INSERT INTO my_decimal VALUES(1.234, 1.235);
Query OK, 1 row affected, 2 warnings (0.00 sec)
```

插入的小数部分四舍五入导致整数部分进位时，插入失败。

```
mysql> INSERT INTO my_decimal VALUES(99.99, 99.999);
ERROR 1264 (22003): Out of range value for column 'd2' at row 1
```

查询结果如下。

```
mysql> SELECT * FROM my_decimal;
+-------+-------+
| d1    | d2    |
+-------+-------+
| 1.23  | 1.24  |
+-------+-------+
1 row in set (0.00 sec)
```

从上述结果可以看出，若小数部分超出范围，会进行四舍五入；若整数部分超出范围，数据会插入失败，提示 Out of range value（超出取值范围）的错误。

3. BIT 类型

BIT 类型用于存储二进制数据，语法为 BIT(M)，M 表示位数，范围为 1~64。使用 MySQL 中的 ASCII( )、BIN( )、LENGTH( ) 函数可以方便地查询 ASCII 码、二进制值和数字长度。BIT 类型字段在数字插入时转换为二进制保存，但在使用 SELECT 语句查询时，会自动转换为对应的字符并显示。

5.1.2 日期和时间类型

MySQL 中有多种表示日期的数据类型，主要有 DATETIME、DATE、TIMESTAMP、TIME 和 YEAR。例如，当只记录年信息的时候，可以只使用 YEAR 类型，而没有必要使用 DATE 类型。每一个类型都有合法的取值范围，当指定确实不合法的值时系统将"零"值插入到数据库中。本节将介绍 MySQL 日期和时间类型的使用方法。表 5-3 列出了 MySQL 中的日期与时间类型。

表 5-3 MySQL 中的日期与时间类型

数据类型	取值范围	日期格式	零值
YEAR	1901~2155	YYYY	0000
DATE	1000-01-01~9999-12-3	YYYY-MM-DD	0000-00-00
TIME	-838:59:59~838:59:59	HH:MM:SS	00:00:00
DATETIME	1000-01-01 00:00:00~ 9999-12-31 23:59:59	YYYY-MM-DD HH:MM:SS	0000-00-00 00:00:00
TIMESTAMP	1970-01-01 00:00:01~ 2038-01-19 03:14:07	YYYY-MM-DD HH:MM:SS	0000-00-00 00:00:00

1. YEAR

YEAR 类型是一个单字节类型，用于表示年，在存储时只需要 1 字节。可以使用各种格式指定 YEAR 值，如下所示。

（1）以 4 位字符串或 4 位数字格式表示的 YEAR，范围为 1901~2155。输入格式为 'YYYY' 或 YYYY，例如，输入 '2010' 或输入 2010 到数据库的值均为 2010。

（2）以 2 位字符串格式表示的 YEAR，范围为 00~99。00~69 和 70~99 范围的值分别被转换为 2000~2069 和 1970~1999 范围的 YEAR 值。"0"与"00"的作用相同。插入超过取值范围的值将被转换为 2000。

（3）以 2 位数字表示的 YEAR，范围为 1~99。1~69 和 70~99 范围的值分别被转换为 2001~2069 和 1970~1999 范围的 YEAR 值。注意：在这里 0 值将被转换为 0000，而不是 2000。

2. TIME

TIME 类型用于只需要时间信息的值，在存储时需要 3 字节。格式为 HH:MM:SS。HH 表示小时，MM 表示分钟，SS 表示秒。TIME 类型的取值范围为 -838:59:59~838:59:59，小时部分会如此大的原因是 TIME 类型不仅可以用于表示一天的时间（必须小于 24 小时），还可能用于表示某个事件过去的时间或两个事件之间的时间间隔（可以大于 24 小时，或者其值为负），可以使用各种格式指定 TIME 值，如下所示。

（1）以'HHMMSS'字符串或 HHMMSS 数字格式表示。

例如，输入'345454'或 345454，插入数据库中的时间为 34:54:54（34 小时 54 分 54 秒）。

（2）以 DHH:MM:SS 字符串格式表示，其中，D 表示日，可以取 0~34 之间的值，插入数据时，小时的值等于（D×24+HH）。

例如，输入'2 11:30:50'，插入数据库中的时间为 59:30:50；输入'11:30:50'，插入数据库中的时间为 11:30:50；输入'34 22:59:59'，插入数据库中的时间为 838:59:59.

（3）使用 CURRENT_TIME 函数或 NOW( ) 函数输入当前系统时间。

3. DATE 类型

DATE 类型用在仅需要日期值时，没有时间部分，在存储时需要 3 字节。日期格式为 YYYY-MM-DD。其中 YYYY 表示年，MM 表示月，DD 表示日。在给 DATE 类型的字段赋值时，可以使用字符串类型或数字类型的数据插入，只要符合 DATE 的日期格式即可，在 MySQL 中，可以使用以下 4 种格式指定 DATE 类型的值。

（1）以'YYYY-MM-DD'或'YYYYMMDD'字符串格式表示。

例如，输入'2020-01-21'或'20200121'，插入数据库中的日期都为 2020-01-21。

（2）以'YY-MM-DD'或 YYMMDD 字符串格式表示。YY 表示的是年，为 00~99，其中 00~69 的值会被转换为 2000~2069 的值，70~99 的值会被转换为 1970~1999 的值。

例如，输入'20-01-21'或'200121'，插入数据库中的日期都为 2020-01-21。

（3）以 YY-MM-DD 或者 YYMMDD 数字格式表示。与前面相似，00~69 范围的年值转换为 2000~2069，70~99 范围的年值转换为 1970~1999。

例如，输入 12-12-31 插入数据库的日期为 2012-12-31，输入 981231，插入数据的日期为 1998-12-31。

（4）使用 CURRENT_DATE 函数或 NOW( ) 函数输入当前系统日期。

4. DATETIME 类型

DATETIME 类型用在需要同时包含日期和时间信息的值，在存储时需要 8 字节，它的显示形式为'YYYY-MM-DD HH:MM:SS'。其中，YYYY 表示年，MM 表示月，DD 表示日，HH 表示小时，MM 表示分，SS 表示秒。

在 MySQL 中，可以使用以下 4 种格式指定 DATETIME 类型的值。

（1）以'YYYY-MM-DD HH:MM:SS'或者'YYYYMMDDHHMMSS'字符串格式表示的日期和时间，取值范围为 1000-01-01 00:00:00~9999-12-31 23:59:59。

例如，输入'2014-01-22 09:01:23'或 20140122090123，插入数据库中的 DATETIME 值都为 2014-01-22 09:01:23。

（2）以'YY-MM-DD HH:MM:SS'或'YYMMDDHHMMSS'字符串格式表示的日期和时间，其中 YY 表示年，取值范围为 00~99，与 DATE 类型中的 YY 相同，00~69 范围的值会被转换为 2000~2069 范围的值，70~99 范围的值会被转换为 1970~1999 范围的值。

（3）以 YYYYMMDDHHMMSS 或 YYMMDDHHMMSS 数字格式表示的日期和时间。

例如，插入 20140122090123 或 140122090123，插入数据库中的 DATETIME 值都为

2014-01-22 09:01:23。

(4) 使用 NOW() 函数来输入当前系统的日期和时间。

5. TIMESTAMP 类型

TIMESTAMP（时间戳）类型用于表示日期和时间，它的显示形式与 DATETIME 相同，但取值范围比 DATETIME 小，为 1970-01-01 00:00:01 UTC～2038-01-19 03:14:07 UTC，其中，UTC（Universal Time Coordinated），为世界标准时间，显示宽度固定在 19 个字符。下面介绍几种 TIMESTAMP 类型与 DATATIME 类型不同的输入形式，具体如下。

(1) 使用 CURRENT_TIMESTAMP 函数来输入系统当前日期和时间。

(2) 无任何输入，或者输入 NULL 时，实际保存的是系统当前日期和时间。

5.1.3 字符串类型

字符串类型用来存储字符串数据，除了可以存储字符串数据之外，还可以存储其他数据，如图片和声音的二进制数据。MySQL 支持两类字符型数据：文本字符串和二进制字符串。

本小节主要讲解文本字符串类型，文本字符串可以进行区分或不区分大小写的串比较，另外，还可以进行模式匹配查找。MySQL 中文本字符串类型指 CHAR、VARCHAR、TEXT、ENUM 和 SET。表 5-4 列出了 MySQL 中的文本字符串类型。

表 5-4 MySQL 中的文本字符串类型

数据类型	类型说明
CHAR(M)	固定长度字符串
VARCHAR(M)	可变长度字符串
TEXT	大文本数据
ENUM	枚举类型
SET	字符串对象

1. CHAR 和 VARCHAR 类型

CHAR(*M*) 为固定长度字符串，在定义时指定字符串列长。当保存时在右侧填充空格以达到指定的长度。*M* 表示列长度，*M* 的范围是 0～255 个字符。例如，CHAR(4) 定义了一个固定长度的字符串列，其包含的字符个数最大为 4。当检索到 CHAR 值时，尾部的空格将被删除。

VARCHAR(*M*) 是可变长度字符串，*M* 表示最大列长度。*M* 的范围是 0～65 535。VARCHAR 的最大实际长度由最长的行的大小和使用的字符集确定，而其实际占用的空间为字符串的实际长度加 1。例如，VARCHAR(50) 定义了一个最大长度为 50 的字符串，如果插入的字符串只有 10 个字符，则实际存储的字符串为 10 个字符和一个字符串结束字符。VARCHAR 在值保存和检索时尾部的空格仍保留。

为了对比 CHAR 和 VARCHAR 之间的区别，下面以 CHAR(4) 和 VARCHAR(4) 为例进行说明，具体如表 5-5 所示。

表 5-5 CHAR(4) 和 VARCHAR(4) 对比

插入值	CHAR(4) 存储需求	VARCHAR(4) 存储需求
''	4 字节	1 字节
'ab'	4 字节	3 字节
'abc'	4 字节	4 字节
'abcd'	4 字节	5 字节

对比结果可以看到，CHAR(4) 定义了固定长度为 4 的列，不管存入的数据长度为多少，所占用的空间均为 4 字节。VARCHAR(4) 定义的列所占的字节数为实际长度加 1。

2. TEXT 类型

TEXT 列保存非二进制字符串，如文章内容、评论等。当保存或查询 TEXT 列的值时，不删除尾部空格。TEXT 类型分为 4 种：TINYTEXT、TEXT、MEDIUMTEXT 和 LONGTEXT。不同的 TEXT 类型的存储空间和数据长度不同，如表 5-6 所示。

表 5-6 TEXT 类型

数据类型	存储范围	数据类型	存储范围
TINYTEXT	$0 \sim 2^8 - 1$ 字节	MEDIUMTEXT	$0 \sim 2^{24} - 1$ 字节
TEXT	$0 \sim 2^{16} - 1$ 字节	LONGTEXT	$0 \sim 2^{32} - 1$ 字节

3. ENUM 类型

ENUM 是一个字符串对象，其值为表创建时在列规定中枚举的一列值。语法格式如下。

字段名 ENUM('值 1','值 2',…,'值 n');

字段名指将要定义的字段，值 n 指枚举列表中的第 n 个值。ENUM 类型的字段在取值时，只能在指定的枚举列表中取，而且一次只能取一个。如果创建的成员中有空格时，其尾部的空格将自动被删除。

```
#创建表
mysql>CREATE TABLE my_enum (gender ENUM ('male', 'female'));
#插入枚举列表中没有的值测试
mysql> INSERT INTO my_enum VALUES('m');
1265 - Data truncated for column 'gender' at row 1
#插入枚举列表中没有的值测试
mysql> INSERT INTO my_enum VALUES(1);
Query OK, 1 row affected (0.02 sec)
#查看数据
mysql> SELECT * FROM my_enum;
+---------+
| gender |
+---------+
| male   |
+---------+
1 row in set (0.10 sec)
```

ENUM 值在内部用整数表示，而不是列表中的值，每个枚举值均有一个索引值。列表值所允许的成员值从 1 开始编号，MySQL 存储的就是这个索引编号。枚举最多可以有 65 535 个元素。但在使用 SELECT、INSERT 等语句进行操作时，仍然使用列表中的值。

4. SET 类型

SET 是一个字符串对象，可以有零或多个值，SET 列最多可以有 64 个成员，其值为表创建时规定的一列值。语法格式如下。

```
SET('值 1','值 2'…)
```

与 ENUM 类型相同，SET 值在内部用整数表示，列表中每一个值都有一个顺序编号。当创建表时，SET 成员值的尾部空格将自动被删除。在使用 SELECT、INSERT 等语句进行操作时，仍然要使用列表中的值。

SET 类型与 ENUM 的区别在于，它可以从列表中选择一个或多个值来保存，多个值之间用逗号（,）分隔。具体使用示例如下。

```
* 创建表
mysql> CREATE TABLE my_set(hobby SET('book','game','code'));
Query OK, 0 rows affected (0.15 sec)
* 插入 3 条测试记录
mysql> INSERT INTO my_set VALUES(''),('book'),('book,code');
Query OK, 3 rows affected (0.05 sec)
Records: 3  Duplicates: 0  Warnings: 0
* 查询记录,查询结果
mysql> SELECT * FROM my_set;
+-------------+
| hobby       |
+-------------+
|             |
| book        |
| book,code   |
+-------------+
3 rows in set (0.39 sec)
```

5.1.4 二进制类型

MySQL 中的二进制数据类型有 BIT、BINARY、VARBINARY、TINYBLOB、BLOB、MEDIUMBLOB 和 LONGBLOB，本节将讲解各类二进制字符串类型的特点和使用方法。表 5-7 列出了 MySQL 中的二进制数据类型。

表 5-7 MySQL 中的二进制数据类型

数据类型	类型说明
BIT(M)	位字段类型
BINARY(M)	固定长度的二进制数据
VARBINARY(M)	可变长度的二进制数据

续表

数据类型	类型说明
BLOB(*M*)	二进制大对象（Binary Large Object）
TINYBLOB(*M*)	非常小的 BLOB
MEDIUMBLOB(*M*)	中等大小的 BLOB
LONGBLOB(*M*)	非常大的 BLOB

1. BIT 类型

BIT 类型是位字段类型。M 表示每个值的位数，范围为 1~64。如果 M 被省略，默认为 1。如果为 BIT(M) 列分配的值的长度小于 M 位，在值的左边用 0 填充。例如，为 BIT(6) 列分配一个值 b'101'，其效果与分配 b'000101' 相同。BIT 数据类型用来保存位字段值，例如，以二进制的形式保存数据 13，13 的二进制形式为 1101，在这里需要位数至少为 4 位的 BIT 类型，即可以定义列类型为 BIT(4)。大于二进制 1111 的数据是不能插入 BIT(4) 类型的字段中的。

2. BINARY 和 VARBINARY 类型

BINARY 和 VARBINARY 类型类似于 CHAR 和 VARCHAR 类型，不同的是它们包含二进制字节字符串。其使用的语法格式如下。

列名称 BINARY(*M*)或 VARBINARY(*M*);

BINARY 类型的长度是固定的指定长度，不足最大长度的将在它们右边填充 '10' 补齐以达到指定长度。例如，指定列数据类型为 BINARY(3)，当插入 'a' 时，存储的内容实际为 'a1010'，当插入 'ab' 时，实际存储的内容为 'ab10'，不管存储的内容是否达到指定的长度，其存储空间均为指定的值 M。

VARBINARY 类型的长度是可变的，指定好长度之后，其长度可以为 0 到最大值。例如，指定列数据类型为 VARBINARY(20)，如果插入的值的长度只有 10，则实际存储空间为 10 加 1，即其实际占用的空间为字符串的实际长度加 1。

3. BLOB 类型

BLOB 是一个二进制大对象，用来存储可变数量的数据。BLOB 类型分为 4 种：TINYBLOB、BLOB、MEDIUMBLOB 和 LONGBLOB，它们可容纳值的最大长度不同，如表 5-8 所示。

表 5-8 BOLB 类型的存储范围

数据类型	存储范围	数据类型	存储范围
TINYBLOB	0~28-1 字节	MEDIUMBLOB	0~224-1 字节
BLOB	0~216-1 字节	LONGBLOB	0~232-1 字节

BLOB 列存储的是二进制字符串（字节字符串）；TEXT 列存储的是非二进制字符串（字符字符串）。BLOB 列没有字符集，并且排序和比较基于列值字节的数值。TEXT 列有一个字符集，并且根据字符集对值进行排序和比较。

5.2 表的约束

为了防止数据表中插入错误的数据，MySQL 定义了一些维护数据库完整性的规则，即表的约束。常见约束分为 5 种，分别是默认约束、非空约束、唯一约束、主键约束和外键约束。外键约束比较复杂，涉及多表操作，将在后面的章节中讲解，本节主要讲解前 4 种约束的使用方法。

5.2.1 默认约束

默认约束用于为数据表中的字段指定默认值，即当在表中插入一条新记录时，如果没有给这个字段赋值，则数据库系统会自动为这个字段插入默认值。默认值是通过 DEFAULT 关键字定义的，其基本语法格式如下。

```
字段名  数据类型  DEFAULT  默认值;
```

需要注意的是，BLOB 和 TEXT 数据类型不支持默认约束。下面通过案例演示默认约束的使用及注意事项。

（1）创建 my_default 表，准备 a 和 b 两个字段进行测试，为 b 添加默认约束，设置默认值为 18。

```
mysql> CREATE TABLE my_default
    -> (
    -> a VARCHAR(10),
    -> b INT UNSIGNED DEFAULT 18
    -> );
```

（2）使用 DESC 语句查看表结构，结果如下所示。

```
mysql> DESC my_default;
+-------+--------------+------+-----+---------+-------+
| Field | Type         | Null | Key | Default | Extra |
+-------+--------------+------+-----+---------+-------+
| a     | varchar(10)  | YES  |     | NULL    |       |
| b     | int unsigned | YES  |     | 18      |       |
+-------+--------------+------+-----+---------+-------+
2 rows in set (0.42 sec)
```

（3）插入记录，SQL 语句如下。

```
#插入时省略 b 字段
mysql> INSERT INTO my_default(A) VALUES('abc');
#插入时省略 a 和 b 字段
mysql> INSERT INTO my_default VALUES();
#插入时 b 字段为 NULL
mysql> INSERT INTO my_default VALUES('def', NULL);
```

```
#插入时 b 字段为 DEFAULT
INSERT INTO my_default VALUES('ghk',DEFAULT);
#查询 my_default 数据
mysql> SELECT *  FROM my_default;
+---------+---------+
| a       | b       |
+---------+---------+
| abc     |   18    |
| NULL    |   18    |
| def     |  NULL   |
| ghk     |   18    |
+---------+---------+
4 rows in set (0.39 sec)
```

在上述示例中,由于 a 和 b 字段没有设置非空约束,在插入记录时省略了这两个字段的值,则分别使用默认值 NULL 和 18。为 b 字段设置默认值 18 后,插入 NULL 值,则保存结果为 NULL,不使用默认值。在为有默认值的字段指定数据时,可以通过 DEFAULT 关键字直接指定其使用默认值。

(4) 为现有的表添加或删除默认约束,具体的 SQL 语句及执行结果如下。

```
#删除默认约束
mysql> ALTER TABLE my_default MODIFY b INT UNSIGNED;
Query OK, 0 rows affected (0.01 sec)
Records: 0  Duplicates: 0  Warnings: 0
#添加默认约束
mysql> ALTER TABLE my_default MODIFY b INT UNSIGNED DEFAULT 18;
Query OK, 0 rows affected (0.01 sec)
Records: 0  Duplicates: 0  Warnings: 0
```

通过上述示例可以看出,使用 ALTER TABLE 语句修改列属性即可添加或删除默认约束。

5.2.2 非空约束

非空约束指的是字段的值不能为 NULL,在 MySQL 中,非空约束是通过 NOT NULL 定义的,其基本语法格式如下。

字段名 数据类型 NOT NULL;

下面通过案例演示非空约束的使用及注意事项。

(1) 创建 my_not_null 表,准备 n1、n2 和 n3 字段进行测试,为 n2 和 n3 设置非空约束,为 n3 设置默认值 18,具体的 SQL 语句如下。

```
mysql>CREATE TABLE my_not_null (
    -> n1 INT,
    -> n2 INT NOT NULL,
    -> n3 INT NOT NULL DEFAULT 18
    -> );
```

（2）使用 DESC 语句查看表结构，结果如下所示。

```
mysql> DESC my_not_null;
+-------+---------+------+-----+---------+-------+
| Field | Type    | Null | Key | Default | Extra |
+-------+---------+------+-----+---------+-------+
| n1    | int(11) | YES  |     | NULL    |       |
| n2    | int(11) | NO   |     | NULL    |       |
| n3    | int(11) | NO   |     | 18      |       |
+-------+---------+------+-----+---------+-------+
```

在上述结果中，Null 列的值为 NO 表示该字段添加了非空约束。需要注意的是，添加了非空约束的 n2 字段的 Default（默认值）为 NULL，表示未给该字段设置默认值，而不能将其理解为默认值为 NULL，否则在插入数据时，若 n2 字段为 NULL，MySQL 会报 "Column 'n2' cannot be null" 的错误提示。另外，在创建数据表时，非空约束与值为 NULL 的默认约束（DEFULT NULL）不能同时存在，否则数据表在创建时会失败，并提示 "Invalid default value for 'n2'" 的错误。

（3）插入记录进行测试，具体的 SQL 语句及执行结果如下。

```
#省略 n2 字段,插入失败,提示 n2 没有默认值
mysql> INSERT INTO my_not_null VALUES();
ERROR 1364 (HY000): Field 'n2' doesn't have a default value
#将 n2 字段设为 NULL,插入失败,提示 n2 字段不能为 NULL
mysql> INSERT INTO my_not_null VALUES(NULL, NULL, NULL);
ERROR 1048 (23000): Column 'n2' cannot be null
#将 n3 字段设为 NULL,插入失败,提示 n3 字段不能为 NULL
mysql> INSERT INTO my_not_null VALUES(NULL, 20, NULL);
ERROR 1048 (23000): Column 'n3' cannot be null
#省略 n1 和 n3 字段,插入成功
mysql> INSERT INTO my_not_null (n2) VALUES(20);
Query OK, 1 row affected (0.00 sec)
#查询结果
mysql> SELECT * FROM my_not_null;
+------+----+----+
| n1   | n2 | n3 |
+------+----+----+
| NULL | 20 | 18 |
+------+----+----+
1 row in set (0.00 sec)
```

在上述示例中，由于 n2 字段不能为 NULL 且没有默认值，在插入时不能插入 NULL 或省略该字段；n3 字段设置了默认值，在插入时可以省略该字段，但不能插入 NULL。为现有的表添加或删除非空约束的方式与默认约束类似，使用 ALTER TABLE 语句修改列属性即可。但若目标列中已经保存了 NULL 值，添加非空约束会失败，提示 "Invalid use of NULL value" 的错误，只要将 NULL 值改为其他值即可解决。

5.2.3 唯一约束

唯一约束用于保证数据表中字段的唯一性，即表示中字段的值不能重复出现。唯一约束通过 UNIQUE 定义，其基本语法格式如下所示。

```
#列级约束
字段名 数据类型 UNIQUE;
#表级约束
UNIQUE(字段名1，字段名2，…);
```

在上述语法格式中，列级约束和表级约束是 MySQL 中两种定义约束的方式。列级约束定义在一个列上，只对该列起约束作用；表级约束是独立于列的定义，可以应用在一个表的多个列上。

下面通过案例演示唯一约束的使用及注意事项。

（1）创建 my_unique_1 表和 my_unique_2 表，分别通过列级约束和表级约束的方式添加唯一约束。具体的 SQL 语句和执行结果如下。

```
#列级约束
mysql> CREATE TABLE my_unique_1 (
    -> id INT UNSIGNED UNIQUE,
    -> username VARCHAR(10) UNIQUE
    -> );
Query OK, 0 rows affected (0.01 sec)
#表级约束
mysql> CREATE TABLE my_unique_2 (
    -> id INT UNSIGNED,
    -> username VARCHAR(10),
    -> UNIQUE(id),
    -> UNIQUE(username)
    -> );
Query OK, 0 rows affected (0.01 sec)
```

接着使用 DESC 语句查看 my_unique_1 表和 my_unique_2 表的结构，会发现两个表的结构是相同的，如下所示。

```
+----------+--------------+------+-----+---------+-------+
| Field    | Type         | Null | Key | Default | Extra |
+----------+--------------+------+-----+---------+-------+
| id       | int(10) unsigned | YES  | UNI | NULL    |       |
| username | varchar(10)  | YES  | UNI | NULL    |       |
+----------+--------------+------+-----+---------+-------+
2 rows in set (0.00 sec)
```

在上述结果中，如果在 id 和 username 的 Key 列看到 UNI，说明唯一约束已经添加成功，这两个字段是唯一键。值得一提的是，当表级约束仅建立在一个字段上时，其作用效果与列级约束相同。

（2）为含唯一约束的字段插入记录，具体的 SQL 语句及执行结果如下。

```
#插入不重复记录,插入成功
mysql> INSERT INTO my_unique_1 (id) VALUES(1);
Query OK, 1 rows affected (0.01 sec)
mysql> INSERT INTO my_unique_1 (id) VALUES(2);
Query OK, 1 rows affected (0.01 sec)
#插入重复记录,插入失败
mysql> INSERT INTO my_unique_1 (id) VALUES(1);
ERROR 1062 (23000): Duplicate entry '1' for key 'id'
#查询插入的结果
mysql> SELECT * FROM my_unique_1;
+------+----------+
| id   | username |
+------+----------+
| 1    | NULL     |
| 2    | NULL     |
+------+----------+
2 rows in set (0.00 sec)
```

从上述结果可以看出，添加唯一约束后，插入重复记录会失败。其中，username 字段出现了重复值 NULL，这是因为 MySQL 的唯一约束允许存在多个 NULL 值。

（3）添加和删除唯一性约束。若为一个现有的表添加或删除唯一约束，无法通过修改字段属性的方式来操作，而是按照索引的方式来操作。关于索引的概念和使用会在后面的章节中详细讲解，读者此时只需了解用到的这些操作即可。具体的 SQL 语句及执行结果如下。

```
#创建测试表
mysql> CREATE TABLE my_unique_3 (id INT);
Query OK, 0 rows affected (0.01 sec)
#添加唯一约束
mysql> ALTER TABLE my_unique_3 ADD UNIQUE(id);
Query OK, 0 rows affected (0.01 sec)
Records: 0  Duplicates: 0  Warnings: 0
#查看添加结果
mysql> SHOW CREATE TABLE my_unique_3\G
*************************** 1. row ***************************
       Table: my_unique_3
Create Table: CREATE TABLE 'my_unique_3' (
  'id' int(11) DEFAULT NULL,
  UNIQUE KEY 'id' ('id')
) ENGINE=InnoDB DEFAULT CHARSET=latin1
1 row in set (0.00 sec)
#删除唯一约束
```

```
mysql> ALTER TABLE my_unique_3 DROP INDEX id;
Query OK, 0 rows affected (0.01 sec)
Records: 0  Duplicates: 0  Warnings: 0
#查看删除结果
mysql> SHOW CREATE TABLE my_unique_3\G
*************************** 1. row ***************************
       Table: my_unique_3
Create Table: CREATE TABLE 'my_unique_3' (
  'id' int(11) DEFAULT NULL
) ENGINE=InnoDB DEFAULT CHARSET=latin1
1 row in set (0.00 sec)
```

在上述操作中,执行结果中出现了"UNIQUE KEY'id'",它是添加唯一约束的完整语法,即UNIQUE(id)的完整形式,如下所示。

```
UNIQUE KEY 索引名(字段列表);
```

上述语法表示在添加唯一约束时创建索引,用于加快查询速度。其中,索引名可以自己指定,也可以省略,MySQL会自动使用字段名作为索引名。当需要对索引进行删除时,需要指定这个索引名。

(4)创建复合唯一约束。在表级唯一性约束创建时,UNIQUE()的字段列表中,可以添加多个字段,组成复合唯一键,其特点是只有多个字段的值相同时才视为重复记录。具体的SQL语句及执行结果如下。

```
#创建测试表,添加复合唯一键
mysql> CREATE TABLE my_unique_4 (
    ->    id INT UNSIGNED, username VARCHAR(10),
    ->    UNIQUE(id, username)
    -> );
Query OK, 0 rows affected (0.01 sec)
#插入不重复记录,插入成功
mysql> INSERT INTO my_unique_4 VALUES(1, '2');
Query OK, 1 row affected (0.00 sec)
mysql> INSERT INTO my_unique_4 VALUES(1, '3');
Query OK, 1 row affected (0.00 sec)
#插入重复记录,插入失败
mysql> INSERT INTO my_unique_4 VALUES(1, '2');
ERROR 1062 (23000): Duplicate entry '1-2' for key 'id'
```

从上述结果可以看出,当同一个字段两次插入的记录相同时,插入成功,只有当两个字段同时发生重复时,插入记录失败。

5.2.4 主键约束

在MySQL中,为了快速查找表中的某条信息,可以通过设置主键来实现。主键可以唯一标识表中的记录，类似指纹、身份证用于标识人的身份一样。

主键约束通过 PRIMARY KEY 定义，它相当于唯一约束和非空约束的组合，要求被约束字段不允许重复，也不允许出现 NULL 值，每个表最多只允许含有一个主键。

主键约束的创建也分为列级和表级。其基本语法格式如下。

列级约束：

```
字段名 数据类型 PRIMARY KEY；
```

表级约束：

```
PRIMARY KEY (字段名1，字段名2，…)；
```

在上述语法中，表级约束的字段若只有一个，则为单字段主键与列级约束添加的效果相同；若有多个，则为复合主键。复合主键需要用多个字段来确定一条记录的唯一性，类似于复合唯一键。

下面通过案例演示主键约束的使用及注意事项。

（1）创建 my_primary 表，为 id 字段添加主键约束。

```
mysql> CREATE TABLE my_primary (
    -> id INT UNSIGNED PRIMARY KEY,
    -> username VARCHAR(20)
    -> );
```

（2）使用 DESC 语句查看表结构，执行结果如下。

```
mysql> DESC my_primary;
+----------+--------------+------+-----+---------+-------+
| Field    | Type         | Null | Key | Default | Extra |
+----------+--------------+------+-----+---------+-------+
| id       | int(10) unsigned | NO   | PRI | NULL    |       |
| username | varchar(20)  | YES  |     | NULL    |       |
+----------+--------------+------+-----+---------+-------+
2 rows in set (0.00 sec)
```

从上述结果可以看出，id 字段的 Key 列为 PRI，表示该字段为主键。同时，id 字段的 Null 列为 NO，表示该字段不能为 NULL。

（3）插入记录进行测试，具体的 SQL 语句及执行结果如下。

```
#① 插入测试记录，插入成功
mysql> INSERT INTO my_primary VALUES(1, 'Tom' );
Query OK, 1 row affected (0.00 sec)
#② 为主键插入 NULL 值，插入失败
mysql> INSERT INTO my_primary VALUES(NULL, 'Jack' );
ERROR 1048 (23000): Column 'id' cannot be null
#③ 为主键插入重复值，插入失败
mysql> INSERT INTO my_primary VALUES(1, 'Alex' );
ERROR 1062 (23000): Duplicate entry '1' for key 'PRIMARY'
```

从上述结果可以看出，添加主键约束后，插入重复值或 NULL 值会失败。

（4）为一个现有的表添加或删除主键约束，具体的 SQL 语句及执行结果如下。

```
#删除主键约束
mysql> ALTER TABLE my_primary DROP PRIMARY KEY;
Query OK, 1 row affected (0.04 sec)
Records: 1  Duplicates: 0  Warnings: 0
#查看删除结果
mysql> DESC my_primary;
+----------+------------------+------+-----+---------+-------+
| Field    | Type             | Null | Key | Default | Extra |
+----------+------------------+------+-----+---------+-------+
| id       | int(10) unsigned | NO   |     | NULL    |       |
| username | varchar(20)      | YES  |     | NULL    |       |
+----------+------------------+------+-----+---------+-------+
2 rows in set (0.00 sec)
#删除 id 字段的非空约束(根据需要)
mysql> ALTER TABLE my_primary MODIFY id INT UNSIGNED;
Query OK, 0 rows affected (0.05 sec)
Records: 0  Duplicates: 0  Warnings: 0
#添加主键约束
mysql> ALTER TABLE my_primary ADD PRIMARY KEY (id);
Query OK, 0 rows affected (0.05 sec)
Records: 0  Duplicates: 0  Warnings: 0
#查看添加结果
mysql> DESC my_primary;
+----------+------------------+------+-----+---------+-------+
| Field    | Type             | Null | Key | Default | Extra |
+----------+------------------+------+-----+---------+-------+
| id       | int(10) unsigned | NO   | PRI | NULL    |       |
| username | varchar(20)      | YES  |     | NULL    |       |
+----------+------------------+------+-----+---------+-------+
2 rows in set (0.00 sec)
```

从上述结果可以看出，在删除 id 字段的主键约束后，该字段的非空约束并没有被同时删除。若需要删除 id 字段的非空约束，执行 ALTER TABLE 修改语句即可。

5.3 自动增长

在数据库应用中，经常希望在每次插入新记录时，系统自动生成字段的主键值。可以通过为表主键添加 AUTO_INCREMENT 关键字来实现。默认地，在 MySQL 中 UTO_INCREMENT 的初始值是 1，每新增一条记录，字段值自动加 1。一个表只能有一个字段使用 AUTO_INCREMENT 约束，且该字段必须为主键的一部分。AUTO_INCREMENT 约束的字段可以是任何整数类型（TINYINT、SMALLIN、INT、BIGINT 等）。

自动增长功能通过设置 AUTO_INCREMENT 属性来实现，其基本语法格式如下。

字段名 数据类型 AUTO_INCREMENT；

在使用 AUTO_INCREMENT 属性时，需要注意以下 4 点。

（1）一个表中只能有一个自动增长字段，该字段的数据类型是整数类型，且必须定义为键，如 UNIQUE KEY、PRIMARY KEY。

（2）若为自动增长字段插入 NULL、0、DEFAULT 或在插入时省略该字段，则该字段就会使用自动增长值；若插入的是一个具体值，则不会使用自动增长值。

（3）自动增长值从 1 开始自增，每次加 1。若插入的值大于自动增长的值，则下次插入的自动增长值会自动使用最大值加 1；若插入的值小于自动增长值，则不会对自动增长值产生影响。

（4）使用 DELETE 语句删除记录时，自动增长值不会减小或填补空缺。

为了让读者更好地理解，下面通过案例演示自动增长的使用及注意事项。

（1）创建 my_auto 表，为 id 字段添加 AUTO_INCREMENT 属性。

```
mysql> CREATE TABLE my_auto (
    -> id INT UNSIGNED PRIMARY KEY AUTO_INCREMENT,
    -> username VARCHAR(20)
    -> );
```

（2）使用 DESC 语句查看表结构，执行结果如下。

```
mysql> DESC my_auto;
+----------+--------------+------+-----+---------+----------------+
| Field    | Type         | Null | Key | Default | Extra          |
+----------+--------------+------+-----+---------+----------------+
| id       | int(10) unsigned | NO  | PRI | NULL    | auto_increment |
| username | varchar(20)  | YES  |     | NULL    |                |
+----------+--------------+------+-----+---------+----------------+
2 rows in set (0.00 sec)
```

（3）插入记录进行测试，具体的 SQL 语句及执行结果如下。

```
#插入时省略 id 字段,将会使用自动增长值
mysql> INSERTINTO my_auto (username) VALUES('a' );
Query OK, 1 row affected (0.00 sec)
#为 id 字段插入 NULL,将会使用自动增长值
mysql> INSERT INTO my_auto VALUES(NULL, 'b' );
Query OK, 1 row affected (0.00 sec)
#为 id 字段插入具体值 6
mysql> INSERT INTO my_auto VALUES(6, 'c' );
Query OK, 1 row affected (0.00 sec)
#为 id 字段插入 0,使用自动增长值
mysql> INSERT INTO my_auto VALUES(0, 'd' );
Query OK, 1 row affected (0.00 sec)
```

（4）查看 my_auto 表中的数据，执行结果如下。

```
mysql> SELECT *  FROM my_auto;
+----+----------+
| id | username |
+----+----------+
| 1  | a        |
| 2  | b        |
| 6  | c        |
| 7  | d        |
+----+----------+
4 rows in set (0.00 sec)
```

在上述结果中，最后一条记录的 id 字段在插入时使用了 0，MySQL 会忽略该值，使用自动增长值（即 id 最大值 6 进行加 1），从而得到 id 的值为 7。

（5）使用 SHOW CREATE TABLE 语句查看自动增长值，执行结果如下。

```
mysql> SHOW CREATE TABLE my_auto\G
*************************** 1. row ***************************
       Table: my_auto
Create Table: CREATE TABLE 'my_auto' (
  'id' int(10) unsigned NOT NULL AUTO_INCREMENT,
  'username' varchar(20) DEFAULT NULL,
  PRIMARY KEY ('id')
) ENGINE=InnoDB AUTO_INCREMENT=8 DEFAULT CHARSET=latin1
1 row in set (0.00 sec)
```

在上述结果中，"AUTO_INCREMENT=8"用于指定下次插入的自动增长值为 8。若在下次插入时指定了大于 8 的值，此处的 8 会自动更新为下次插入值加 1。

（6）为现有的表修改或删除自动增长，具体的 SQL 语句及执行结果如下。

```
#修改自动增长值
mysql> ALTER TABLE my_auto AUTO_INCREMENT = 10;
Query OK, 0 rows affected (0.01 sec)
Records: 0  Duplicates: 0  Warnings: 0
#删除自动增长
mysql> ALTER TABLE my_auto MODIFY id INT UNSIGNED;
Query OK, 5 rows affected (0.03 sec)
Records: 5  Duplicates: 0  Warnings: 0
#重新为 id 添加自动增长
mysql> ALTER TABLE my_auto MODIFY id INT UNSIGNED AUTO_INCREMENT;
Query OK, 5 rows affected (0.03 sec)
Records: 5  Duplicates: 0  Warnings: 0
```

需要注意的是，在为字段删除自动增长并重新添加自动增长后，自动增长的初始值会自动设为该列现有的最大值加 1。在修改自动增长值时，修改的值若小于该列现有的最大值，则修改不会生效。

5.4 字符集与校对集

字符指计算机中保存的各种文字和符号，包括各国的文字、标点符号、图形符号、数字等。这些字符在数据库中以确定的编码规则存储，不同的编码对数据库及 MySQL 环境产生影响，本节将对 MySQL 字符集（Character Set，Charset）、校对集及其设置进行介绍。

5.4.1 字符集与校对集概述

1. 字符集

由于计算机采用二进制保存数据，用户输入的字符将会按照一定的规则转换为二进制后保存，这个过程称为字符编码（Character Encoding）。将一系列字符的编码规则组合起来就形成了字符集。

在计算机的发展历史中，出现了许多字符集。MySQL 也提供了对各种字符集的支持，通过 MySQL 语句 "SHOW CHARACTER SET;" 可以查看可用字符集，如图 5-1 所示。

```
Charset    Description                      Default collation        Maxlen
armscii8   ARMSCII-8 Armenian               armscii8_general_ci      1
ascii      US ASCII                         ascii_general_ci         1
big5       Big5 Traditional Chinese         big5_chinese_ci          2
binary     Binary pseudo charset            binary                   1
cp1250     Windows Central European         cp1250_general_ci        1
cp1251     Windows Cyrillic                 cp1251_general_ci        1
cp1256     Windows Arabic                   cp1256_general_ci        1
cp1257     Windows Baltic                   cp1257_general_ci        1
cp850      DOS West European                cp850_general_ci         1
cp852      DOS Central European             cp852_general_ci         1
cp866      DOS Russian                      cp866_general_ci         1
cp932      SJIS for Windows Japanese        cp932_japanese_ci        2
dec8       DEC West European                dec8_swedish_ci          1
eucjpms    UJIS for Windows Japanese        eucjpms_japanese_ci      3
euckr      EUC-KR Korean                    euckr_korean_ci          2
gb18030    China National Standard GB18030  gb18030_chinese_ci       4
gb2312     GB2312 Simplified Chinese        gb2312_chinese_ci        2
gbk        GBK Simplified Chinese           gbk_chinese_ci           2
geostd8    GEOSTD8 Georgian                 geostd8_general_ci       1
greek      ISO 8859-7 Greek                 greek_general_ci         1
hebrew     ISO 8859-8 Hebrew                hebrew_general_ci        1
hp8        HP West European                 hp8_english_ci           1
keybcs2    DOS Kamenicky Czech-Slovak       keybcs2_general_ci       1
koi8r      KOI8-R Relcom Russian            koi8r_general_ci         1
koi8u      KOI8-U Ukrainian                 koi8u_general_ci         1
latin1     cp1252 West European             latin1_swedish_ci        1
latin2     ISO 8859-2 Central European      latin2_general_ci        1
latin5     ISO 8859-9 Turkish               latin5_turkish_ci        1
latin7     ISO 8859-13 Baltic               latin7_general_ci        1
macce      Mac Central European             macce_general_ci         1
macroman   Mac West European                macroman_general_ci      1
sjis       Shift-JIS Japanese               sjis_japanese_ci         2
swe7       7bit Swedish                     swe7_swedish_ci          1
tis620     TIS620 Thai                      tis620_thai_ci           1
ucs2       UCS-2 Unicode                    ucs2_general_ci          2
ujis       EUC-JP Japanese                  ujis_japanese_ci         3
utf16      UTF-16 Unicode                   utf16_general_ci         4
utf16le    UTF-16LE Unicode                 utf16le_general_ci       4
utf32      UTF-32 Unicode                   utf32_general_ci         4
utf8mb3    UTF-8 Unicode                    utf8mb3_general_ci       3
utf8mb4    UTF-8 Unicode                    utf8mb4_0900_ai_ci       4
```

图 5-1　MySQL 8.0.33 的可用字符集

图 5-1 显示了字符集名称（Charset）、描述信息（Description）、默认校对集（Default collation）和单字符的最大长度（Maxlen）。

2. 校对集

MySQL 中提供了许多校对集，为不同字符集指定比较和排序规则。例如，latinl 字符集默认的校对集为 latinl_swedish_ci。校对集的名称由"_"分隔的 3 部分组成，开头是对应的字符集，中间是国家名或 general，结尾是 ci、cs 或 bin。其中，ci 表示不区分大小写，cs 表示区分大小写，bin 表示以二进制方式比较。

通过 MySQL 语句"SHOW COLLATION;"可以查看 MySQL 可用的校对集，如图 5-2 所示。

图 5-2 MySQL 8.0.33 可用校对集

图 5-2 显示了校对集名称（Collation）、对应的字符集（Charset）、校对集 ID（Id）、是否为对应字符集的默认校对集（Default）、是否已编译（Compiled）及排序的内存需求量（Sortlen）。

5.4.2 字符集与校对集的设置

根据不同的需求，字符集与校对集的设置分为 4 个方面，分别是 MySQL 环境、数据库、数据表及字段。下面分别进行介绍。

1. MySQL 环境

使用 MySQL 语句"SHOW VARIABLES LIKE 'character%';"可以查看与字符集相关的变量，输出结果如下所示。

```
mysql> SHOW VARIABLES LIKE 'character%';
+--------------------------+------------------------------------------------------+
| Variable_name            | Value                                                |
+--------------------------+------------------------------------------------------+
| character_set_client     | utf8mb4                                              |
| character_set_connection | utf8mb4                                              |
| character_set_database   | utf8mb4                                              |
| character_set_filesystem | binary                                               |
| character_set_results    | utf8mb4                                              |
| character_set_server     | utf8mb4                                              |
| character_set_system     | utf8mb3                                              |
| character_sets_dir       | D:\Program Files (x86)\MySQL\share\charsets\         |
+--------------------------+------------------------------------------------------+
8 rows in set, 1 warning (0.07 sec)
```

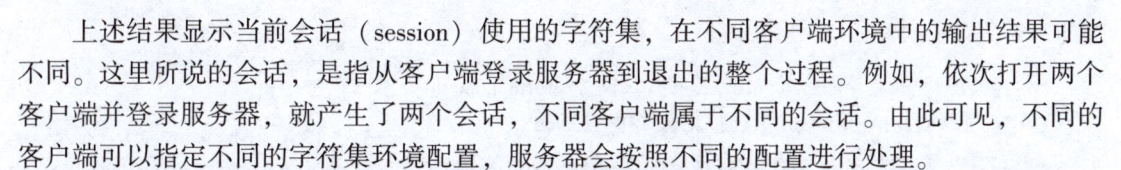

上述结果显示当前会话（session）使用的字符集，在不同客户端环境中的输出结果可能不同。这里所说的会话，是指从客户端登录服务器到退出的整个过程。例如，依次打开两个客户端并登录服务器，就产生了两个会话，不同客户端属于不同的会话。由此可见，不同的客户端可以指定不同的字符集环境配置，服务器会按照不同的配置进行处理。

下面通过表 5-9 对输出结果中的变量名进行详细说明。

表 5-9 字符集相关变量

变量名	说明
character_set_client	客户端字符集
character_set_connection	客户端与服务器连接使用的字符集
character_set_database	默认数据库使用的字符集（从 5.7.6 版本开始不推荐使用）
character_set_filesystem	文件系统字符集
character_set_results	将查询结果（如结果集或错误消息）返回给客户端的字符集
character_set_server	服务器默认字符集
character_set_system	服务器用来存储标识符的字符集
character_sets_dir	安装字符集的目录

在表 5-9 中，读者应重点关注的变量是 character_set_client、character_set_connection、character_set_results 和 character_set_server，具体解释如下。

（1）character_set_server 决定了新创建的数据库默认使用的字符集。需要注意的是，数据库的字符集决定了数据表的默认字符集，数据表的字符集决定了字段的默认字符集。由于 character_set_server 的值为 utf8mb4，因此在默认情况下，创建的数据库、数据表和字段的默认字符集都是 utf8mb4。

（2）character_set_client、character_set_connection 和 character_set_results 分别对应客户端、连接层和查询结果的字符集。通常情况下，这 3 个变量的值是相同的，具体值由客户端的编码而定，从而使客户端输入的字符和输出的查询结果都不会出现乱码。

通过"SET 变量名=值；"语句可以更改变量的值，示例如下。

```
SET character_set_client = gbk;
SET character_set_connection = gbk;
SET character_set_results = gbk;
```

由于上述语句输入比较麻烦，在 MySQL 中还可以通过"set names 字符集；"直接修改上述 3 个变量的值，即使用"set names gbk；"语句。

2. 数据库

在创建数据库时设定字符集和校对集的语法格式如下。

```
[DEFAULT] CHARACTER SET [=] charset_name；
[DEFAULT] COLLATE [=] collation_name；
```

在上述语法格式中，CHARACTER SET 用于指定字符集，COLLATE 用于指定校对集。若仅指定字符集，表示使用该字符集的默认校对集；若仅指定校对集，表示使用该校对集对应的字符集。具体的 SQL 语句如下。

```
#创建数据库,指定字符集为 utf8,使用默认校对集 utf8_general_ci
CREATE DATABASE mydb_1 CHARACTER SET utf8;
#创建数据库,指定字符集为 utf8,校对集为 utf8_bin
CREATE DATABASE mydb_2 CHARACTER SET utf8 COLLATEutf8_bin;
```

3. 数据表

数据表的字符集与校对集在表选项中设定，语法格式如下。

```
[DEFAULT] CHARACTER SET [=] charset_name;
[DEFAULT] COLLATE [=] collation_name;
```

上述语法格式与指定数据库字符集的语法格式类似。若没有为数据表指定字符集，则自动使用数据库的字符集。具体的 SQL 语句如下。

```
CREATE TABLE my_charset (
    username VARCHAR(20)
) CHARACTER SET utf8 COLLATE utf8_bin;
```

上述 SQL 语句指定数据表字符集为 utf8，校对集为 utf8_bin，CHARACTER SET 可以简写为 CHARSET。

4. 字段

字段的字符集与校对集在字段属性中设定，语法格式如下。

```
[CHARACTER SET charset_name] [COLLATE collation_name]
```

在上述语法格式中，若没有为字段设定字符集与校对集，则会自动使用数据表的字符集与校对集。具体的 SQL 语句如下。

```
CREATE TABLE my_charset (
    username VARCHAR(20) CHARACTER SET utf8 COLLATE utf8_bin
);
```

上述 SQL 语句指定 username 字段的字符集为 utf8，校对集为 utf8_bin。

本章小结

本章主要讲解了常用的数据类型、表的约束、自动增长，以及字符集和校对集。这些内容十分细碎，但又非常重要，需要通过练习才能理解透彻。数据类型与约束是本章的重点，需要掌握每种数据类型和约束的适用场景，可以结合表的实际情况去运用。

综合实训

1. 实训目的

（1）掌握创建数据表和设置数据类型的操作。
（2）掌握创建数据表约束的方法。
（3）掌握自动增长的设置方法。
（4）掌握字符集和校对规则的设置方法。

2. 实训内容

（1）在 gradem 数据库中创建表 5-10~表 5-14 所示的结构表。

表 5-10 student 表的表结构

字段名称	数据类型	长度	小数位数	是否允许 NULL 值	说明
sno	CHAR	10		否	主码
sname	VARCHAR	8		是	
ssex	CHAR	2		是	
sbirthday	DATETIME			是	
saddress	VARCHAR	50		是	
sdept	CHAR	16		是	
speciality	VARCHAR	20		是	

表 5-11 course 表（课程名称表）的表结构

字段名称	数据类型	长度	小数位数	是否允许 NULL 值	说明
cno	CHAR	5		否	主码
cname	VARCHAR	20		否	

表 5-12 sc 表（成绩表）的表结构

字段名称	数据类型	长度	小数位数	是否允许 NULL 值	说明
sno	CHAR	10		否	组合主码
cno	CHAR	5		否	组合主码
degree	DECIMAL	4	1	是	

表 5-13 teacher 表（教师表）的表结构

字段名称	数据类型	长度	小数位数	是否允许 NULL 值	说明
tno	CHAR	3		否	主码
tname	VARCHAR	8		是	
tsex	CHAR	2		是	
tbirthday	DATE			是	
tdept	CHAR	16		是	

表 5-14 teaching 表（授课表）的表结构

字段名称	数据类型	长度	小数位数	是否允许 NULL 值	说明
cno	CHAR	5		否	组合主码
tno	CHAR	3		否	组合主码
cterm	TINYINT	1	0	是	

（2）完成以下任务。

① 设置 student 表 ssex 字段默认值为'男'，teacher 表 tsex 默认值为'男'。

② 设置 course 表 cno 字段为自增长。

③ 向 student 表录入信息：20050101，李勇，男，1987-01-12，山东济南，计算机工程系，计算机应用。

④ 向 course 表录入课程数据库、数学、操作系统。

⑤ 查看 course 表信息。

⑥ 删除 course 表数学课，增加信息系统课程。

⑦ 查看 course 表下次插入的自动增长值。

（3）数据表与数据操作的 SQL 语句。

① 查看当前系统字符集与校对规则。

② 查看 MySQL 与字符相关的环境变量。

③ 改变当前环境变量 set character_set_client = latin，向表 student 中插入如下一行：20050201，刘晨，女，1988-06-04，山东青岛，信息工程系，电子商务。

④ 查看 student 表数据。

⑤ 改变环境变量使数据显示正常。

课后练习

一、填空题

1. 在 MySQL 中，整数类型可分为 5 种，分别是 TINYINT、SMALLINT、MEDIUMINT、_____和 BIGINT。

2. 数据表中的字段默认值是通过_____关键字定义的。

3. 在 MySQL 中，为了加快数据表的查询速度，可以建立_____来实现。

4. 在 MySQL 中，查看已经存在数据库的 SQL 语句是_____。

二、选择题

1. 下列 MySQL 的数据类型中，可以存储整数数值的是（　　）。

A. FLOAT　　　　B. DOUBLE　　　　C. MEDIUMINT　　　　D. VARCHAR

2. 下列有关 DECIMAL(6,2) 的描述中，正确的是（　　）。

A. 它不可以存储小数

B. 6 表示的是数据的长度，2 表示小数点后的长度

C. 6 代表最多的整数位数，2 代表小数点后的长度

D. 总共允许最多存储 8 位数字

3. 下列选项中，定义字段非空约束的基本语法格式是（　　）。

A. 字段名 数据类型 IS NULL;

B. 字段名 数据类型 NOT NULL;

C. 字段名 数据类型 IS NOT NULL;

D. 字段名 NOT NULL 数据类型;

4. 下列选项中，表示日期和时间的数据类型是（　　）（多选）。

A. DECIMAL(6,2)　　B. DATE　　　　C. YEAR　　　　D. TIMESTAMP

三、判断题
1. MySQL 数据库一旦安装成功，创建的数据库编码也就确定了，是不可以更改的。
（　　）
2. 在 MySQL 中，如果添加的日期类型不合法，系统将报错。　　　　（　　）
3. 在删除数据表时，如果表与表之间存在关系，那么可能导致删除失败。（　　）
4. 一个数据表中可以有多个主键约束。　　　　　　　　　　　　　　（　　）

四、简答题
1. 请简述什么是非空约束并写出其基本语法格式。
2. 请简述什么是索引。
3. 简要概述什么是默认约束，并写出默认约束的基本语法格式。

第 6 章

数据查询

虽然已经学习了数据表的创建、数据类型、约束、字符集的设置,以及数据的基本增、删、改、查操作;但实际要求中,数据查询操作是最为常见的操作之一。例如,为数据表插入大量的数据,对数据进行筛选、分组、排序或限量。本章节将围绕 MySQL 中的数据查询操作进行详细讲解。

学习目标

掌握 MySQL 中常用运算符的使用。
掌握索引的操作及使用原则。
掌握单表查询操作。
掌握多表之间的内连接、左外连接及右外连接查询。
掌握子查询的分类及带关键字的子查询。
熟悉外键约束的添加、删除及关联表之间的操作。

6.1 运算符

在数据库操作中,数据的增、删、改、查等操作都可以使用条件表达式,用于获取、更新或删除给定条件的数据。例如,获取商品数据表中价格在 2 000~5 000 元的所有商品的打折信息。此时就需要使用 MySQL 提供的运算符才能完成用户的需求。本节将针对 MySQL 中运算符的使用进行详细讲解。

6.1.1 算术运算符

算术运算符适用于数值类型的数据,通常应用在 SELECT 语句的查询结果的字段中,在 WHERE 条件表达式中应用较少,具体如表 6-1 所示。

表 6-1 算术运算符

运算符	描述	示例	运算符	描述	示例
+	加运算	SELECT 5+2;	/	除运算	SELECT 5/2;
-	减运算	SELECT 5-2;	%	取模运算	SELECT 5%2;
*	乘运算	SELECT 5 *2;			

在表 6-1 中，运算符两端的数据可以是真实的数据（如 5），或者数据表中的字段（如 price），而参与运算的数据一般称为操作数，操作数与运算符组合在一起统称为表达式（如 5+2）。另外，在 MySQL 中可以直接利用 SELECT 查看数据的运算结果，如表 6-1 中的示例。

算术运算符的使用看似简单，但是在实际应用时还有几点需要注意。为了让读者更好的理解，通过案例的方式一一进行演示。

1. 加减乘法运算

在 MySQL 中，若运算符 "+" 和 " * " 的操作数都是整型，则运算结果也是整型。例如，学生表 xs 中的总学分字段就是整型，下面对 xs 表中前 5 条记录的总学分进行加 1、减 1 及乘 2 操作。具体的 SQL 语句及执行结果如下。

```
mysql> SELECT '总学分','总学分' + 1,'总学分' - 1,'总学分' * 2
FROM xs LIMIT 5;
+--------+-----------+-----------+-----------+
|总学分  |总学分 + 1 |总学分 - 1 |总学分 * 2 |
+--------+-----------+-----------+-----------+
| 50     | 51        | 49        | 100       |
| 50     | 51        | 49        | 100       |
| 50     | 51        | 49        | 100       |
| 50     | 51        | 49        | 100       |
| 50     | 51        | 49        | 100       |
+--------+-----------+-----------+-----------+
5 rows in set
```

从上述执行结果可知，xs 表中的"总学分"列对应的值都为 50，然后在此基础上实现了总学分 + 1、总学分 - 1 和总学分 * 2 的运算，运算结果依然都为整型。

2. 含有精度的运算

算术运算除了可以对整数运算外，还可以对浮点数进行运算。在对浮点数进行加减运算时，运算结果中的精度（小数点后的位数）等于参与运算的操作数的最大精度。如 1.2 + 1.400，1.400 的精度最大为 3，则运算结果的精度就为 3。在对浮点数进行乘法运算时，运算结果的精度，以参与运算的操作数的精度和为准。上例中运算结果的精度为 4（1 + 3）。

下面查询 xs_kc 表中每门课程的平均成绩，具体的 SQL 语句及执行结果如下。

```
mysql> SELECT '课程号', AVG('成绩' / 10.0) AS '平均成绩'
FROM xs_kc
GROUP BY '课程号';
+--------+------------+
|课程号  |平均成绩    |
+--------+------------+
| 101    | 7.865      |
| 102    | 7.7        |
| 206    | 7.55454545 |
+--------+------------+
3 rows in set
```

3. "/" 运算

"/" 运算符在 MySQL 中用于除法操作,且运算结果使用浮点数表示,浮点数的精度等于被除数("/" 运算符左侧的操作数)的精度加上系统变量 div_precision_increment 设置的除法精度增长值,读者可通过以下 SQL 语句查找其默认值。

```
mysql> SHOW VARIABLES LIKE 'div_precision_increment';
+-------------------------+-------+
| Variable_name           | Value |
+-------------------------+-------+
| div_precision_increment | 4     |
+-------------------------+-------+
1 row in set
```

从上述的执行结果可知,div_precision_increment 的默认值为 4。

例如,假设每修够 N 学时,能够获取 1 学分,即计算每学分平均学时。具体的 SQL 语句及执行结果如下。

```
mysql> SELECT '课程号','课程名','学时' / '学分' AS '每学分平均学时' FROM 'kc';
+--------+----------------+----------------+
| 课程号 | 课程名         | 每学分平均学时 |
+--------+----------------+----------------+
| 101    | 计算机基础     | 16             |
| 102    | 程序设计与语言 | 17             |
| 206    | 离散数学       | 17             |
| 208    | 数据结构       | 17             |
| 209    | 操作系统       | 17             |
| 210    | 计算机原理     | 17             |
| 212    | 数据库原理     | 17             |
| 301    | 计算机网络     | 17             |
| 302    | 软件工程       | 17             |
+--------+----------------+----------------+
9 rows in set
```

在上述语句中,首先从 kc 表中获取课程号、课程名、学时和学分,然后再利用除法运算符计算每学分平均学时。

值得一提的是,除法运算中除数如果为 0,则系统显示的执行结果为 NULL。

4. NULL 参与算术运算

在算术运算中,NULL 是一个特殊的值,它参与的算术运算结果均为 NULL。例如,使用 NULL 参与加减乘除运算,具体的 SQL 语句及执行结果如下。

```
mysql> SELECT SUM(IFNULL('成绩', 0)) AS '总成绩'
    -> FROM xs_kc;
+--------+
| 总成绩 |
```

```
+---------+
| 3251    |
+---------+
1 row in set
```

总成绩求和,如果存在 NULL 值,则将被忽略。

5. DIV 与 MOD 运算符

在 MySQL 中,运算符 DIV 与 MOD 都能实现除法运算,区别在于前者的除法运算结果会去掉小数部分,只返回整数部分。假设有一个情景需要将学分分为整数部分和模数部分,这里仅为演示,具体的 SQL 语句及执行结果如下。

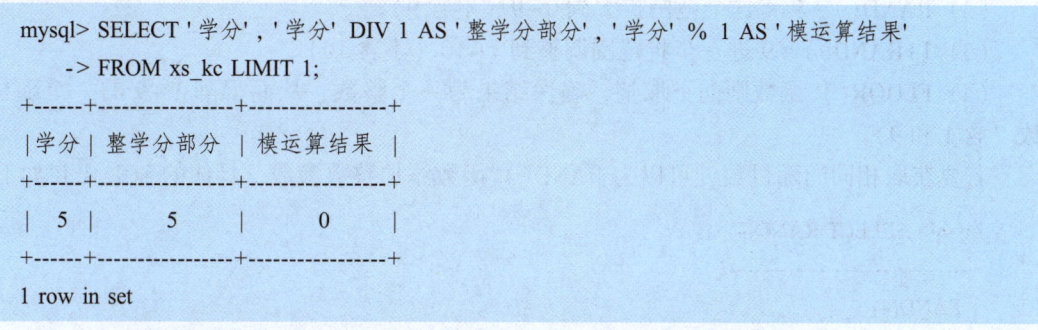

```
mysql> SELECT '学分', '学分' DIV 1 AS '整学分部分', '学分' % 1 AS '模运算结果'
    -> FROM xs_kc LIMIT 1;
+------+------------+------------+
|学分  | 整学分部分 | 模运算结果 |
+------+------------+------------+
|  5   |     5      |     0      |
+------+------------+------------+
1 row in set
```

注意,这里的%操作在 SQL 中用于取模,仅取一条记录演示。

关于算术运算,除了上面讲解的算术运算符外,MySQL 中还提供了很多进行数学运算的函数,常用的如表 6-2 所示。

表 6-2 常用数学函数

运算符	描述
CEIL(x)	返回大于或等于 x 的最小整数
FLOOR(x)	返回小于或等于 x 的最大整数
FORMAT(x,y)	返回小数点后保留 y 位的 x(进行四舍五入)
ROUND(x)	计算离 x 最近的整数;若设置参数 y,与 FORMAT(x,y) 功能相同
TRUNCATE(x,y)	返回小数点后保留 y 位的 x(舍弃多余小数位,不进行四舍五入)
ABS(x)	获取 x 的绝对值
MOD(x,y)	求模运算,与 $x\%y$ 的功能相同
PI()	计算圆周率
SQRT(x)	求 x 的平方根
POW(x,y)	幂运算函数,计算 x 的 y 次方,与 POWER(x,y) 功能相同
RAND()	默认返回 0~1 之间的随机数,包括 0 和 1

在表 6-2 中,RAND() 函数用于返回 0~1 的随机数,若要获取指定区间(min≤num≤max)内的随机数时,使用表达式 FLOOR(min+RAND()*(max-min)) 获取。

例如,获取大于或等于 1 且小于 10 的任意一个随机整数,具体的 SQL 语句如下。

```
mysql> SELECT FLOOR(1 + RAND() * 9) AS '随机整数';
+----------+
|随机整数 |
+----------+
|    8     |
+----------+
1 row in set
```

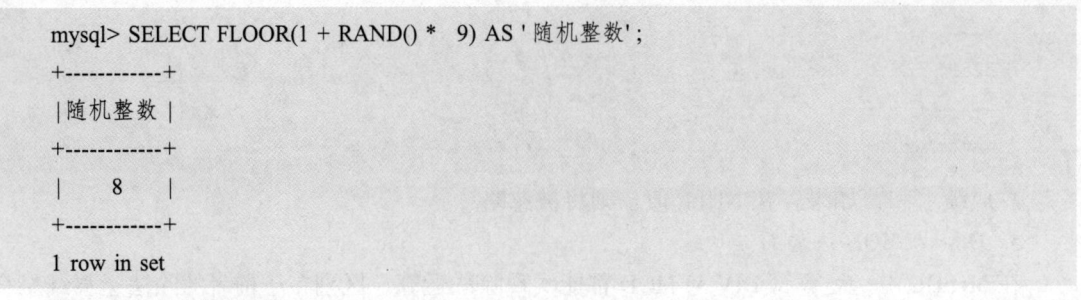

这里的工作原理如下。

（1） RAND( ) 函数生成 0~1 的一个随机浮点数。

（2） RAND( )*9 将这个范围扩大到 0~9（不含9）。

（3） 1+RAND( )*9 进一步将范围调整到 1~10（不含10）。

（4） FLOOR( ) 函数则向下取整，确保结果为一个整数，从而得到 1~9 的一个随机整数（含1和9）。

若要获取相同的随机数，可以为 RAND( ) 函数添加整数参数，具体的 SQL 语句如下。

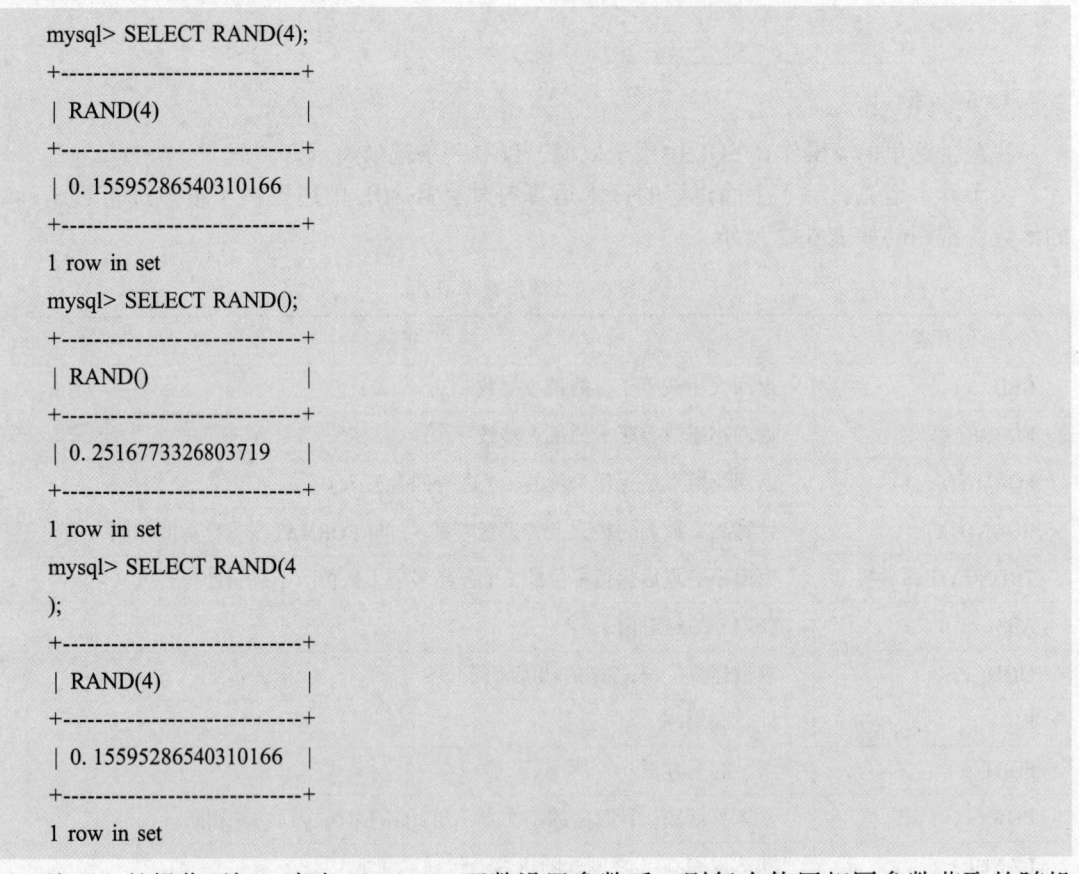

```
mysql> SELECT RAND(4);
+---------------------+
| RAND(4)             |
+---------------------+
| 0.155952865403101666|
+---------------------+
1 row in set
mysql> SELECT RAND();
+---------------------+
| RAND()              |
+---------------------+
| 0.2516773326803719  |
+---------------------+
1 row in set
mysql> SELECT RAND(4
);
+---------------------+
| RAND(4)             |
+---------------------+
| 0.15595286540310166 |
+---------------------+
1 row in set
```

从以上的操作可知，当为 RAND( ) 函数设置参数后，则每次使用相同参数获取的随机值是固定的。值得一提的是，RAND( ) 函数还可与 ORDER BY 子语句结合使用，用于随机获取指定的数据。例如，随机获取某一课程分类下的所有课程。具体的 SQL 语句及执行结果如下。

```
mysql> SELECT *  FROM kc
    -> ORDER BY RAND();
+----------+------------------+----------+--------+--------+
|课程号    |课程名            |开课学期  |学时    |学分    |
+----------+------------------+----------+--------+--------+
| 208      |数据结构          |    5     |  68    |   4    |
| 301      |计算机网络        |    7     |  51    |   3    |
| 206      |离散数学          |    4     |  68    |   4    |
| 210      |计算机原理        |    5     |  85    |   5    |
| 209      |操作系统          |    6     |  68    |   4    |
| 302      |软件工程          |    7     |  51    |   3    |
| 102      |程序设计与语言    |    2     |  68    |   4    |
| 101      |计算机基础        |    1     |  80    |   5    |
| 212      |数据库原理        |    7     |  68    |   4    |
+----------+------------------+----------+--------+--------+
9 rows in set
```

上面的 SQL 语句会从 kc 表中选出所有列，并通过 RAND( ) 函数产生一个随机值，用于对查询结果进行随机排序，每次执行该查询时，课程记录的顺序都会有所不同。

6.1.2 比较运算符

比较运算符是 MySQL 常用运算符之一，通常应用在条件表达式中对结果进行限定。MySQL 中比较运算符的结果值有 3 种，分别为 1（TRUE，表示为真）、0（FALSE，表示为假）或 NULL。具体如表 6-3 所示。

表 6-3 比较运算符

运算符	描述
=	用于相等比较
<=>	可以进行 NULL 值比较的相等运算符
>	表示大于比较
<	表示小于比较
>=	表示大于或等于比较
<=	表示小于或等于比较
<>、!=	表示不等于比较
BETWEEN…AND…	比较一个数据是否在指定的闭区间范围内，若在则返回 1，若不在则返回 0
NOT BETWEEN…AND…	比较一个数据是否不在指定的闭区间范围内，若不在则返回 1，若在则返回 0
IS	比较一个数据是否是 TRUE、FALSE 或 UNKNOWN，若是则返回 1，否则返回 0

续表

运算符	描述
IS NOT	比较一个数据是否不是 TRUE、FALSE 或 UNKNOWN，若不是则返回 1，否则返回 0
IS NULL	比较一个数据是否是 NULL，若是则返回 1，否则返回 0
IS NOT NULL	比较一个数据是否不是 NULL，若不是则返回 1，否则返回 0
LIKE 匹配模式	获取匹配到的数据
NOT LIKE 匹配模式	获取匹配不到的数据

比较运算符的使用看似简单，但是在实际应用时还有几点需要注意。为了让读者更好的理解，下面通过案例的方式一一进行演示。

1. 数据类型自动转换

表 6-3 中的所有运算符都可以对数字和字符串进行比较，若参与比较的操作数的数据类型不同，则 MySQL 会自动将其转换为同类型的数据后再进行比较。具体的 SQL 语句及运算结果如下。

```
mysql> SELECT 5 >= '5', 3.0 <> 3;
+---------+---------+
| 5 >= '5'| 3.0 <> 3|
+---------+---------+
|       1 |       0 |
+---------+---------+
1 row in set
```

从以上执行结果可知，整数 5 与字符型 5 在比较时首先转换成相同类型，然后再比较 5 大于或等于 5，因此结果为 1（表示真）。同理，3.0 与 3 进行不相等的比较，当操作数不相等时，返回 1，相等返回 0（表示假）。

2. 比较结果为 NULL

MySQL 中比较运算符"="">""<"">=""<=""<>""！="在与 NULL 进行比较时，结果均为 NULL。具体的 SQL 语句及执行结果如下。

```
mysql> SELECT 0 = NULL, NULL < 1, NULL <> 2;
+---------+---------+---------+
| 0 = NULL| NULL < 1| NULL <> 2|
+---------+---------+---------+
| NULL    | NULL    | NULL    |
+---------+---------+---------+
1 row in set
```

从上述的执行结果可知，当操作数为 NULL 时，运算符"=""<"和"<>"的执行结果均为 NULL。读者可按以上方式测试其他运算符的比较结果为 NULL 的情况，这里不再演示。

3. "="与"< = >"的区别

在 MySQL 中运算符"="与"< = >"均可以用于比较数据是否相等,两者的区别在于后者可以对 NULL 值进行比较。具体的 SQL 语句及执行结果如下。

```
mysql> SELECT NULL = NULL, NULL = 1, NULL <=> NULL, NULL <=> 1;
+-------------+----------+--------------+------------+
| NULL = NULL | NULL = 1 | NULL <=> NULL | NULL <=> 1 |
+-------------+----------+--------------+------------+
| NULL        | NULL     |      1       |     0      |
+-------------+----------+--------------+------------+
1 row in set
```

从上述执行结果可知,运算符"< = >"在比较两个 NULL 是否相等时返回值为 1,比较 NULL 与 1 是否相等时返回 0,而运算符"="的返回结果全部为 NULL。

4. BETWEEN…AND…

在条件表达式中若需要对指定区间的数据进行判断时,可使用运算符 BETWEEN…AND…实现,基本语法格式如下。

```
BETWEEN 条件1 AND 条件2;
```

上述语法用于表示条件 1 到条件 2 之间的范围(包含条件 1 和条件 2),并且在设置时,条件 1 必须小于或等于条件 2。例如,获取 xs_kc 表中成绩在 60~80 分的学生的学号、课程号和成绩。具体的 SQL 语句及执行结果如下。

```
mysql> SELECT '学号', '课程号', '成绩' FROM xs_kc
    -> WHERE '成绩' BETWEEN 60 AND 80;
+--------+--------+------+
| 学号   | 课程号 | 成绩 |
+--------+--------+------+
| 081101 | 101    | 80   |
| 081101 | 102    | 78   |
| 081101 | 206    | 76   |
| 081102 | 102    | 78   |
| 081102 | 206    | 78   |
| 081103 | 101    | 62   |
| 081103 | 102    | 70   |
| 081104 | 206    | 65   |
| 081106 | 101    | 65   |
| 081106 | 102    | 71   |
| 081107 | 101    | 78   |
| 081107 | 102    | 80   |
| 081107 | 206    | 68   |
| 081108 | 102    | 64   |
| 081109 | 101    | 66   |
| 081109 | 206    | 70   |
```

```
| 081111 | 102 |   70 |
| 081111 | 206 |   76 |
| 081113 | 101 |   63 |
| 081113 | 102 |   79 |
| 081113 | 206 |   60 |
| 081201 | 101 |   80 |
| 081202 | 101 |   65 |
| 081210 | 101 |   76 |
| 081218 | 101 |   70 |
| 081221 | 101 |   76 |
+--------+-----+------+
26 rows in set
```

从上述执行结果可知,成绩等于 60 和 80 的学生也包含在 "BETWEEN 60 AND 80" 指定的区间范围内。

值得一提的是,运算符 NOT BETWEEN…AND…的使用方式与运算符 BETWEEN…AND…相同,但是表示的含义正好相反。例如,使用运算符 NOT BETWEEN…AND…修改上述示例。具体的 SQL 语句及执行结果如下。

```
mysql> SELECT '学号','课程号','成绩' FROM xs_kc
    -> WHERE '成绩' NOT BETWEEN 60 AND 80;
+--------+--------+------+
| 学号   | 课程号 | 成绩 |
+--------+--------+------+
| 081103 | 206    |   81 |
| 081104 | 101    |   90 |
| 081104 | 102    |   84 |
| 081106 | 206    |   81 |
| 081108 | 101    |   85 |
| 081108 | 206    |   87 |
| 081109 | 102    |   83 |
| 081110 | 101    |   95 |
| 081110 | 102    |   90 |
| 081110 | 206    |   89 |
| 081111 | 101    |   91 |
| 081203 | 101    |   87 |
| 081204 | 101    |   91 |
| 081216 | 101    |   81 |
| 081220 | 101    |   82 |
| 081241 | 101    |   90 |
+--------+--------+------+
16 rows in set
```

从上述执行结果可知，使用运算符表达式"NOT BETWEEN 60 AND 80"可获取成绩不在 60~80 范围内的所有学生。

5. IS NULL 与 IS NOT NULL

在条件表达式中若需要判断字段是否为 NULL，可以使用 MySQL 专门提供的运算符 IS NULL 或 IS NOT NULL。例如，获取 xs 表中备注不为空且学分最高的两个学生学号、姓名、总学分和备注。具体的 SQL 语句及执行结果如下。

```
mysql> SELECT '学号','姓名','总学分','备注' FROM xs
    -> WHERE '备注' IS NOT NULL
    -> ORDER BY '总学分' DESC LIMIT 2;
+--------+--------+--------+----------------------------+
|学号    |姓名    |总学分  |备注                        |
+--------+--------+--------+----------------------------+
| 081107 |李明    | 54     |提前修完数据结构,并获学分   |
| 081108 |林一帆  | 52     |已提前修完一门课            |
+--------+--------+--------+----------------------------+
2 rows inset
```

从上述 SQL 语句可知，判断哪个字段不为空，只需在 IS NOT NULL 前添加对应的字段名即可。同理，运算符 IS NULL 与 IS NOT NULL 的使用方式相同，用于判断字段为空。

6. LIKE 与 NOT LIKE

运算符 LIKE 在前面学习查看数据表时已讲解，它的作用就是模糊匹配，NOT LIKE 的使用方式与之相同，用于获取匹配不到的数据。

例如，在 xs 表中，获取学生姓名中含有"林"的学号、姓名、总学分和备注。具体的 SQL 语句及执行结果如下。

```
mysql> SELECT '学号','姓名','总学分','备注' FROM xs
    -> WHERE '姓名' LIKE '%林%';
+--------+--------+--------+----------------------+
|学号    |姓名    |总学分  |备注                  |
+--------+--------+--------+----------------------+
| 081101 |王林    | 50     | NULL                 |
| 081108 |林一帆  | 52     |已提前修完一门课      |
| 081202 |王林    | 40     |有一门课不及格,待补考 |
| 081241 |罗林琳  | 50     |转专业学习            |
+--------+--------+--------+----------------------+
4 rows in set
```

在上述 SQL 语句中，匹配模式符"%"可以匹配任意 0 个到多个字符，因此执行结果为 4 条记录；若将其修改为表示匹配任意 1 个字符，上述示例的执行结果就为空，没有符合要求的记录。因此，读者在使用时需根据实际的需求选择使用哪种匹配模式符。

▶▶多学一招：正则匹配查询

MySQL 中查询数据时，除了可以使用运算符 LIKE 实现模糊查询，还可以利用 REGEXP

关键字指定正则匹配模式轻松完成更为复杂的查询。其中，正则表达式的语法与其他编程语言相同，读者可自行查看相关的资料进行学习，这里不再赘述。

例如，获取 xs 表中描述字段内含有"不及格"或"补考"词语的学号、姓名和备注字段内容，具体的 SQL 语句及执行结果如下。

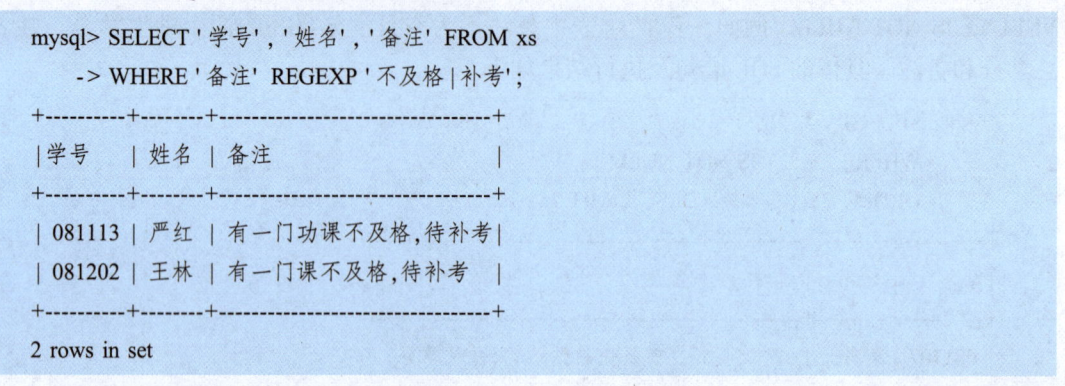

```
mysql> SELECT '学号','姓名','备注' FROM xs
    -> WHERE '备注' REGEXP '不及格|补考';
+--------+------+---------------------+
|学号    |姓名  |备注                 |
+--------+------+---------------------+
|081113  |严红  |有一门功课不及格,待补考|
|081202  |王林  |有一门课不及格,待补考  |
+--------+------+---------------------+
2 rows in set
```

在上述 SQL 语句中，REGEXP 关键字用于标识正则匹配，"人|必备"为正则匹配模式。其中，符号"|"在正则中表示分隔符，用于分隔多种条件，在匹配时只要指定字段满足分隔符左右两边条件中的一个，就表示匹配成功。

关于比较运算，除了上面讲解的比较运算符外，MySQL 中还提供了很多进行比较运算的函数，常用的如表 6-4 所示。

表 6-4　比较函数

函数	描述
IN()	比较一个值是否在一组给定的集合内
NOT IN()	比较一个值是否不在一组给定的集合内
GREATEST()	返回最大的一个参数值，至少两个参数
LEAST()	返回最小的一个参数值，至少两个参数
ISNULL()	测试参数是否为空
COALESCE()	返回第一个非空参数
INTERVAL()	返回小于第一个参数的参数索引
STRCMP()	比较两个字符串

在表 6-4 中，函数 GREATEST() 和 LEAST() 的参数至少有两个，用于比较后返回一个最大或最小的参数值。函数 IN() 只要比较的字段或数据在给定的集合内，那么比较结果就为真，函数 NOT IN() 正好与 IN() 的功能相反。

为了读者更好的理解，下面获取 xs 表中学分为 54 或 50 的学号、姓名和总学分。具体的 SQL 语句及执行结果如下。

```
mysql> SELECT '学号','姓名','总学分' FROM xs
    -> WHERE '总学分' IN(54,50);
```

```
+--------+--------+--------+
|学号    |姓名    |总学分  |
+--------+--------+--------+
| 081101 | 王林   |   50   |
| 081102 | 程明   |   50   |
| 081103 | 王燕   |   50   |
| 081104 | 韦严平 |   50   |
| 081106 | 李方方 |   50   |
| 081107 | 李明   |   54   |
| 081109 | 张强民 |   50   |
| 081110 | 张蔚   |   50   |
| 081111 | 赵琳   |   50   |
| 081241 | 罗林琳 |   50   |
+--------+--------+--------+
10 rows in set
```

从上述执行结果可知，总学分只要符合 IN() 函数给定的集合（54，50）中的任意一个值，那么比较结果就都为真。

6.1.3 逻辑运算符

逻辑运算符也是 MySQL 常用运算符之一，通常应用在条件表达式中的逻辑判断，与比较运算符结合使用。参与逻辑运算的操作数及逻辑判断的结果只有 3 种，分别为 1（TRUE，表示为真）、0（FALSE，表示为假）或 NULL，具体如表 6-5 所示。

表 6-5 逻辑运算符

运算符	描述
AND 或 &&	逻辑与。操作数全部为真，则结果为 1；否则为 0
OR 或 ||	逻辑或。操作数中只要有一个为真，则结果为 1；否则为 0
NOT 或 !	逻辑非。操作数为 0，则结果为 1；操作数为 1，则结果为 0
XOR	逻辑异或。操作数一个为真，一个为假，则结果为 1；若操作数全部为真或全部为假，则结果为 0

在表 6-5 中，仅有逻辑非（NOT 或 "!"）是一元运算符，其余均为二元运算符。另外，NOT 和 "!" 虽然功能相同，但是在一个表达式中同时出现时，先运算 "!"，再运算 NOT。

为让读者更好的理解，下面通过案例的方式演示逻辑运算符的使用及其注意事项。

1. 逻辑与

查询 xs 表中备注包含"提前修完"的总学分高于 50 分的学生信息。具体的 SQL 语句及执行结果如下。

```
mysql> SELECT '学号','姓名','总学分','备注' FROM xs
    -> WHERE '备注' LIKE '%提前修完%' && '总学分' > 50;
+--------+--------+--------+----------------------------+
|学号    |姓名    |总学分  |备注                        |
+--------+--------+--------+----------------------------+
|081107  |李明    |  54    |提前修完数据结构,并获学分   |
|081108  |林一帆  |  52    |已提前修完一门课            |
+--------+--------+--------+----------------------------+
2 rows in set
```

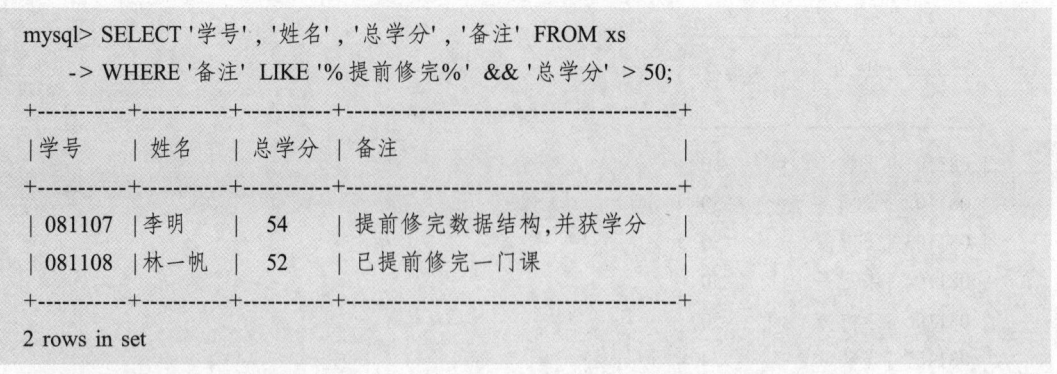

在上述 SQL 语句中，只有 xs 表中的备注包含"提前修完"并且总学分大于 50 的记录才会被查询出来。

值得一提的是，在开发时，若使用"&&"连接多个相等比较的条件时，可以使用 $(a, b) = (x, y)$ 的方式简化条件表达式（$a = x$ && $b = y$）的书写。具体 SQL 语句如下所示。

```
mysql> SELECT '学号','姓名','总学分','备注' FROM xs
    -> WHERE ('备注','总学分') = ('三好生', 50);
+--------+--------+--------+--------+
|学号    |姓名    |总学分  |备注    |
+--------+--------+--------+--------+
|081110  |张蔚    |  50    |三好生  |
+--------+--------+--------+--------+
1 row in set
```

另外，在进行逻辑与操作时，若操作数中含有 NULL，而另一个操作数若为 1（真），则结果为 NULL；若另一个操作数为 0（假），则结果为 0。具体的 SQL 语句如下。

```
mysql> SELECT 1&&NULL, NULL&&1, 0&&NULL, NULL&&0;
+---------+---------+---------+---------+
|1&&NULL  |NULL&&1  |0&&NULL  |NULL&&0  |
+---------+---------+---------+---------+
|NULL     |NULL     |   0     |   0     |
+---------+---------+---------+---------+
1 row in set
```

2. 逻辑或

查询 xs 表中的备注包含"提前修完"或总学分低于 50 分的学生信息。具体的 SQL 语句及执行结果如下。

```
mysql> SELECT '学号','姓名','总学分','备注' FROM xs
    -> WHERE '备注' LIKE '%提前修完%' || '总学分' < 50;
+--------+--------+--------+----------------------------+
|学号    |姓名    |总学分  |备注                        |
+--------+--------+--------+----------------------------+
|081107  |李明    |  54    |提前修完数据结构,并获学分   |
|081108  |林一帆  |  52    |已提前修完一门课            |
```

```
| 081113 | 严红    | 48 | 有一门功课不及格,待补考      |
| 081201 | 王敏    | 42 | NULL                         |
| 081202 | 王林    | 40 | 有一门课不及格,待补考        |
| 081203 | 王玉民  | 42 | NULL                         |
| 081204 | 马琳琳  | 42 | NULL                         |
| 081206 | 李计    | 42 | NULL                         |
| 081210 | 李红庆  | 44 | 已提前修完一门课,并获得学分 |
| 081216 | 孙祥欣  | 42 | NULL                         |
| 081218 | 孙研    | 42 | NULL                         |
| 081220 | 吴薇华  | 42 | NULL                         |
| 081221 | 刘燕敏  | 42 | NULL                         |
+--------+---------+----+------------------------------+
13 rows in set
```

另外,在进行逻辑或操作时,若操作数中含有 NULL,而另一个操作数若为 1(真),则结果为 1;若另一个操作数为 0(假),则结果为 NULL。具体的 SQL 语句如下。

```
mysql> SELECT 1||NULL, NULL||1, 0||NULL, NULL||0;
+---------+---------+---------+---------+
| 1||NULL | NULL||1 | 0||NULL | NULL||0 |
+---------+---------+---------+---------+
|       1 |       1 |   NULL  |   NULL  |
+---------+---------+---------+---------+
1 row in set
```

3. 逻辑非

逻辑非的操作数仅有一个,当操作数为 0(假)时,则运算结果为 1;当操作数为 1(真)时,则运算结果为 0;当操作数为 NULL 时,则运算结果为 NULL。具体的 SQL 语句及执行结果如下。

```
mysql> SELECT NOT 10, NOT 0, NOT NULL, NOT 0 + ! 0, ! 0 + ! 0;
+--------+-------+----------+-------------+-----------+
| NOT 10 | NOT 0 | NOT NULL | NOT 0 + ! 0 | ! 0 + ! 0 |
+--------+-------+----------+-------------+-----------+
|      0 |     1 |   NULL   |           0 |         2 |
+--------+-------+----------+-------------+-----------+
1 row in set
```

上述 SQL 语句中,逻辑非运算符"!"的优先级别最高,其次为算术运算符"+",优先级别最低的为 NOT。因此,表达式"NOT 0+!0",首先计算"!0",结果为 1,然后计算"0+1",结果为 1,最后计算"NOT 1",得到结果为 0。而表达式"!0+!0",首先计算"!0",结果为 1,然后计算"1+1",得到结果为 2。因此,读者在进行逻辑非运算时,要根据实际需求正确选择使用"!"或 NOT。

4. 逻辑异或

逻辑异或操作,表示若两个操作数同时都为 1 或 0,则结果为 0;若两个操作数一个为 1,

一个为 0，则结果为 1；若操作数为 NULL，则结果为 NULL。具体的 SQL 语句及执行结果如下。

```
mysql> SELECT 1 XOR 2,0 XOR 0,0 XOR 2, NULL XOR 2;
+---------+---------+---------+------------+
| 1 XOR 2 | 0 XOR 0 | 0 XOR 2 | NULL XOR 2 |
+---------+---------+---------+------------+
|    0    |    0    |    1    |    NULL    |
+---------+---------+---------+------------+
1 row in set
```

6.1.4 赋值运算符

MySQL 中"="是一个比较特殊的运算符，既可以用于比较数据是否相等，又可以表示赋值。因此，MySQL 为了避免系统分不清楚运算符"="是表示赋值还是表示比较的含义，特意增加一个符号"：="用于表示赋值运算。

例如，查看 xs 表中总学分为 54 的学生信息，具体的 SQL 语句及执行结果如下。

```
mysql> SELECT '学号','姓名','总学分' FROM xs
    -> WHERE '总学分' = 54;
+--------+------+--------+
|学号    |姓名  |总学分  |
+--------+------+--------+
|081107  |李明  |   54   |
+--------+------+--------+
1 row in set
```

在上述 SQL 语句中，关键字 WHERE 后的运算符"="用于比较 xs 表中总学分字段的值是否与 54 相等，若相等，则返回查询的记录。

接下来，将 xs 表中总学分等于 54 的学生对应的备注修改为"提前修完数据库原理，并获学分"。具体的 SQL 语句。

```
UPDATE xs SET '备注' = '提前修完数据库原理,并获学分' WHERE '总学分' = 54;
```

在上述 UPDATE 语句中，"'备注'='提前修完数据库原理，并获学分'"中的运算符"="表示赋值的含义，将符合 WHERE 比较条件的记录对应的备注字段值设置为'提前修完数据库原理，并获学分'。因此，"="可使用 MySQL 提供的专门用于赋值的运算符"：="代替，修改后的 SQL 语句如下。

```
UPDATE xs SET '备注' := '提前修完数据库原理,并获学分' WHERE '总学分' =54;
```

值得一提的是，在 MySQL 中，语句 INSERT…SET 和 UPDATE…SET 中出现的运算符"="都会被认为是赋值运算符。因此，建议除此之外的其他情况，若需要赋值运算符，推荐使用"：="，如为变量赋值。

6.1.5 位运算符

位运算符是针对二进制数的每一位进行运算的符号，运算的结果类型为 BIGINT，最大长度可以是 64 位。具体如表 6-6 所示。

表 6-6 位运算符

运算符	描述	示例
&	按位与	SELECT b'1001'& b'1011'；结果为 9
|	按位或	SELECT b'1001' | b'1011'；结果为 11
^	按位异或	SELECT b'1001'^ b'1011'；结果为 2
<<	按位左移	SELECT b'1001'<<2；结果为 36
>>	按位右移	SELECT b'1001'>>2；结果为 2
~	按位取反	SELECT~b'1001' & b'1011'；结果为 2

关于位运算，除了上面讲解的位运算符外，MySQL 中还提供了进行位运算的函数，常用的如表 6-7 所示。

表 6-7 位运算相关函数

函数	描述	示例
BIT_COUNT(N)	返回在参数 N 中设置的比特位（二进制位为 1）的数量	SELECT BIT_COUNT(b'1011,)；结果为 3
BIT_AND()	按位返回与的结果	SELECT BIT_AND(bl) FROM btable；结果为 0
BIT_OR()	按位返回或的结果	SELECT BIT_OR(bl) FROM btable；结果为 7
BIT_XOR()	按位返回异或的结果	SELECT BIT_X()R(bl) FROM btable；结果为 5

6.1.6 运算符优先级

运算符优先级可以理解为运算符在一个表达式中参与运算的先后顺序，优先级别越高，则越早参与运算；优先级别越低，则越晚参与运算。下面列出了 MySQL 中所有运算符从高到低的优先级，如表 6-8 所示。

表 6-8 运算符优先级从高到低排序

运算符
INTERVAL
BINARY、COLLATE
!
-（一元，负号）、~（一元，按位取反）
^
*、/、DIV、%、MOD
-（相减运算符号）、+
<<、>>

续表

运算符
&
|
=（比较运算符）、<=>、>=、>、<=、<、<>、! =、IS、LIKE、REGEXP、IN
BETWEEN、CASE、WHEN、THEN、ELSE
NOT
AND、&&
XOR
OR、||
=（赋值运算符）、:=

在表 6-8 中，同一行的运算符具有相同的优先级，除赋值运算符从右到左运算外，其余相同级别的运算符，在同一个表达式中出现时，运算的顺序为从左到右依次进行。

除此之外，若要提升运算符的优先级别，可以使用圆括号"（ ）"，当表达式中同时出现多个圆括号时，最内层的圆括号中的表达式优先级最高。具体的 SQL 语句及执行结果如下。

```
mysql> SELECT 2+3* 5,
    (2+3)* 5;
+----------+------------+
| 2+3* 5   | (2+3)* 5   |
+----------+------------+
|    17    |     25     |
+----------+------------+
1 row in set
```

在上述 SQL 语句中，表达式"2+3 * 5"首先按运算符的优先级，计算乘法，然后再计算加法，因此结果为 17；而表达式"（2+3）* 5"则先计算圆括号内的加法，然后再计算乘法，因此结果为 25。

在实际开发中，为复杂的表达式适当地添加圆括号，让编写的 SQL 语句更为清楚，避免因不清楚运算符优先级顺序而导致计算出现问题。

6.2 索　引

在现实生活中，为了方便快速地在书籍中找到待查找的内容，都会在书籍的开始添加一个目录，让用户可根据目录的内容与指定的页数快速定位到要查看的内容。同样地，为了快速在大量数据中找到指定的数据，可以使用 MySQL 提供的索引功能，让用户在执行查询操作时可以根据字段中建立的索引，快速地定位到具体位置。本节将对索引的分类、基本的操作及使用原则进行详细讲解。

6.2.1 索引概述

索引是一种特殊的数据结构，可以看作是利用 MySQL 提供的语法将数据表中的某个或某些字段与记录的位置建立一个对应的关系，并按照一定的顺序排序好，类似于书籍中的目录，目的就是为了快速定位指定数据的位置。

根据索引实现语法的不同，MySQL 中常见的索引大致可以分为 5 种，具体描述如下。

（1）普通索引：是 MySQL 中的基本索引类型，使用 KEY 或 INDEX 定义，不需要添加任何限制条件，作用是加快对数据的访问速度。

（2）唯一性索引：由 UNIQUE INDEX 定义，创建唯一性索引的字段需要添加唯一性约束，用于防止用户添加重复的值。

（3）主键索引：由 PRIMARY KEY 定义的一种特殊的唯一性索引，用于根据主键自身的唯一性标识每条记录，防止添加主键索引的字段值重复或为 NULL。另外，若在 InnoDB 表中数据保存的顺序与主键索引字段的顺序一致时，可将这种主键索引称为聚簇索引。一般聚簇索引指的都是表的主键，因此，一张数据表中只能有一个聚簇索引。

（4）全文索引：由 FULLTEXT INDEX 定义，用于根据查询字符提高数据量较大的字段查询速度。此索引在定义时字段类型必须是 CHAR、VARCHAR 或 TEXT 中的一种，在 MySQL 8.0 版本中，仅 MylSAM 和 InnoDB 存储引擎支持全文索引。

（5）空间索引：由 SPATIAL INDEX 定义在空间数据类型字段上的索引，提高系统获取空间数据的效率。其中，空间数据类型读者可参考手册。另外，在 MySQL 中仅有 MylSAM 和 InnoDB 存储引擎支持空间索引，还要保证创建索引的字段不能为空。

对于以上讲解的 5 种索引类型，根据创建索引的字段个数，还可以将它们分为单列索引和复合索引。单列索引指的是在表中单个字段上创建的索引，可以是普通索引、唯一索引、主键索引或全文索引，只要保证该索引对应表中一个字段即可。而复合索引则是在表的多个字段上创建一个索引，且只有在查询条件中使用了这些字段中的第一个字段时，该索引才会被使用。

值得一提的是，若创建的索引是从左开始截取数据表中字段值的一部分内容，这种索引可以统称为前缀索引。根据索引开始的部分字符，可以大大节约索引空间，提高索引的效率。形如在汉语词典中根据偏旁部首（类似前缀索引）查找汉字（要索引的数据）。

6.2.2 索引的基本操作

1. 创建索引

MySQL 中索引可以在创建数据表（CREATE TABLE）时或对已创建的数据表进行添加（ALTER TABLE 或 CREATE INDEX）。其中，向已创建的数据表添加索引时，CREATE INDEX 语句不能向数据表添加主键索引，可以使用 ALTER TABLE 语句实现。其基本语法格式如下。

```
#方式1:CREATE TABLE 创建数据表时添加索引
CREATE TABLE 数据表名(
字段名 数据类型 [约束条件]
PRIMARY KEY [索引类型]（字段列表）[索引选项],
{INDEX|KEY}[索引名称][索引类型]（字段列表）[索引选项],
```

```
UNIQUE [INDEX|KEY][索引名称][索引类型](字段列表)[索引选项],
{FULLTEXT | SPATIAL} [INDEX|KEY][索引名称](字段列表)[索引选项])[表选项];
#方式2：ALTER TABLE 向已创建的数据表添加索引
ALTER TABLE 数据表名
ADD PRIMARY KEY [索引类型](字段列表)[索引选项]
|ADD {INDEX|KEY} [索引名称][索引类型](字段列表)[索引选项]
|ADD UNIQUE [INDEX|KEY][索引名称][索引类型](字段列表)[索引选项]
|ADD FULLTEXT [INDEX|KEY][索引名称](字段列表)[索引选项]
|ADD SPATIAL [INDEX | KEY][索引名称](字段列表)[索引选项],…;
#方式3：CREATE INDEX 向已创建的数据表添加索引
CREATE [UNIQUE | FULLTEXT | SPATIAL] INDEX 索引名称
[索引类型] ON 数据表名(字段列表)[索引选项][算法选项|锁选项]
```

上述语法看似复杂，其实在使用时只需要确定 3 点即可，一是确定采用哪种方式创建索引，选择对应的语句；二是创建哪些索引；三是为各索引设置选项，具体如表 6-9 所示。其中，主键索引不能设置索引名称，其他索引的名称也可以省略，默认使用建立索引的字段表示，复合索引则使用第一个字段的名称作为索引名。

表 6-9 创建索引的选项设置

索引选项	语法
索引类型	USING {BTREE	HASH}
字段列表	字段[(长度)[ASC	DESC]]
索引选项	KEY_BLOCK_SIZE [=]值 | 索引类型 | WITH PARSER 解析器插件名 | COMMENT 描述信息
算法选项	ALGORITHM [=] {DEFAULT	INPLACE	COPY}
锁选项	LOCK [=] {DEFAULT	NONE	SHARED| EXCLUSIVE}

在上述索引选项中，只有字段列表是必选项，其余均为可选的。其中，索引选项中 KEY_BLOCK_SIZE 仅可在 MyISAM 存储引擎的表中使用，表示索引的大小（以字节为单位），WITH PARSER 能用于全文索引。此外，对于全文和空间索引不能设置索引类型，而索引类型在不同的存储引擎中也不相同，如 InnoDB 和 MyISAM 支持 Btree 索引，而 Memory 则同时支持 Btree 和 Hash 索引。

为了读者更好的理解，下面以 ALTER TABLE 语法为例在 xscj 数据库的表中演示各种索引的创建。具体内容如下。

（1）普通索引与主键索引。

```
mysql> ALTER TABLE xs ADD INDEX name_index ('姓名');
Query OK, 22 rows affected
Records: 22  Duplicates: 0  Warnings: 0
```

在上述语句中，INDEX 表示创建的索引为普通索引，name_index 表示为索引定义的名称，

'姓名'表示在 xs 表的姓名字段上创建的索引。索引创建完成后，可以利用前面学习过的 SHOW CREATE TABLE 语句查看指定表中创建的索引信息。具体 SQL 语句及执行结果如下。

```
mysql> SHOW CREATE TABLE xs;
| xs    | CREATE TABLE 'xs' (
  '学号' char(6) NOT NULL,
  '姓名' char(8) NOT NULL,
  '专业名' char(10) DEFAULT NULL,
  '性别' tinyint(1) NOT NULL DEFAULT 1 COMMENT '1 为男 0 为女',
  '出生时间' date NOT NULL,
  '总学分' tinyint(1) DEFAULT NULL,
  '照片' blob DEFAULT NULL,
  '备注' text DEFAULT NULL,
  PRIMARY KEY ('学号'),
  KEY 'name_index' ('姓名')
) ENGINE=MyISAM DEFAULT CHARSET=gb2312 |
1 row in set
```

从上述执行结果可知，KEY 后的 name_index 就是上面创建的普通索引，而 PRIMARY KEY 是在创建 xscj.xs 表时添加的主键约束，同时系统内部会自动为其创建主键索引，区别在于约束用于维护数据库完整性的规则，而索引则是为了方便对数据进行检索。除此之外，MySQL 还有唯一性约束（唯一性索引）、外键约束（外键索引），读者在设置时也要明确两者的区别。

（2）唯一性索引。唯一性索引可在表中同时创建多个，但是创建唯一性索引的字段值不能重复，否则会创建不成功。具体的 SQL 语句及执行结果如下。

```
mysql> ALTER TABLE xs
    -> ADD UNIQUE INDEX unique_index('学号');
Query OK, 22 rows affected
Records: 22  Duplicates: 0  Warnings: 0
```

在上述语句中，UNIQUE INDEX 用于为 xs 表的 id 字段设置唯一性索引。

（3）全文索引。全文索引的功能与 SQL 中模糊查询类似，在实现时不支持前缀索引，因此在设置时可以省略字段长度的设定。具体的 SQL 语句及执行结果如下。

```
mysql> ALTER TABLE xs
    -> ADD FULLTEXT INDEX ft_index ('备注');
Query OK, 22 rows affected
Records: 22  Duplicates: 0  Warnings: 0
```

按照以上的语法格式创建完成后，在查询数据时若想要使用全文索引，需采用 MySQL 提供的特定语法格式，具体如下。

```
MATCH (字段列表) AGAINST (字符串);
```

在上述语法格式中，字段列表与创建全文索引的列表相同，并且 MySQL 默认情况下仅可以对英文和数字进行检索，大小写不敏感。字符串指的就是要查找的内容，该内容必须是字段值中一个完整的单词或句子，不能是单词中的一部分，否则会查不到指定的内容，这可以看作是全文索引与 SQL 中模糊查询不同的地方。

例如，备注字段的值为"有一门功课不及格 待补考"，则字符串只有为"有一门功课不及格 待补考"或"有一门功课不及格待补考"中的一个时才会用全文索引。

（4）空间索引。在 MySQL 中，InnoDB 和 MyISAM 存储引擎都支持空间索引，但在创建时要保证索引字段不能为空。而 xs 表中没有空间数据类型的字段，下面在 xscj 数据库下创建一个测试表 cs_table，用于演示空间索引的创建，具体的 SQL 语句及执行结果如下。

```
#①创建数据表
ysql> CREATE TABLE xscj. cs_table (space GEOMETRY NOT NULL);
Query OK, 0 rows affected
#②添加空间索引
mysql> ALTER TABLE xscj. cs_table ADD SPATIAL INDEX(space);
Query OK, 0 rows affected
Records: 0   Duplicates: 0   Warnings: 0
```

在上述语句中，为 xscj. cs_table 表的 space 字段创建空间索引时，要保证该字段的数据类型必须为空间数据类型。其中，GEOMETRY 是具有层次结构的几何空间类型。

（5）单列索引与复合索引。单列索引就是仅对一个字段设定的索引，上面讲解的普通索引、主键索引、唯一性索引及全文索引都是单列索引，这里不再演示。

与之相对的是复合索引，即同时在多个字段上创建一个索引，多个字段的设置顺序要遵循"最左前缀原则"，也就是把最频繁使用的字段放在最左侧，然后以此类推。具体的 SQL 语句及执行结果如下。

```
mysql> ALTER TABLE xs ADD INDEX multi('姓名', '总学分');
Query OK, 22 rows affected
Records: 22   Duplicates: 0   Warnings: 0
```

在上述语句中，一个普通索引 multi 是复合索引的名称，而姓名和总学分字段是建立复合索引的字段。在查询时，只有第 1 个姓名字段被使用时，该复合索引才会被使用。

2. 查看索引

对于已经创建好的索引，除了以上使用的 SHOW CREATE TABLE 语句外，MySQL 还提供了其他几种方式查看与分析索引语句。其基本语法格式如下。

```
#语法1
SHOW {INDEXES | INDEX |KEYS} FROM 表名;
#语法2
{EXPLAIN | DESCRIBE | DESC}
{SELECT | DELETE | INSERT | REPLACE | UPDATE} statement
```

在上述语法中，语法 1 通常用于查看指定表中的索引信息，如索引名称、添加索引的字段、索引类型等。语法 2 通常用于分析执行的 SQL 语句，且 SQL 语句仅可以是以上语法中出现的 5 种。

此外，虽然对于 MySQL 而言，EXPLAIN、DESCRIBE 和 DESC 语句表示的含义相同，但是在实际应用中，通常使用 DESCRIBE 和 DESC 语句获取表结构相关的信息，EXPLAIN 语句用于获取执行查询的相关数据，如是否引用索引，可能用到的索引等。

为了让读者更好的理解，下面分别演示语法 1 和语法 2 的使用，具体如下。

（1）查询表中的所有索引信息。以查看 xs 表中的所有索引信息为例，具体的 SQL 语句及执行结果如下。

```
mysql> SHOW INDEX FROM xs\G
*************************** 1. row ***************************
        Table: xs
   Non_unique: 0
     Key_name: PRIMARY
 Seq_in_index: 1
  Column_name: 学号
    Collation: A
  Cardinality: 22
     Sub_part: NULL
       Packed: NULL
         Null:
   Index_type: BTREE
      Comment:
Index_comment:
以下省略 5 行记录
6 rows in set (0.00 sec)
```

上述执行结果共有 6 行记录，每行记录的字段相同，这里以第一行记录为例进行讲解，其中主要字段的含义如表 6-10 所示。

表 6-10 索引信息的描述字段

字段名	描述
Non_unique	索引是否可以重复，0 表示不可以，1 表示可以
Key_name	索引的名字，如果索引是主键索引，则它的名字为 PRIMARY
Seq_in_index	建立索引的字段序号值，默认从 1 开始
Column_name	建立索引的字段
Collation	索引字段是否有排序，A 表示排序，NULL 表示没有排序
Cardinality	计算 MySQL 连接时使用索引的可能性（精确度不高），值越大，可能性越高
Sub_part	前缀索引的长度，如 3；若字段值都被索引则为 NULL
Index_type	索引类型，可选值有 BTREE、FULLTEXT、HASH、RTREE
Comment	索引字段的注释信息
Index_comment	创建索引时添加的注释信息

在表 6-10 中，当创建的索引是复合索引时，这些字段从左开始第 1 个的 Seq_in_index 值为 1，然后递增 1 作为第 2 个字段的序号值，以此类推。Sub_part 字段只有在建立前缀索引时其值为设置的字段长度，否则为 NULL。

（2）分析语句执行情况。MySQL 中 EXPLAIN 查看语句可以分析的语句有 SELECT、DELETE、INSERT、REPLACE 和 UPDATE。下面对查询 xs 表中姓名字段以"民"结尾的所有值为例进行分析，具体 SQL 语句及执行结果如下。

```
mysql> EXPLAIN SELECT '备注' FROM xs WHERE '备注' = '%民'\G
*************************** 1. row ***************************
           id: 1
  select_type: SIMPLE
        table: xs
         type: ALL
possible_keys: ft_index
          key: NULL
      key_len: NULL
          ref: NULL
         rows: 22
        Extra: Using where
1 row in set (0.01 sec)
```

在上述执行结果中，possible_keys 表示此查询可能用到的索引，key 表示实际查询用到的索引。其余的相关字段描述如表 6-11 所示。

表 6-11 分析执行语句的字段

字段名	描述
id	查询标识符，默认从 1 开始，若使用了联合查询，则该值依次递增，联合查询结果对应的该值为 NULL
select_type	操作类型，如 DELETE、UPDATE 等，但是当执行 SELECT 语句时，它的值有多种，如 SIMPLE 表示不需联合查询或简单的子查询
table	输出数据的表
partitions	匹配的分区
type	连接的类型，如 const 使用了主键索引或唯一性索引，ref 表示使用前缀索引或条件中含有运算符"="或"< = >"等
key_len	索引字段的长度
ref	表示哪些字段或常量与索引进行了比较，如 const 表示常量与索引进行了比较
rows	预计需要检索的记录数
filtered	按条件过滤的百分比
Extra	附加信息，如 Using index 表示使用了索引覆盖

在表 6-11 中，字段 select_type 和 type 的值还有很多，读者可自行查看手册进行了解。

Extra 字段的值为 Using index 时，表示查询出现了索引覆盖。所谓索引覆盖指的是查询的字段恰好是索引的一部分或与索引完全一致，那么查询只需要在索引区上进行，不需要到数据区检索数据的情况。这种查询的特点是速度非常快，但同时也会增加索引文件的大小，只有此索引的使用率尽可能高的情况下，索引覆盖才有意义。否则，在使用时应该避免此情况的发生。

3. 删除索引

对于数据表中已经创建但不再使用的索引，应该及时删除，避免占用系统资源，影响数据库的性能。MySQL 索引的删除分为两种情况，一种是删除主键索引，另外一种是删除非主键索引。

（1）删除主键索引。MySQL 中主键索引在删除时，需要考虑该主键字段是否含有 AUTO_INCREMENT 属性，若有则需在删除主键索引前删除该属性，否则程序会报以下的错误提示信息。

```
ERROR 1075 (42000)：Incorrect table definition; there can be only one auto column and it must be defined as a key
```

删除含有 AUTO_INCREMENT 属性的主键索引，具体步骤和语法格式如下。

```
#① 删除主键字段的 AUTO_INCREMENT 属性
ALTER TABLE 数据表 MODIFY 字段名 字段类型
#②删除主键索引
ALTER TABLE 数据表 DROP PRIMARY KEY 或 DROP INDEX 'PRIMARY' ON 数据表
```

在上述语法格式中，当使用 DROP INDEX 语句删除主键索引时，其后的 PRIMARY 由于是 MySQL 中的保留字，因此必须使用单引号（'）包裹。

（2）删除非主键索引。在 MySQL 中删除主键索引以外的其他索引时，根据索引名称采用以下语法中的任意一种都可以完成删除操作。其基本语法格式如下。

```
#语法 1
ALTER TABLE 数据表 DROP INDEX 索引名；
#语法 2
DROP INDEX 索引名 ON 数据表 [算法选项][锁选项]；
```

在上述语法格式中，DROP 语句在删除索引时的算法选项和锁选项与创建索引时相同，请参照表 6-9。

例如，删除 xs 表创建的普通索引 name_index。具体的 SQL 语句如下。

```
mysql> DROP INDEX name_index ON xs;
Query OK，22 rows affected (0.01 sec)
Records：22  Duplicates：0  Warnings：0
```

6.2.3　索引的使用原则

索引在使用时虽然可以提高查询速度，降低服务器的负载，但是相应地，索引的使用也会占用物理空间,给数据的维护造成很多麻烦,并且在创建和维护索引时,其消耗的时间会随着数据量的增加而增长。因此,索引的使用还需遵从一些最基本的原则。

(1) 查询条件中频繁使用的字段适合建立索引。

建立索引的目的就是为了快速定位指定数据的位置,所以在创建索引时,要选择会在 WHERE 子句、GROUP BY 子句、ORDER BY 子句或表与表之间连接时频繁使用的字段。例如,xs_kc 表中的成绩字段经常用于筛选操作等,因此在实际开发时可酌情考虑是否给该字段添加索引,而提示字段则基本不会出现在查询语句中,因此一般不建议在这类字段上建立索引,避免消耗系统的空间。

(2) 数字型的字段适合建立索引。

建立索引的字段类型也会影响查询和连接的性能。例如,数字型字段与字符串字段在处理时,前者仅需比较一次就可以了,而后者则需要逐个比较字符串中的每一个字符。因此,与数字型字段相比,字符串字段的执行时间更长,复杂程度也更高。在开发时一般建议尽可能地选择数字类型的字段建立索引。

(3) 存储空间较小的字段适合建立索引。

MySQL 中适用于存储数据的对应类型有多种选择,此时对于建立索引的字段来说,占用存储空间越少的越合适。例如,存储大量文本信息的 TEXT 类型与存储指定长度字符串的 CHAR 类型相比,显然 CHAR 类型更有利于提高检索的效率。因此建立索引时推荐选择占用存储空间较小的字段。

(4) 重复值较高的字段不适合建立索引。

在建立索引时,若字段中保存的数据重复值较高,在这种情况下,即使该字段(如性别字段)在查询时会被频繁使用,此时也不适合建立索引。以 InnoDB 为例,非主键索引在查询时,都需要先获取其对应的聚簇索引后才能完成数据的检索,因此当重复值较高时,需要重复获取相同聚簇索引检索数据的次数也会急剧增多,影响查询的效率。在开发时一般不推荐在重复值较高的字段建立索引。

(5) 更新频繁的字段不适合建立索引。

对于建立索引的字段,数据在更新时,为了保证索引数据的准确性,同时还要更新索引。因此在字段被频繁更新时,会造成 I/O 访问量增加,影响系统的资源消耗,加重了存储的负载。

另外,对于已经创建索引的数据表来说,要想在查询该表时使用索引,有以下几点需要注意的,否则 MySQL 可能不会按预想的方式使用索引检索数据。

(1) 查询时保证字段的独立。

对于建立索引的字段,在查询时要保证该字段在关系运算符(如=、>等)的一侧"独立"。所谓"独立"指的是索引字段不能是表达式的一部分或函数的参数。

例如,在 xs 表中查询时,如 WHERE 条件表达式为'学号'+2>3,那么即使'学号'上已建立主键索引,查询时也不会使用,而若 WHERE 条件表达式为'学号'>3−2,那么查询就会使用主键索引,读者可以使用 EXPLAIN 语句进行分析,观察结果中 key 字段对应的值,这里不再演示。

(2) 模糊查询中通配符的使用。

在模糊查询时,若匹配模式中的最左侧含有通配符(%),表示只要数据中含所有"%

后指定的内容"就符合要求,所以会导致 MySQL 全表扫描,而不会使用设置的索引。例如,对于 xs 表中的索引,WHERE 子句中 "'姓名'LIKE,'民%'" 就会使用复合索引,而 "'姓名'LIKE'%民%'" 就会放弃使用索引,采用全表扫描的方式查询。

值得一提的是,MySQL 的优化器在查询时会判断全表扫描是否会比使用索引慢,若是则使用索引,否则会使用全表扫描。

(3) 分组查询时排序的设置。

在 MySQL 中,分组查询默认情况下对分组的字段进行排序,因此在开发时若想要避免分组排序对性能的消耗,可以在分组后使用 ORDER BY NULL 子句禁止排序。

值得一提的是,以上介绍的创建与使用索引的原则并不是一成不变的,读者需要结合开发经验设计出最符合开发需求的方式实现。

6.3 单表查询

单表查询操作是 MySQL 中最常用,也是最重要的功能之一。下面介绍 4 种最基本的数据查询方式,其他更复杂的操作会在本书的其他章节中详细讲解。

6.3.1 SELECT 语句定义

查询数据表中所有字段的数据,可以使用 SELECT 关键字,配合星号(*)通配符代替数据表中的所有字段名,基本语法格式如下。

```
SELECT * FROM 数据表名;
```

下面利用以上语法查看 kc 表中插入的全部数据。具体的 SQL 语句如下。

```
mysql> SELECT * FROM kc;
+--------+------------------+----------+------+------+
| 课程号 | 课程名           | 开课学期 | 学时 | 学分 |
+--------+------------------+----------+------+------+
| 101    | 计算机基础       | 1        | 80   | 5    |
| 102    | 程序设计与语言   | 2        | 68   | 4    |
| 206    | 离散数学         | 4        | 68   | 4    |
| 208    | 数据结构         | 5        | 68   | 4    |
| 209    | 操作系统         | 6        | 68   | 4    |
| 210    | 计算机原理       | 5        | 85   | 5    |
| 212    | 数据库原理       | 7        | 68   | 4    |
| 301    | 计算机网络       | 7        | 51   | 3    |
| 302    | 软件工程         | 7        | 51   | 3    |
+--------+------------------+----------+------+------+
9 rows in set (0.00 sec)
```

6.3.2 选择指定的列

查询数据时,可在 SELECT 语句的字段列表中指定要查询的字段。基本语法格式如下。

SELECT｛字段名1,字段名2,字段名3,…｝FROM 数据表名;

上述语法中,字段列表"字段名1,字段名2,字段名3,…"中,若列出数据表中所有的字段名,则表示查询表中全部数据。

下面仅查看 kc 表中课程号和课程名字段,具体的 SQL 语句及执行结果如下。

```
mysql> SELECT '课程号' , '课程名' FROM kc;
+-----------+-----------------------+
| 课程号    | 课程名                |
+-----------+-----------------------+
| 101       | 计算机基础            |
| 102       | 程序设计与语言        |
| 206       | 离散数学              |
| 208       | 数据结构              |
| 209       | 操作系统              |
| 210       | 计算机原理            |
| 212       | 数据库原理            |
| 301       | 计算机网络            |
| 302       | 软件工程              |
+-----------+-----------------------+
9 rows in set (0.00 sec)
```

6.3.3 分组与聚合函数

存储在数据库的海量数据,不仅可以根据项目需求实现数据的简单增、删、改、查操作,还可用于数据的统计分析,让每条数据变得更有价值。例如,电商网站根据用户的偏好(经常浏览/购买的商品种类)为其推荐最新最火爆的商品。在 MySQL 中提供分组操作的目的就是为了统计,其中为了方便统计还提供了大量的聚合函数。本节将针对 MySQL 中分组和聚合函数的使用进行详细讲解。

1. 分组

在 MySQL 中,可以使用 GROUP BY 子句根据一个或多个字段进行分组,字段值相同的为一组。另外,对于分组的数据可以使用 HAVING 子句进行条件筛选。接下来为了便于读者理解,通过几种常用的方式对分组进行详细讲解。

(1) 分组统计。

在查询数据时,在 WHERE 条件后添加 GROUP BY 子句即可根据指定的字段进行分组,其基本语法格式如下。

SELECT [SELECT 选项] 字段列表 FROM 数据表名 [WHERE 条件表达式] GROUP BY 字段名;

按照上述语法格式,在 MySQL 8.0 中分组后,SELECT 语句获取的字段列表只能是 GROUP BY 子句分组的字段,或者使用了聚合函数的非分组字段,若在获取非分组字段时没有使用聚合函数,MySQL 会提示错误。

为了让读者更好的理解,下面通过聚合函数 MAX() 获取每个分类下学生的最好成绩。具体的 SQL 语句及执行结果如下。

```
mysql> SELECT '学号' , MAX('成绩') FROM xs_kc GROUP BY '学号';
+--------+-------------+
|学号    | MAX('成绩') |
+--------+-------------+
| 081101 |      80     |
| 081102 |      78     |
| 081103 |      81     |
| 081104 |      90     |
| 081106 |      81     |
| 081107 |      80     |
| 081108 |      87     |
| 081109 |      83     |
| 081110 |      95     |
| 081111 |      91     |
| 081113 |      79     |
| 081201 |      80     |
| 081202 |      65     |
| 081203 |      87     |
| 081204 |      91     |
| 081210 |      76     |
| 081216 |      81     |
| 081218 |      70     |
| 081220 |      82     |
| 081221 |      76     |
| 081241 |      90     |
+--------+-------------+
21 rows in set (0.01 sec)
```

上述语句中，根据学号进行分组，然后获取每个学号分组下的最高成绩。其中，MAX( )函数是 MySQL 提供的一个聚合函数，用于获取成绩字段的最大值。

另外，在 MySQL 5.6 等老版本中，分组后获取的字段列表，若非分组字段没有使用聚合函数，默认情况下只保留每组中的第一条记录，但是此操作在 MySQL 5.7 及以上版本中已被禁止。那么，为了避免项目开发 MySQL 版本升级带来的问题，推荐读者在编写分组 SQL 语句时按照 MySQL 8.0 版本更严格的方式进行设计。

（2）分组排序。

在 MySQL 中，默认情况下为分组操作的字段提供了升序排序的功能，因此在分组时可以为指定的字段进行升序或降序排序，其基本语法格式如下。

```
SELECT [SELECT 选项] 字段列表 FROM 数据表名
[WHERE 条件表达式]
GROUP BY 字段名[ASC | DESC];
```

需要注意的是，GROUP BY 分组排序的实现不需要使用 ORDER BY 子句，直接在分组字段后添加关键字 ASC（升序，默认值可省略）或 DESC（降序）即可。

下面根据 xs_kc 表中的学号分类进行分组降序操作，查询并显示分组后每组的学号及课程号。具体的 SQL 语句及执行结果如下。

```
mysql> SELECT '学号', GROUP_CONCAT('学号'), GROUP_CONCAT('课程号')
    -> FROM xs_kc GROUP BY '学号' DESC;
+--------+----------------------+----------------------+
| 学号   | GROUP_CONCAT('学号') | GROUP_CONCAT('课程号')|
+--------+----------------------+----------------------+
| 081241 | 081241               | 101                  |
| 081221 | 081221               | 101                  |
| 081220 | 081220               | 101                  |
| 081218 | 081218               | 101                  |
| 081216 | 081216               | 101                  |
| 081210 | 081210               | 101                  |
| 081204 | 081204               | 101                  |
| 081203 | 081203               | 101                  |
| 081202 | 081202               | 101                  |
| 081201 | 081201               | 101                  |
| 081113 | 081113,081113,081113 | 206,102,101          |
| 081111 | 081111,081111,081111 | 206,102,101          |
| 081110 | 081110,081110,081110 | 206,102,101          |
| 081109 | 081109,081109,081109 | 206,102,101          |
| 081108 | 081108,081108,081108 | 206,102,101          |
| 081107 | 081107,081107,081107 | 206,102,101          |
| 081106 | 081106,081106,081106 | 206,102,101          |
| 081104 | 081104,081104,081104 | 206,102,101          |
| 081103 | 081103,081103,081103 | 206,102,101          |
| 081102 | 081102,081102        | 206,102              |
| 081101 | 081101,081101,081101 | 206,102,101          |
+--------+----------------------+----------------------+
21 rows in set (0.01 sec)
```

在上述语句中，聚合函数 GROUP_CONCAT（ ）表示将指定字段值连接成一个字符串。例如，学号为 081113 的学生选了 3 门课程，对应的课程号分别为 206、102 和 101。

（3）多分组统计。

在对数据进行分组统计时，MySQL 中还支持数据按照某个字段进行分组后，对已经分组的数据进行再次分组的操作，以实现多分组统计。其基本语法格式如下。

```
SELECT [SELECT 选项] 字段列表 FROM 数据表名
[WHERE 条件表达式]
GROUP BY 字段名 1 [ASC | DESC],[,字段名 2 [ASC | DESC]…];
```

在上述语法格式中，查询出的数据首先按照字段 1 进行分组排序，再将字段 1 相同的结果按照字段 2 进行分组排序，以此类推。

例如，对 xs_kc 表，以学号降序分组后，再以学分升序排序。具体的 SQL 语句和执行结果如下。

```
mysql> SELECT '学号', COUNT( * ) , GROUP_CONCAT('课程号'), '学分' FROM xs_kc GROUP
BY '学号' DESC, '学分';
```

学号	COUNT(*)	GROUP_CONCAT('课程号')	学分
081241	1	101	5
081221	1	101	5
081220	1	101	5
081218	1	101	5
081216	1	101	5
081210	1	101	5
081204	1	101	5
081203	1	101	5
081202	1	101	5
081201	1	101	5
081113	2	102,206	4
081113	1	101	5
081111	2	206,102	4
081111	1	101	5
081110	2	206,102	4
081110	1	101	5
081109	2	206,102	4
081109	1	101	5
081108	2	206,102	4
081108	1	101	5
081107	2	206,102	4
081107	1	101	5
081106	2	206,102	4
081106	1	101	5
081104	2	102,206	4
081104	1	101	5
081103	2	206,102	4
081103	1	101	5
081102	2	102,206	4
081101	2	206,102	4
081101	1	101	5

31 rows in set (0.00sec)

从以上的执行结果可知，以学号降序分组后，再以学分对查询的内容进行升序分组。例如，学号为081101分组下206和102课程的学分为4，101课程的学分为5。

（4）回溯统计。

回溯统计可以简单地理解为在根据指定字段分组后，系统又自动对分组的字段向上进行了一次新的统计并产生一个新的统计数据，且该数据对应的分组字段值为 NULL。其基本语法格式如下：

SELECT [SELECT 选项] 字段列表 FROM 数据表名
[WHERE 条件表达式]
GROUP BY 字段名 1 [ASC | DESC],[,字段名 2 [ASC | DESC]] WITH ROLLUP;

从上述语法格式可知，回溯统计的实现很简单，只需要在"GROUP BY 字段"后添加关键字 WITH ROLLUP 即可。

但读者可能对回溯统计的作用还不能很好理解。下面以查看 xs_kc 表中每个分类学号下的成绩数量为例演示回溯统计的使用，具体的 SQL 语句及执行结果如下。

```
mysql> SELECT '学号', COUNT( * )
    -> FROM xs_kc GROUP BY '学号' WITH ROLLUP;
+--------+----------+
| 学号   | COUNT( * ) |
+--------+----------+
| 081101 |        3 |
| 081102 |        2 |
| 081103 |        3 |
| 081104 |        3 |
| 081106 |        3 |
| 081107 |        3 |
| 081108 |        3 |
| 081109 |        3 |
| 081110 |        3 |
| 081111 |        3 |
| 081113 |        3 |
| 081201 |        1 |
| 081202 |        1 |
| 081203 |        1 |
| 081204 |        1 |
| 081210 |        1 |
| 081216 |        1 |
| 081218 |        1 |
| 081220 |        1 |
| 081221 |        1 |
| 081241 |        1 |
| NULL   |       42 |
+--------+----------+
22 rows in set (0.00 sec)
```

从上述执行结果可知，在获取每个学号下的成绩数量后，系统又自动对获取的数量进行了一次累加统计，并且此累加的新数据（如 081221）对应的分组字段（学号）的值为 NULL。此行的记录就是对学号分组的一次回溯统计。

在了解了单字段的分组回溯统计后，接下来演示如何在 MySQL 中对多分组进行回溯统计。具体的 SQL 语句及执行结果如下。

```
mysql> SELECT '成绩','课程号',COUNT(*)
    -> FROM xs_kc
    -> GROUP BY '成绩','课程号' WITH ROLLUP;
```

成绩	课程号	COUNT(*)
60	206	1
60	NULL	1
62	101	1
62	NULL	1
63	101	1
63	NULL	1
64	102	1
64	NULL	1
65	101	2
65	206	1
65	NULL	3
66	101	1
66	NULL	1
68	206	1
68	NULL	1
70	101	1
70	102	2
70	206	1
70	NULL	4
71	102	1
71	NULL	1
76	101	2
76	206	2
76	NULL	4
78	101	1
78	102	2
78	206	1
78	NULL	4
79	102	1
79	NULL	1
80	101	2
80	102	1
80	NULL	3
81	101	1

```
|    81 | 206  |                  2 |
|    81 | NULL |                  3 |
|    82 | 101  |                  1 |
|    82 | NULL |                  1 |
|    83 | 102  |                  1 |
|    83 | NULL |                  1 |
|    84 | 102  |                  1 |
|    84 | NULL |                  1 |
|    85 | 101  |                  1 |
|    85 | NULL |                  1 |
|    87 | 101  |                  1 |
|    87 | 206  |                  1 |
|    87 | NULL |                  2 |
|    89 | 206  |                  1 |
|    89 | NULL |                  1 |
|    90 | 101  |                  2 |
|    90 | 102  |                  1 |
|    90 | NULL |                  3 |
|    91 | 101  |                  2 |
|    91 | NULL |                  2 |
|    95 | 101  |                  1 |
|    95 | NULL |                  1 |
|  NULL | NULL |                 42 |
+-------+------+--------------------+
57rows in set (0.00 sec)
```

在上述 SQL 语句中，分组操作根据 GROUP BY 后的字段从前往后依次执行，即先按成绩分组，然后再按课程号分组。数据分组后系统再进行回溯统计，它与分组的操作正好相反，从 GROUP BY 后最后一个指定的分组字段开始回溯统计，并将结果上报，然后根据上报结果依次向前一个分组的字段进行回溯统计，即先回溯统计课程号分组的结果，再根据课程号的回溯结果对成绩分组进行回溯统计。

因此，从执行结果可看出，成绩值相同的情况下，按课程号分组后，实现了 42 次回溯统计，对应的分组字段课程号含有 42 个 NULL 值，统计结果分别进行了累加；接着按上次的结果对成绩分组字段进行了 1 次回溯统计，对应的分组字段成绩中含有一个 NULL 值，然后又对上一次的统计结果再次进行累加。

值得一提的是，虽然回溯统计对数据的分析很有帮助，但是 MySQL 的同一个查询语句中回溯统计（WITH ROLLUP）与排序（ORDER BY）仅能出现一个。

2. 聚合函数

在对数据进行分组统计时，经常需要结合 MySQL 提供的聚合函数才能够统计出具有价值的数据。因此，MySQL 中的聚合函数可以在查询数据时提供一些特殊的功能，具体如表 6-12 所示。

表 6-12 常用的聚合函数

函数名	描述
COUNT( )	返回参数字段的数量，不统计为 NULL 的记录
SUM( )	返回参数字段之和
AVG( )	返回参数字段的平均值
MAX( )	返回参数字段的最大值
MIN( )	返回参数字段的最小值
GROUP_CONCAT( )	返回符合条件的参数字段值的连接字符串
JSON_ARRAYAGG( )	将符合条件的参数字段值作为单个 JSON 数组返回，MySQL 5.7.22 新增
JSON_OBJECTAGG( )	将符合条件的参数字段值作为单个 JSON 对象返回，MySQL 5.7.22 新增

在表 6-12 中，COUNT( )、SUM( )、AVG( )、MAX( )、MIN( ) 和 GROUP_CONCAT( ) 函数中可以在参数前添加关键字 DISTINCT，表示对不重复的记录进行相关操作。其中，COUNT( ) 函数的参数设置为"＊"时，表示统计符合条件的所有记录（包含 NULL）。

为了让读者更好的理解，下面演示聚合函数单独获取指定表中符合条件的记录信息，具体如下。

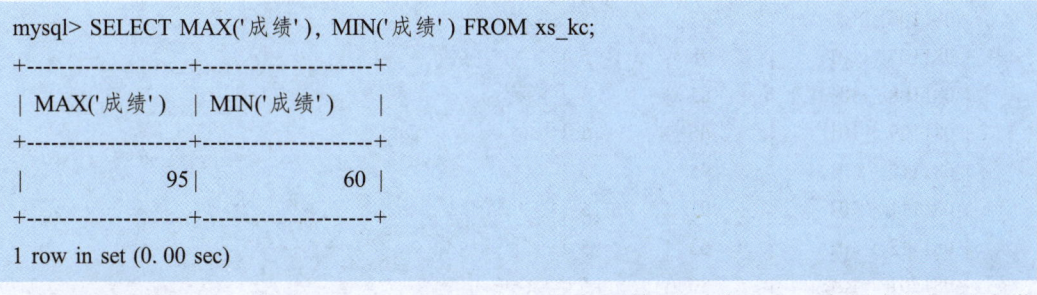

```
mysql> SELECT MAX('成绩'), MIN('成绩') FROM xs_kc;
+-------------------+-------------------+
| MAX('成绩')       | MIN('成绩')       |
+-------------------+-------------------+
|                95 |                60 |
+-------------------+-------------------+
1 row in set (0.00 sec)
```

从上述的操作可知，利用 MAX( ) 和 MIN( ) 聚合函数可以从 xs_kc 表所有的记录中获取成绩最高和最低的值。

除此之外，聚合函数还可以与分组操作一起使用，用于分析分组后的数据信息。例如，在 xs_kc 中，获取不同学号下课程数的最高与最低的成绩。具体的 SQL 语句及执行结果如下。

```
mysql> SELECT '课程号', MAX(成绩), MIN(成绩)
    -> FROM xs_kc GROUP BY '课程号' HAVING COUNT( * ) >2;
+-----------+-----------+-----------+
|课程号     | MAX(成绩) | MIN(成绩) |
+-----------+-----------+-----------+
| 101       |        95 |        62 |
| 102       |        90 |        64 |
| 206       |        89 |        60 |
+-----------+-----------+-----------+
3 rows in set (0.00 sec)
```

在上述语句中，首先根据课程号进行分组，获取每组中成绩的最大值与最小值，然后选取每组中课程号数量大于 2 的分组，即可得到以上的结果。

6.3.4　WHERE 子句

在查询数据时，若想要查询出符合条件的相关数据记录时，可以使用 WHERE 子句实现。基本语法格式如下。

```
SELECT *  |{字段名1,字段名2,字段名3,…}
FROM 数据表名 WHERE 字段名=值；
```

上述语法格式表示获取"字段名"等于指定"值"的数据记录，数据的内容可以是表的部分字段或全部字段。

下面获取 xs_kc 表中课程号等于 101 的全部信息。具体的 SQL 语句及执行结果如下。

```
mysql>SELECT *  FROM xs_kc WHERE '课程号' = 101;
+---------+---------+---------+---------+
| 学号    | 课程号  | 成绩    | 学分    |
+---------+---------+---------+---------+
| 081101  | 101     |   80    |   5     |
| 081103  | 101     |   62    |   5     |
| 081104  | 101     |   90    |   5     |
| 081106  | 101     |   65    |   5     |
| 081107  | 101     |   78    |   5     |
| 081108  | 101     |   85    |   5     |
| 081109  | 101     |   66    |   5     |
| 081110  | 101     |   95    |   5     |
| 081111  | 101     |   91    |   5     |
| 081113  | 101     |   63    |   5     |
| 081201  | 101     |   80    |   5     |
| 081202  | 101     |   65    |   5     |
| 081203  | 101     |   87    |   5     |
| 081204  | 101     |   91    |   5     |
| 081210  | 101     |   76    |   5     |
| 081216  | 101     |   81    |   5     |
| 081218  | 101     |   70    |   5     |
| 081220  | 101     |   82    |   5     |
| 081221  | 101     |   76    |   5     |
| 081241  | 101     |   90    |   5     |
+---------+---------+---------+---------+
20 rows in set (0.00 sec)
```

6.4　多表查询

在本章 6.3 节中所涉及的都是针对一张表的操作，即单表操作。然而实际开发中业务逻辑较为复杂，通常都需要对两张以上的表进行操作，即多表操作。本节将针对多表操作进行详细讲解。

6.4.1 联合查询

联合查询是多表查询的一种方式，在保证多个 SELECT 语句的查询字段数相同的情况下，合并多个查询的结果。联合查询经常应用在分表操作中，具体会在第 10 章中详细讲解，此处读者只需掌握联合查询的作用及语法即可。联合查询的基本语法格式如下。

```
SELECT…
UNION [ALL | DISTINCT] SELECT…
[UNION [ALL | DISTINCT] SELECT…];
```

在上述语法格式中，UNION 是实现联合查询的关键字，ALL 和 DISTINCT 是联合查询的选项。其中，ALL 表示保留所有的查询结果；DISTINCT 是默认值，可以省略，表示去除完全重复的记录。

例如，在 xs 表中，以联合查询的方式获取选修了课程号为 101 的学生的学号和成绩，以及选修了课程号为 102 的学生的学号和成绩。具体的 SQL 语句如下。

```
mysql> SELECT '学号','成绩' FROM xs_kc WHERE '课程号' = 101
    -> UNION
    -> SELECT '学号','成绩' FROM xs_kc WHERE '课程号' = 102;
+--------+--------+
| 学号   | 成绩   |
+--------+--------+
| 081101 |     80 |
| 081103 |     62 |
| 081104 |     90 |
| 081106 |     65 |
| 081107 |     78 |
| 081108 |     85 |
| 081109 |     66 |
| 081110 |     95 |
| 081111 |     91 |
| 081113 |     63 |
| 081201 |     80 |
| 081202 |     65 |
| 081203 |     87 |
| 081204 |     91 |
| 081210 |     76 |
| 081216 |     81 |
| 081218 |     70 |
| 081220 |     82 |
| 081221 |     76 |
| 081241 |     90 |
```

```
| 081101  |    78    |
| 081102  |    78    |
| 081103  |    70    |
| 081104  |    84    |
| 081106  |    71    |
| 081107  |    80    |
| 081108  |    64    |
| 081109  |    83    |
| 081110  |    90    |
| 081111  |    70    |
| 081113  |    79    |
+---------+----------+
31 rows in set (0.00 sec)
```

在上述 SQL 语句中，SELECT 语句查询的字段个数必须相同，且联合查询的结果中只保留第一个 SELECT 语句对应的字段名称，即使 UNION 后 SELECT 语句查询的字段与第一个 SELECT 语句查询的字段表达含义或数据类型不同，MySQL 也仅会根据查询字段出现的顺序，对结果进行合并。

除此之外，若要对联合查询的记录进行排序等操作，需要使用圆括号"( )"包裹每一个 SELECT 语句，在 SELECT 语句内或在联合查询的最后添加 ORDER BY 语句。并且若要排序生效，必须在 ORDER BY 关键字后添加 LIMIT 子句限定联合查询排序的数量，通常推荐使用小于表记录数的任意值。

例如，以联合查询的方式，对 xs 表中'课程号'为 101 的学生成绩按升序排序，其他课程的成绩按降序排序。具体的 SQL 语句及执行结果如下。

```
mysql> (SELECT '学号','成绩' FROM xs_kc WHERE '课程号' <> 101
    -> ORDER by '成绩' DESC LIMIT 5)
    -> UNION
    -> (SELECT '学号','成绩' FROM xs_kc WHERE '课程号' = 101
    -> ORDER by '成绩' ASC LIMIT 3);
+---------+--------+
| 学号    | 成绩   |
+---------+--------+
| 081110  |   90   |
| 081110  |   89   |
| 081108  |   87   |
| 081104  |   84   |
| 081109  |   83   |
| 081103  |   62   |
| 081113  |   63   |
| 081106  |   65   |
+---------+--------+
8 rows in set (0.01 sec)
```

在上述 SQL 语句中，在每个联合查询的 SELECT 语句中添加 ORDER BY 和 LIMIT 子句，让每个查询语句按照指定的方式进行升序或降序排序。从执行结果中可知，前 5 条记录按照成绩降序排序，后 3 条记录按成绩升序排序。

6.4.2 连接查询

在实际应用中，可以根据多表之间存在的关联关系，将多张数据表连到一起。MySQL 中常用的连接查询有交叉连接、内连接、左外连接和右外连接。接下来将针对不同的连接查询进行详细讲解。

1. 交叉连接

交叉连接返回的结果是被连接的两个表中所有数据行的笛卡儿积。例如，学生表中有 3 个字段、4 条记录，课程表中有 5 个字段、10 条商品信息，那么交叉连接后的笛卡儿积就等于 4×10 条记录数，每条记录中含有 3+5 个字段。在 MySQL 中，交叉连接的基本语法格式如下。

```
SELECT 查询字段 FROM 表 1 CROSS JOIN 表 2;
```

上述语法格式中，关键字 CROSS JOIN 用于连接两个要查询的表，通过该语句可以查询两个表中所有的数据组合。

为了方便读者理解，下面以交叉连接学生表 xs 和课程表 kc 为例进行演示。具体的 SQL 语句如下。

```
mysql> SELECT xs.学号, xs.姓名, kc.课程号, kc.课程名
    -> FROM xs
    -> CROSS JOIN kc;
+--------+------+--------+----------------+
|学号    |姓名  |课程号  |课程名          |
+--------+------+--------+----------------+
|081101  |王林  |101     |计算机基础      |
|081101  |王林  |102     |程序设计与语言  |
|081101  |王林  |206     |离散数学        |
|081101  |王林  |208     |数据结构        |
|081101  |王林  |209     |操作系统        |
|081101  |王林  |210     |计算机原理      |
|081101  |王林  |212     |数据库原理      |
|081101  |王林  |301     |计算机网络      |
|081101  |王林  |302     |软件工程        |
|081102  |程明  |101     |计算机基础      |
|081102  |程明  |102     |程序设计与语言  |
|081102  |程明  |206     |离散数学        |
⋮因篇幅有限,此处省略了其余的查询结果
+--------+------+--------+----------------+
198 rows in set (0.00 sec)
```

在上述 SQL 语句中，使用 xs 表中的每一条记录与 kc 表中的记录进行连接，因此最后查询出的记录数为 198（xs 的记录数 22 乘以 kc 表中的记录数 9）。

值得一提的是，以上的交叉连接查询与 MySQL 中多表查询的语法等价。例如，上述示例可以使用下面的 SQL 语句实现。

```
SELECT xs.学号, xs.姓名, kc.课程号, kc.课程名
FROM xs , kc;
```

需要注意的是，交叉连接产生的结果是笛卡儿积，并没有实际应用的意义。

2. 内连接

内连接是一种常见的连接查询，它根据匹配条件返回第 1 个表与第 2 个表所有匹配成功的记录。在 MySQL 中，内连接的基本语法格式如下。

```
SELECT 查询字段 FROM 表 1
[INNER] JOIN 表 2 ON 匹配条件;
```

在上述语法格式中，ON 子句用于指定内连接的查询条件，在不设置 ON 子句时，与交叉连接等价。此时可以使用 WHERE 子句完成条件的限定，效果与 ON 子句一样。但由于 WHERE 子句是限定已全部查询出来的记录，那么在数据量很大的情况下，此操作会浪费很多性能，因此此处推荐使用 ON 子句实现内连接的条件匹配。

为了方便读者理解，下面以内连接的方式查询学生表 xs、课程表 kc 和成绩表 xs_kc 中对应学生姓名及课程名，具体的 SQL 语句及执行结果如下。

```
mysql> SELECT xs.'姓名', kc.'课程名'
    -> FROM xs
    -> INNER JOIN xs_kc ON xs.'学号' = xs_kc.'学号'
    -> INNER JOIN kc ON xs_kc.'课程号' = kc.'课程号';
+-----------+--------------------+
|姓名       |课程名              |
+-----------+--------------------+
|王林       |计算机基础          |
|王林       |程序设计与语言      |
|王林       |离散数学            |
|程明       |程序设计与语言      |
|程明       |离散数学            |
|王燕       |计算机基础          |
|王燕       |程序设计与语言      |
|王燕       |离散数学            |
|韦严平     |计算机基础          |
|韦严平     |程序设计与语言      |
|韦严平     |离散数学            |
┊因篇幅有限,此处省略了其余的查询结果
+-----------+--------------------+
42 rows in set (0.01 sec)
```

从上述执行结果可知，只有 xs 表的学号与 xs_kc 表中的学号相等的学生信息才会被显示，同样地，只有 kc 表的课程号与 xs_kc 表中的课程号相等的课程信息才会被显示。另外，在查询数据时，由于 xs 和 xs_kc 及 kc 和 xc_kc 表中含有同名的字段，为了避免重名出现错误，使用"数据表.字段名"或"表别名.字段名"的方式进行区分。

除此之外，自连接查询是内连接中的一种特殊查询。它是指相互连接的表在物理上为同一个表，但逻辑上分为两个表。例如，要查询姓名相同的学生，就可以使用自连接查询。具体的 SQL 语句及执行结果如下。

```
mysql> SELECT s1.学号 AS 学生1学号, s1.姓名 AS 学生1姓名, s2.学号 AS 学生2学号, s2.姓名 AS 学生2姓名
    -> FROM xs s1
    -> INNER JOIN xs s2 ON s1.姓名 = s2.姓名 AND s1.学号 <> s2.学号;
+-----------+-----------+-----------+-----------+
|学生1学号  |学生1姓名  |学生2学号  |学生2姓名  |
+-----------+-----------+-----------+-----------+
| 081101    |王林       | 081202    |王林       |
| 081202    |王林       | 081101    |王林       |
+-----------+-----------+-----------+-----------+
2 rows in set (0.00 sec)
```

在上述 SQL 语句中，别名为 s1 和 s2 的表在物理上是同一个数据表 xs，然后在 ON 的匹配条件中，指定 s1 表与 s2 表内学生名为"王林"且必须是同分类的记录进行自连接，从而获取 xs 表中姓名相同但学号不同的学生。

小提示：在标准的 SQL 中，交叉连接（CROSS JOIN）与内连接（INNER JOIN）表示的含义不同，前者一般只连接表的笛卡儿积，而后者则是获取符合 ON 筛选条件的连接数据。但是在 MySQL 中，CROSS JOIN 与 INNER JOIN（或 JOIN）语句语法功能相同，都可以使用 ON 子句设置连接的筛选条件，可以互换使用，但是此处不推荐读者将交叉连接与内连接混用。

3. 左外连接

左外连接是外连接查询中的一种，也可以将其称为左连接。它用于返回连接关键字（LEFT JOIN）左表中所有的记录，以及右表中符合连接条件的记录。当左表的某行记录在右表中没有匹配的记录时，右表中相关的记录将设为 NULL。其基本语法格式如下。

```
SELECT 查询字段
FROM 表1 LEFT [OUTER] JOIN 表2 ON 匹配条件;
```

在上述语法中，关键字 LEFT [OUTER] JOIN 左边的表（表1）被称为左表，也可称为主表；关键字右边的表（表2）被称为右表，也可称为从表。其中，OUTER 关键字在查询时可以省略。

下面利用左连接查询，以 xs 表为左表，xs_kc 表为右表，查询学生的选课记录，具体的 SQL 语句及执行结果如下。

```
mysql> SELECT xs.学号, xs.姓名, xs_kc.课程号, xs_kc.成绩
    -> FROM xs
    -> LEFT JOIN xs_kc ON xs.学号 = xs_kc.学号;
```

```
+--------+--------+--------+------+
| 学号   | 姓名   | 课程号 | 成绩 |
+--------+--------+--------+------+
| 081101 | 王林   | 101    | 80   |
| 081101 | 王林   | 102    | 78   |
| 081101 | 王林   | 206    | 76   |
| 081102 | 程明   | 102    | 78   |
| 081102 | 程明   | 206    | 78   |
| 081103 | 王燕   | 101    | 62   |
| 081103 | 王燕   | 102    | 70   |
| 081103 | 王燕   | 206    | 81   |
| 081104 | 韦严平 | 101    | 90   |
| 081104 | 韦严平 | 102    | 84   |
| 因篇幅有限,此处省略了其余的查询结果      |
+--------+--------+--------+------+
43 rows in set (0.00 sec)
```

从上述执行结果可知，通过左连接查询，可以得到 xs 表中每个学生的记录，即使在 xs_kc 表中没有对应的选课记录（这时 xs_kc 表的字段将显示为 NULL）。这样的查询有助于全面了解学生的选课状况，包括那些没有选任何课程的学生。

4. 右外连接

右外连接也是外连接查询中的一种，可以将其称为右连接。它用于返回连接关键字（RIGHT JOIN）右表（主表）中所有的记录，以及左表（从表）中符合连接条件的记录。当右表的某行记录在左表中没有匹配的记录时，左表中相关的记录将设为 NULL。其基本语法格式如下。

SELECT 查询字段
FROM 表 1 RIGHT [OUTER] JOIN 表 2 ON 匹配条件；

下面利用右连接查询，以 xs_kc 为右表，xs 为左表，查询学生的成绩信息和选课信息，具体的 SQL 语句及执行结果如下。

```
mysql> SELECT xs_kc.课程号, xs.学号, xs.姓名, xs_kc.成绩
    -> FROM xs_kc
    -> RIGHT JOIN xs ON xs.学号 = xs_kc.学号;
+--------+--------+------+------+
| 课程号 | 学号   | 姓名 | 成绩 |
+--------+--------+------+------+
| 101    | 081101 | 王林 | 80   |
| 102    | 081101 | 王林 | 78   |
| 206    | 081101 | 王林 | 76   |
| 102    | 081102 | 程明 | 78   |
| 206    | 081102 | 程明 | 78   |
| 101    | 081103 | 王燕 | 62   |
```

```
| 102       | 081103    | 王燕       |     70    |
| 206       | 081103    | 王燕       |     81    |
┊因篇幅有限,此处省略了其余的查询结果
+-----------+-----------+-----------+-----------+
43 rows in set (0.00 sec)
```

从上述执行结果可知,通过 RIGHT JOIN,可以得到 xs_kc 表中每个课程的记录,即使在 xs 表中没有对应的学生选修(这时 xs 表的字段如学号和姓名将显示为 NULL)。这样的查询有助于分析所有课程的选修情况,包括无人选修的课程。

总之,外连接是最常用的一种查询数据的方式,分为左外连接和右外连接。它与内连接的区别是,内连接只能获取符合连接条件的记录,而外连接不仅可以获取符合连接条件的记录,还可以保留主表与从表不能匹配的记录。

另外,右连接查询正好与左连接相反。因此,在应用外连接时仅调整关键字(LEFT 或 RIGHT JOIN)和主从表的位置,即可实现左连接和右连接的互换使用。

▶▶ 多学一招:USING 关键字。

在连接查询时,若数据表连接的字段同名,则连接时的匹配条件可以使用关键字 USING 代替 ON。其基本语法格式如下。

```
SELECT 查询字段
FROM 表1 [CROSS | INNER | LEFT | RIGHT] JOIN 表2
USING (同名的连接字段列表);
```

需要注意的是,USING 关键字在实际开发中并不常使用,原因在于设计表的时候不能保证使用相同的字段名称保存对应的数据。

6.5 子查询

6.5.1 什么是子查询

子查询可以理解为,在一个 SQL 语句 A(SELECT、INSERT、UPDATE 语句等)中嵌入一个查询语句 B,作为执行的条件或查询的数据源(代替 FROM 后的数据表),那么 B 就是子查询语句,它是一条完整的 SELECT 语句,能够独立执行。

在含有子查询的语句中,子查询必须书写在圆括号内。SQL 语句首先会执行子查询中的语句,然后再将返回的结果作为外层 SQL 语句的过滤条件,当遇到同一个 SQL 语句中含有多层子查询时,它们执行的顺序是从最里层的子查询开始执行。

6.5.2 子查询分类

子查询的划分方式有多种,最常见的是以功能和位置进行划分。按子查询的功能可以分为标量子查询、列子查询、行子查询和表子查询;按子查询出现的位置可以分为 WHERE 子查询和 FROM 子查询。其中,标量子查询、列子查询和行子查询都属于 WHERE 子查询,而表子查询属于 FROM 子查询。

本节接下来以功能的划分方式为例详细讲解子查询的使用。

1. 标量子查询

所谓标量子查询指的是子查询返回的结果是一个数据，即一行一列。基本语法格式如下。

```
WHERE 条件判断{= | <>}
(SELECT 字段名 FROM 数据源 [WHERE] [GROUP BY] [HAVING] [ORDER BY] [LIMIT]);
```

从上述语法格式可知，标量子查询利用比较运算符"="或判断子查询语句返回的数据是否与指定的条件相等或不等，然后根据比较结果完成相关需求的操作。其中，数据源表示一个符合二维表结构的数据，如数据表。

这里，将查找年龄最大的学生的姓名，作为标量子查询的一个简单示例。具体的 SQL 语句及执行结果如下。

```
mysql> SELECT 姓名
    -> FROM xs
    -> WHERE 出生时间 = (
    ->     SELECT MIN(出生时间)
    ->     FROM xs
    -> );
+--------+
| 姓名   |
+--------+
| 王林   |
+--------+
1 row in set (0.01 sec)
```

从上述 SQL 语句可知，内部查询（SELECT MIN（出生时间）FROM xs）首先找出 xs 表中最早的出生时间（即最年长学生的出生时间），然后外部查询筛选出具有该出生时间的学生姓名。这个例子展示了如何利用子查询来实现复杂的条件过滤，本例中是为了找出年龄最大的学生。

2. 列子查询

所谓列子查询指的是子查询返回的结果是一个字段符合条件的所有数据，即一列多行。基本语法格式如下。

```
WHERE 条件判断(IN | NOT IN}
(SELECT 字段名 FROM 数据源 [WHERE] [GROUP BY] [HAVING] [ORDER BY] [LIMIT]);
```

从上述语法格式可知列子查询利用比较运算函数 IN（）或 NOT IN（），判断指定的条件是否在子查询语句返回的结果集中，然后根据比较结果完成相关需求的操作。

下面的例子将展示如何使用列子查询来查找每个学生的最高分课程成绩。具体的 SQL 语句及执行结果如下。

```
mysql> SELECT xs. 学号, xs. 姓名, (
    ->     SELECT MAX(成绩)
    ->     FROM xs_kc AS sub_xs_kc
```

```
        ->       WHERE sub_xs_kc.学号 = xs.学号
        -> ) AS 最高成绩
        -> FROM xs;
```

学号	姓名	最高成绩
081101	王林	80
081102	程明	78
081103	王燕	81
081104	韦严平	90
081106	李方方	81
081107	李明	80
081108	林一帆	87
081109	张强民	83
081110	张蔚	95
081111	赵琳	91
081113	严红	79
081201	王敏	80
081202	王林	65
081203	王玉民	87
081204	马琳琳	91
081206	李计	NULL
081210	李红庆	76
081216	孙祥欣	81
081218	孙研	70
081220	吴薇华	82
081221	刘燕敏	76
081241	罗林琳	90

22 rows in set (0.01 sec)

在这个查询中，列子查询（SELECT MAX(成绩)…）位于外部查询的 SELECT 语句的列表中，对每个学生执行一次，查找与该学生关联的 xs_kc 表中的最高成绩。这里使用了 sub_xs_kc 作为子查询中的别名，以避免与外部查询中的 xs_kc 混淆，确保正确地为每个学生找到其个人的最高成绩。

3. 行子查询

当子查询的结果是一条包含多个字段的记录（一行多列）时，称为行子查询。基本语法格式如下。

```
WHERE (指定字段名1,指定字段名2,…)=
(SELECT 字段名1,字段名2,…FROM 数据源 [WHERE] [GROUP BY]
[HAVING] [ORDER BY] [LIMIT]);
```

在上述语法格式中，行子查询返回的一条记录与指定的条件进行比较，比较的运算符通常使用"=",表示子查询的结果必须全部与指定的字段相等才满足 WHERE 语句指定的条件。除此之外,还可以使用 MySQL 中其他的比较运算符,不同运算符表示的含义如表 6-13 所示。

表 6-13 不同运算符的行比较

不同运算符的行比较	描述
$(a,b)=(x,y)$	表达的含义等价于 $(a=x)$ AND $(b=y)$
$(a,b)<=>(x,y)$	表达的含义等价于 $(a<=>x)$ AND $(b<=>y)$
$(a,b)<>(x,y)$ 或 $(a,b)!=(x,y)$	表达的含义等价于 $(a<>x)$ OR (boy)
$(a,b)>(x,y)$	表达的含义等价于 $(a>x)$ OR $((a=x)$ AND $(b>y))$
$(a,b)>=(x,y)$	表达的含义等价于 $(a>x)$ OR $((a=x)$ AND $(b>=y))$
$(a,b)<(x,y)$	表达的含义等价于 $(a<x)$ OR $((a=x)$ AND $(b<y))$
$(a,b)<=(x,y)$	表达的含义等价于 $(a<x)$ OR $((a=x)$ AND $(b<=y))$

从表 6-13 可知,行在相等比较(=或<=>)时,各条件之间是与的逻辑关系;在不等比较(<>或!)时,各条件之间是或的逻辑关系;在进行其他方式比较时,各条件之间的逻辑关系包含两种情况。因此,读者在选取行子查询的比较运算符时,要根据实际需求慎重选择。

下面的例子将展示如何使用行子查询来找出至少选修了一门特定课程的所有学生。具体的 SQL 语句及执行结果如下。

```
mysql> SELECT xs. 学号, xs. 姓名
    -> FROM xs
    -> WHERE EXISTS (
    ->     SELECT 1
    ->     FROM xs_kc
    ->     WHERE xs_kc. 学号 = xs. 学号 AND xs_kc. 课程号 = '101'
    -> );
+----------+--------------+
| 学号     | 姓名         |
+----------+--------------+
| 081101   | 王林         |
| 081103   | 王燕         |
| 081104   | 韦严平       |
| 081106   | 李方方       |
| 081107   | 李明         |
| 081108   | 林一帆       |
| 081109   | 张强民       |
| 081110   | 张蔚         |
| 081111   | 赵琳         |
| 081113   | 严红         |
| 081201   | 王敏         |
```

```
| 081202 | 王林    |
| 081203 | 王玉民   |
| 081204 | 马琳琳   |
| 081210 | 李红庆   |
| 081216 | 孙祥欣   |
| 081218 | 孙研    |
| 081220 | 吴薇华   |
| 081221 | 刘燕敏   |
| 081241 | 罗林琳   |
+--------+--------+
20 rows in set (0.00 sec)
```

在这个查询中,行子查询语句(SELECT 1 FROM xs_kc WHERE…)用于检查是否存在至少一个匹配的记录,其中学生的学号和课程号同时满足条件。EXISTS 关键字用于测试子查询的结果是否存在,如果至少有一行满足条件,外部查询就会包含该学生。这个例子展示了如何利用行子查询来作为筛选条件,找出满足特定条件的行。

4. 表子查询

表子查询指的是子查询语句的返回结果用于 FROM 数据源,它是一个符合二维表结构的数据,可以是一行一列、一列多行、一行多列或多行多列。基本语法格式如下。

SELECT 字段列表 FROM (SELECT 语句)[AS]别名
[WHERE] [GROUP BY] [HAVING] [ORDER BY] [LIMIT];

在上述语法格式中,FROM 关键字后的数据源都是表名。因此,当数据源是子查询时必须为其设置别名,同时也是为了将查询结果作为一个表使用时,可以进行条件判断、分组、排序及限量等操作。

下面的例子将展示如何使用表子查询来找出每个学生及其选修的课程数量。具体的 SQL 语句及执行结果如下。

```
mysql> SELECT xs.学号, xs.姓名, COUNT(courses.课程号) AS 选课数量
    -> FROM xs
    -> LEFT JOIN (
    ->     SELECT 学号,课程号
    ->     FROM xs_kc
    -> ) AS courses ON xs.学号 = courses.学号
    -> GROUP BY xs.学号, xs.姓名;
+--------+--------+----------+
| 学号   | 姓名   | 选课数量 |
+--------+--------+----------+
| 081101 | 王林   |        3 |
| 081102 | 程明   |        2 |
| 081103 | 王燕   |        3 |
| 081104 | 韦严平 |        3 |
| 081106 | 李方方 |        3 |
```

```
| 081107 | 李明    |         3 |
| 081108 | 林一帆  |         3 |
| 081109 | 张强民  |         3 |
| 081110 | 张蔚    |         3 |
| 081111 | 赵琳    |         3 |
| 081113 | 严红    |         3 |
| 081201 | 王敏    |         1 |
| 081202 | 王林    |         1 |
| 081203 | 王玉民  |         1 |
| 081204 | 马琳琳  |         1 |
| 081206 | 李计    |         0 |
| 081210 | 李红庆  |         1 |
| 081216 | 孙祥欣  |         1 |
| 081218 | 孙研    |         1 |
| 081220 | 吴薇华  |         1 |
| 081221 | 刘燕敏  |         1 |
| 081241 | 罗林琳  |         1 |
+--------+---------+-----------+
22 rows in set (0.01 sec)
```

在这个查询中，子查询（SELECT 学号，课程号 FROM xs_kc）首先被定义子语句为一个名为 courses 的子查询结果集，它包含所有学生的学号和他们选修的课程号。然后，这个子查询结果被用作一个临时表，在外部查询中通过 LEFT JOIN 子语句与 xs 表连接，以便计算每个学生的选课数量。GROUP BY 子句用于按学生分组，而 COUNT（courses.课程号）函数则计算每个学生的选课总数。这个例子展示了如何利用表子查询作为一种灵活的数据处理手段，以临时构造出新的数据视图用于进一步分析。

6.5.3 子查询关键字

在 WHERE 子查询中，不仅可以使用比较运算符，还可以使用 MySQL 提供的一些特定关键字，如前面讲解过的 IN。除此之外，常用的子查询关键字还有 EXISTS、ANY 和 ALL。下面将分别对这些关键字的使用进行详细讲解。

1. 带 EXISTS 关键字的子查询

带 EXISTS 关键字的子查询语句返回的结果只有 0 和 1 两个值。其中，0 代表不成立，1 代表成立。其基本语法格式如下。

```
WHERE EXISTS(子查询语句);
```

在上述语法中，EXISTS 关键字用于判断子查询语句是否有返回的结果，若存在则返回 1，否则返回 0。

下面的例子将展示如何找出选修了"数据库原理"这门课程的所有学生姓名。具体的 SQL 语句及执行结果如下。

```
mysql> SELECT xs.姓名
    -> FROM xs
```

```
    -> WHERE EXISTS (
    ->     SELECT 1
    ->     FROM xs_kc
    ->     INNER JOIN kc ON xs_kc.课程号 = kc.课程号
    ->     WHERE xs_kc.学号 = xs.学号 AND kc.课程名 = '数据库原理'
    -> );
Empty set (0.01 sec)
```

下面的例子将展示如何找出选修了"计算机基础"这门课程的所有学生姓名。具体的 SQL 语句及执行结果如下。

```
mysql> SELECT xs.姓名
    -> FROM xs
    -> WHERE EXISTS (
    ->     SELECT 1
    ->     FROM xs_kc
    ->     INNER JOIN kc ON xs_kc.课程号 = kc.课程号
    ->     WHERE xs_kc.学号 = xs.学号 AND kc.课程名 = '计算机基础'
    -> );
+-----------+
| 姓名      |
+-----------+
| 王林      |
| 王燕      |
| 韦严平    |
| 李方方    |
| 李明      |
| 林一帆    |
| 张强民    |
| 张蔚      |
| 赵琳      |
| 严红      |
| 王敏      |
| 王林      |
| 王玉民    |
| 马琳琳    |
| 李红庆    |
| 孙祥欣    |
| 孙研      |
| 吴薇华    |
| 刘燕敏    |
| 罗林琳    |
+-----------+
20 rows in set (0.01 sec)
```

在这两个查询中，EXISTS 子查询用来检测是否有满足条件的记录存在。子查询内部首先通过 INNER JOIN 将 xs_kc 表与 kc 表（课程表）连接，以获取课程名称，然后检查是否有该学生（通过 xs. 学号）选修了某个课程。如果不存在这样的记录，EXISTS 子查询就返回假，如第一个查询所示。如果存在这样的记录，EXISTS 子查询就返回真，外部查询就会包括这位学生的名字，如第二个查询所示。这个例子体现了 EXISTS 关键字在避免具体数据检索、仅验证存在性的高效查询场景中的应用。

2. 带 ANY 关键字的子查询

在 SQL 语句中使用带 ANY 关键字的子查询时，表示给定的判断条件，只要符合 ANY 子查询结果中的任意一个，就返回 1，否则返回 0。基本语法格式如下。

```
WHERE 表达式 比较运算符 ANY(子查询语句);
```

在上述语法格式中，当比较运算符为"="时，其执行的效果等价于 IN 关键字。可以使用子查询来查询年龄大于任意计算机专业学生的学生信息。具体的 SQL 语句及执行结果如下。

```
mysql> SELECT 学号, 姓名, 专业名, 出生时间
    -> FROM xs
    -> WHERE 出生时间 < ANY (
    ->     SELECT 出生时间
    ->     FROM xs AS sub_xs
    ->     WHERE 专业名 = '计算机'
    -> );
```

学号	姓名	专业名	出生时间
081101	王林	计算机	1990-02-10
081102	程明	计算机	1991-02-01
081103	王燕	计算机	1989-10-06
081104	韦严平	计算机	1990-08-26
081106	李方方	计算机	1990-11-20
081107	李明	计算机	1990-05-01
081108	林一帆	计算机	1989-08-05
081109	张强民	计算机	1989-08-11
081111	赵琳	计算机	1990-03-18
081113	严红	计算机	1989-08-11
081201	王敏	通信工程	1989-06-10
081202	王林	通信工程	1989-01-29
081203	王玉民	通信工程	1990-03-26
081204	马琳琳	通信工程	1989-02-10
081206	李计	通信工程	1989-09-20
081210	李红庆	通信工程	1989-05-01
081216	孙祥欣	通信工程	1989-03-09

```
| 081218 | 孙研    | 软件工程 | 1990-10-09 |
| 081220 | 吴薇华  | 软件工程 | 1990-03-18 |
| 081221 | 刘燕敏  | 软件工程 | 1989-11-12 |
| 081241 | 罗林琳  | 软件工程 | 1990-01-30 |
+--------+---------+----------+------------+
21 rows in set (0.00 sec)
```

在上述 SQL 语句中，首先获取 ANY 子查询语句的结果；然后将 xs 表中的出生日期与子查询结果集进行比较，只要出生时间比子查询结果集中的任意一个值小，就返回该条记录对应的出生时间值。

注意：MySQL 中还有一个关键字 SOME，与 ANY 的功能完全相同。MySQL 在设计时添加 SOME 的原因在于，英文语法中虽然 SOME 和 ANY 的语法含义相同，但是 NOT ANY 和 NOT SOME 的含义区别很大，前者表示一点也不，相当于 NOT ALL，而后者仅用于否定部分内容。因此，为了便于以英文为母语的开发者理解，设计出了带 SOME 和 ANY 关键字的子查询。

3. 带 ALL 关键字的子查询

在 SQL 语句中使用带 ALL 关键字的子查询时，表示给定的判断条件只有全部符合 ALL 子查询的结果时，才返回 1，否则返回 0。基本语法格式如下。

WHERE 表达式 比较运算符 ALL(子查询语句);

例如，将上述案例中的关键字 ANY 关键字改为 ALL。具体的 SQL 语句及执行结果如下。

```
mysql> SELECT 学号,姓名,专业名,出生时间
    -> FROM xs
    -> WHERE 出生时间 < ALL (
    ->     SELECT 出生时间
    ->     FROM xs AS sub_xs
    ->     WHERE 专业名 = '计算机'
    -> );
+--------+--------+----------+------------+
| 学号   | 姓名   | 专业名   | 出生时间   |
+--------+--------+----------+------------+
| 081201 | 王敏   | 通信工程 | 1989-06-10 |
| 081202 | 王林   | 通信工程 | 1989-01-29 |
| 081204 | 马琳琳 | 通信工程 | 1989-02-10 |
| 081210 | 李红庆 | 通信工程 | 1989-05-01 |
| 081216 | 孙祥欣 | 通信工程 | 1989-03-09 |
+--------+--------+----------+------------+
5 rows in set (0.00 sec)
```

在上述 SQL 语句中，首先获取 ALL 子查询语句的结果；然后将 xs 表中的出生日期与子查询结果集进行比较，此时查询到出生时间比子查询结果集中的所有值都小的记录，就返回该条记录对应的出生时间值。

6.6 外键约束

在数据库设计时，为了保证不同表中相同含义数据的一致性和完整性，可为数据表添加外键约束。例如，成绩表中添加了学生表中不存在的学号，此时就会出现数据信息保存不对等的情况，若在成绩表中将学号设置为外键，即可对相关的操作产生约束。例如，成绩表只能插入学生表中已经存在的学号。接下来针对外键约束的使用进行详细讲解。

6.6.1 添加外键约束

外键指的是在一个表中引用另一个表中的一列或多列，被引用的列应该具有主键约束或唯一性约束，从而保证数据的一致性和完整性。其中，被引用的表称为主表，引用外键的表称为从表。

1. 添加外键约束

要想在创建数据表（CREATE TABLE）或修改数据结构（ALTER TABLE）时添加外键约束，在相应的位置添加以下 SQL 语句即可，其基本语法格式如下。

```
[CONSTRAINT symbol] FOREIGN KEY [index_name] (index_col_name,…)
REFERENCES tbl_name (index_col_name,…)
[ON DELETE {RESTRICT | CASCADE | SET NULL | NO ACTION I SET DEFAULT}];
```

在上述语法格式中，MySQL 可以通过 FOREIGN KEY…REFERENCES 关键字向数据表中添加外键约束。其中，可选关键字 CONSTRAINT 用于定义外键约束的名称 symbol，如果省略，MySQL 将会自动生成一个名字。index_name 也是可选参数，表示外键索引名称，如果省略，MySQL 也会在建立外键时自动创建一个外键索引，加快查询速度。

语法中第一行的参数"index_col_name,…"表示从表中外键名称列表；tbl_name 表示主表名称，主表后的参数列表"index_col_name,…"表示主键约束或唯一性约束字段。ON DELETE 与 ON UPDATE 用于设置主表中的数据被删除或修改时，从表对应数据的处理办法，其后各参数的具体说明如表 6-14 所示。

表 6-14 添加外键约束的参数说明

参数名称	功能描述
RESTRICT	默认值。拒绝主表删除或修改外键关联字段
CASCADE	主表中删除或更新记录时，自动删除或更新从表中对应的记录
SET NULL	主表中删除或更新记录时，使用 NULL 值替换从表中对应的记录（不适用于 NOT NULL 字段）
NO ACTION	与默认值 RESTRICT 相同，拒绝主表删除或修改外键关联字段
SET DEFAULT	设默认值，但 InnoDB 目前不支持

需要注意的是，目前只有 InnoDB 存储引擎支持外键约束。且建立外键关系的两个数据表的相关字段数据类型必须相似，也就是要求字段的数据类型可以相互转换。例如，INT 和 TINYINT 类型的字段可以建立外键关系，而 INT 和 CHAR 类型的字段则不可以建立外键

关系。

为了让读者更好地理解，下面在 xscj 数据库中，以学生表 xs 和成绩表 xs_kc 为例，讲解如何在执行 CREATE TABLE 和 ALTER TABLE 语句时添加外键约束的两种方式。

（1）执行 CREATE TABLE 语句时添加外键约束。

为从表创建外键约束时，首先要保证数据库中已存在主表，否则程序会报"不能添加外键约束"的错误。具体的 SQL 语句及执行结果如下。

```
#①在 xscj 数据库下创建主表
CREATE TABLE 'xs' (
    '学号' char(6) NOT NULL,
    '姓名' char(8) NOT NULL,
    '专业名' char(10) default NULL,
    '性别' tinyint(1) NOT NULL default '1' COMMENT '1 为男 0 为女',
    '出生时间' date NOT NULL,
    '总学分' tinyint(1) default NULL,
    '照片' blob,
    '备注' text,
    PRIMARY KEY ('学号')
) ENGINE=InnoDB DEFAULT CHARSET=gb2312;
#②在 xscj 数据库下创建从表,添加外键约束
CREATE TABLE 'xs_kc' (
    '学号' char(6) NOT NULL,
    '课程号' char(6) NOT NULL,
    '成绩' decimal(3,1),
    PRIMARY KEY ('学号'),
    CONSTRAINT 'fk_xs_kc_xs' FOREIGN KEY ('学号') REFERENCES 'xs' ('学号')
) ENGINE=InnoDB DEFAULT CHARSET=gb2312;
Query OK, 0 rows affected(0.23 sec)
```

在这个例子中，xs_kc 表的学号字段通过"CONSTRAINT fk_xs_kc_xs FOREIGN KEY（学号）REFERENCES xs（学号）"语句定义为外键，它引用了 xs 表的学号字段。这样确保了在 xs_kc 表中插入或更新记录时，所引用的学号必须存在于 xs 表中，维护了数据的参照完整性。这里使用了 InnoDB 引擎，因为它支持事务处理和行级锁定，同时也支持外键约束。

值得一提的是，定义外键约束名称（如 FK_ID）时，不能加单引号和双引号。例如，添加外键约束时，使用 CONSTRAINT 'FK_ID' 或 CONSTRAINT "FK_ID"的设置方式都会报错。

（2）执行 ALTER TABLE 语句时添加外键约束。

对于已经创建的数据表，则可以通过执行 ALTER TABLE 语句的方式添加外键约束。例如，若 xscj 数据库中已有两个数据表 xs 和 xs_kc，xs_kc 表在创建时未添加外键约束，此时就可以通过以下执行 ALTER TABLE 语句方式实现。

```
mysql> ALTER TABLE 'xs_kc'
```

```
            -> ADD CONSTRAINT 'fk_xs_kc_xs' FOREIGN KEY('学号')
            -> REFERENCES 'xs'('学号')
            -> ON DELETE RESTRICT ON UPDATE CASCADE;
Query OK, 42 rows affected (0.04 sec)
Records: 42  Duplicates: 0  Warnings: 0
```

在上面的 SQL 语句中，其语法格式说明如下。

（1）ADD CONSTRAINT 子句用于添加一个新的约束。

（2）fk_xs_kc_xs 是给这个外键约束定义的名称，可以自定义。

（3）FOREIGN KEY（学号）指定了 xs_kc 表中外键字段。

（4）REFERENCES xs（学号）指明了这个外键引用的父表 xs 和父表中的字段。

（5）ON DELETE RESTRICT 表示当父表中的记录被删除时，如果子表中有相关联的记录，则不允许删除操作，保证了数据的完整性。

需要注意的是，添加外键约束之前，需要确保 xs_kc 表中所有学号的值都已经存在于 xs 表的学号字段中，否则会违反外键约束的完整性规则。如果存在不匹配的数据，需要先清理或调整数据。

2. 查看外键约束

在添加完外键约束后，可以利用 DESC 语句查看数据表 xs_kc 中添加了外键约束的字段信息，具体的 SQL 语句及执行结果如下。

```
mysql> DESC xs_kc '学号';
+--------+----------+------+------+----------+-------+
| Field  | Type     | Null | Key  | Default  | Extra |
+--------+----------+------+------+----------+-------+
| 学号   | char(6)  | NO   | PRI  | NULL     |       |
+--------+----------+------+------+----------+-------+
1 row in set (0.01 sec)
```

另外，读者还可以在 MySQL 中使用 SHOW CREATE TABLE 语句查看 xs_kc 表的详细结构。具体的 SQL 语句及执行结果如下。

```
mysql> SHOW CREATE TABLE xscj.xs_kc\G
*************************** 1. row ***************************
       Table: xs_kc
Create Table: CREATE TABLE 'xs_kc' (
  '学号' char(6) NOT NULL,
  '课程号' char(3) NOT NULL,
  '成绩' tinyint(1) DEFAULT NULL,
  '学分' tinyint(1) DEFAULT NULL,
  PRIMARY KEY ('学号','课程号')USING BTREE,
  CONSTRAINT 'fk_xs_kc_xs'FOREIGN KEY ('学号')REFERENCES 'xs'('学号')ON UPDATE CASCADE
) ENGINE=InnoDB DEFAULT CHARSET=gb2312
1 row in set (0.00 sec)
```

在上述结果中，为学号字段添加外键约束后，当学号没有索引时，服务器就会自动为其创建与外键同名的索引。数据表的默认存储引擎为 InnoDB，关于存储引擎将在第 10 章详细讲解，此处了解即可。

值得一提的是，由于 ON DELETE RESTRICT 设置的拒绝主表的删除操作属于默认值，因此显示表创建语句时省略了此设置。若设置为删除主表记录，则从表对应字段设置为 NULL，即可在表的详细结构中显示 ON DELETE SET NULL 的设置。

6.6.2 关联表操作

实体之间具有一对一、一对多和多对多的联系，而具有关联的表中的数据，可以通过连接查询的方式获取，并且在没有添加外键约束时，关联表中的数据插入、更新和删除操作互不影响。但是对于添加了外键约束的关联表而言，数据的插入、更新和删除操作就会受到一定的约束。下面对具有外键约束关系的关联表操作进行详细讲解。

1. 添加数据

一个具有外键约束的从表在插入数据时，外键字段的值会受主表数据的约束，保证从表插入的数据必须符合约束规范的要求。如从表外键字段不能插入主表中不存在的数据。

例如，主表 xs 中未添加数据时，向 xs_kc 表中插入一条记录（学号 231101，选课 101，成绩 80，学分 5）。具体的 SQL 语句及执行结果如下。

```
mysql> INSERT INTO xs_kc VALUES ('231101', '101', '80', '5' );
ERROR 1452 (23000)：Cannot add orupdate a child row: a foreign key constraint fails ('xscj'.'xs_kc',
CONSTRAINT 'fk_xs_kc_xs'FOREIGN KEY ('学号' )REFERENCES 'xs'('学号' )ON UPDATE CASCADE)
```

从以上的执行结果可知，从表外键字段插入的值必须选取主表中相关联字段已经存在的数据，否则就会报以上的错误提示信息。

下面为 xs 表添加一条学号值为 231101 的记录，然后再利用上述示例中的 SQL 语句为 xs_kc 表添加数据。具体的 SQL 语句及执行结果如下。

```
mysql> INSERT INTO 'xs'('学号', '姓名', '专业名', '性别', '出生时间', '总学分')
    -> VALUES ('231101', '李华', '计算机科学', 1, '1999-09-01', 50);
Query OK, 1 row affected (0.01 sec)


mysql> INSERT INTO xs_kc VALUES ('231101', '101', '80', '5' );
Query OK, 1 row affected (0.01 sec)
```

从上述执行结果可知，在主表 xs 中存在学号为 231101 的学生信息后，从表 xs_kc 中才能插入此用户信息。

2. 更新数据

对于建立外键约束的关联数据表来说，若对主表进行更新操作，从表将按照其建立外键约束时设置的 ON UPDATE 参数自动执行相应的操作。例如，当参数设置为 CASCADE 时，如果主表发生更新，则从表也会对相应的字段进行更新。

下面对具有外键约束关系的 xs_kc（从表）和 xs（主表）进行操作，具体的 SQL 语句及执行结果如下。

```
mysql>   UPDATE xscj.xs SET 学号 = 231103 WHERE 姓名 ='王燕';
Query OK, 1 row affected (0.01 sec)
Rows matched: 1   Changed: 1   Warnings: 0
mysql> SELECT *  FROM xscj.xs_kc WHERE 学号 = 231103;
+----------+----------+----------+----------+
| 学号     | 课程号   | 成绩     | 学分     |
+----------+----------+----------+----------+
| 231103   | 101      |    62    |    5     |
| 231103   | 102      |    70    |    4     |
| 231103   | 206      |    81    |    4     |
+----------+----------+----------+----------+
3 rows in set (0.01 sec)
```

从以上的执行结果可知，仅将主表 xs 中名为"王燕"的学号修改为 231103 后，从表 xs_kc 中的相关学生的外键学号也同时被修改为 231103。

小提示：外键约束在使用时既有一定的优势，同时又会带来一定的问题，具体如下。
（1）优势。
① 外键可节省开发量。
② 外键能约束数据有效性，防止非法数据的插入。
（2）劣势。
① 使用外键约束，会带来额外的开销。
② 主表被锁定时，会引发从表也被锁定。
③ 删除主表的数据时，需先删除从表的数据。
④ 含有外键约束的从表字段不能修改表结构。

其中，关于锁的内容将会在第 10 章中详细讲解，此处了解即可。

3. 删除数据

同样地，对于已建立外键约束的关联数据表来说，若要对主表执行删除操作，从表将按照其建立外键约束时设置的 ON DELETE 参数自动执行相应的操作。例如，当参数设置为 RESTRICT 时，如果主表进行删除操作，同时从表中的外键字段有关联记录，就会阻止主表的删除操作。

下面对具有外键约束关系的 xs_kc（从表）和 xs（主表）进行操作，具体的 SQL 语句及执行结果如下。

```
mysql> DELETE FROM xscj.xs WHERE 学号 = 231103;
ERROR 1451 (23000): Cannot delete or update a parent row: a foreign key constraint fails ('xscj'.'xs_kc', CONSTRAINT 'fk_xs_kc_xs'FOREIGN KEY ('学号')REFERENCES 'xs'('学号')ON UPDATE CASCADE)
```

从上述执行结果可知，在删除主表 xs 中学号等于 231103 的记录时，由于从表 xs_kc 中含有学号等于 231103 的学生信息，程序就会给出以上的错误提示信息。

此时，若要删除具有 ON DELETE RESTRICT 约束关系的主表记录时，一定要先删除从表中对应的数据，然后再删除主表中的数据。具体的 SQL 语句及执行结果如下。

```
mysql> DELETE FROM xscj.xs_kc WHERE 学号 = 231103;
Query OK, 3 rows affected (0.01 sec)
mysql> DELETE FROM xscj.xs WHERE 学号 = 231103;
Query OK, 1 row affected (0.01 sec)
```

从上述的操作可知，关联表在删除操作时使用 DISTRICT 严格模式，主表中每条记录的删除，都要保证从表中没有相关记录的对应数据，这会对开发造成很大的不便。因此，对于添加外键约束的 ON DELETE 一般都使用 SET NULL 模式，即删除主表记录时，将从表中对应的记录设置为 NULL，同时要保证从表中对应的外键字段允许为空，否则不允许设置该模式。

6.6.3 删除外键约束

在实际开发中，根据业务逻辑的需求，需要解除两个表之间的关联关系时，就要删除外键约束。基本语法格式如下。

ALTER TABLE 表名 DROP FOREIGN KEY 外键名;

下面以解除员工表 xs_kc 与部门表 xs 之间的外键约束为例进行演示，具体的 SQL 语句及执行结果如下。

```
mysql> ALTER TABLE xscj.xs_kc DROP FOREIGN KEY fk_xs_kc_xs;
Query OK, 0 rows affected (0.02 sec)
Records: 0  Duplicates: 0  Warnings: 0
```

在删除 xs_kc 表的外键约束后，下面利用 DESC 语句查询 xs_kc 表中删除了外键约束的字段信息，具体 SQL 语句及执行结果如下。

```
mysql> DESC xscj.xs_kc 学号;
+--------+---------+------+-----+---------+-------+
| Field  | Type    | Null | Key | Default | Extra |
+--------+---------+------+-----+---------+-------+
| 学号   | char(6) | NO   | PRI | NULL    |       |
+--------+---------+------+-----+---------+-------+
1 row in set (0.01 sec)
```

也可以通过 SHOW CREATE TABLE 语句查看。具体的 SQL 语句及执行结果如下。

```
mysql> SHOW CREATE TABLE xscj.xs_kc \G
*************************** 1. row ***************************
       Table: xs_kc
Create Table: CREATE TABLE 'xs_kc' (
  '学号' char(6) NOT NULL,
  '课程号' char(3) NOT NULL,
  '成绩' tinyint(1) DEFAULT NULL,
  '学分' tinyint(1) DEFAULT NULL,
  PRIMARY KEY ('学号','课程号')USING BTREE
) ENGINE=InnoDB DEFAULT CHARSET=gb2312
1 row in set (0.00 sec)
```

本章小结

本章主要讲解了常用运算符的使用、索引的操作及使用原则、单表查询操作，包括 SELECT 语句定义、选择指定的列、聚合函数和 WHERE 子句及多表操作的相关知识，包括子查询、多表之间的关联关系、关联表建立外键约束，以及关联表的增、删、改、查操作。通过本章的学习，希望大家能够熟练掌握多表查询中的连接查询和子查询。

课后练习

一、填空题

1. 多数据插入时，VALUE 后的多个值列表之间使用＿＿＿＿分隔。
2. "LIMIT 2,2" 表示从第＿＿＿＿条记录开始，最多获取 2 条记录。
3. 表达式＿＿＿＿用于获取大于或等于 3 且小于或等于 11 之间的随机数。
4. MySQL 的除法运算中，除数为 0 的执行结果为＿＿＿＿。
5. 在 INSERT 语句中添加＿＿＿＿可在主键冲突时，利用更新的方式完成数据的插入。
6. 带有＿＿＿＿关键字的子查询只要查询结果中有一个符合要求就返回真。
7. 子查询根据位置的不同可分为 WHERE 子查询和＿＿＿＿。
8. 含有 5 个字段的表 1（3 条记录）与含有 2 个字段的表 2（4 条记录）交叉连接查询后记录的总数为＿＿＿＿。
9. ＿＿＿＿查询在不设置连接条件时与交叉连接等价。
10. 在行子查询中表达式（a, b）<>(x, y) 等价于含有逻辑运算符的＿＿＿＿。

二、判断题

1. 查询数据时，默认根据 ORDER BY 子句指定的字段进行降序排序。（　　）
2. UPDATE 语句更新数据时可以通过 LIMIT 子句限制更新的记录数。（　　）
3. "LIMIT 3" 中的 3 表示偏移量，用于设置从哪条记录开始。（　　）
4. 使用 SELECT 语句查看表达式 "NOT 2+ !3" 的执行结果为 0。（　　）
5. 对于分组数据的排序，只需在分组字段后添加关键字 ASC 或 DESC 即可。（　　）
6. 在表结构中，含有外键约束的表称为主表。（　　）
7. WHERE 子句的指定条件只要符合 SOME 子查询结果中的任何一个都表示成立。（　　）
8. 目前只有 InnoDB 引擎类型支持外键约束。（　　）
9. 默认情况下，联合查询会去除完全重复的记录。（　　）
10. 建立外键约束的主表和从表数据类型必须完全相同。（　　）

三、选择题

1. 下列关于插入数据的语法错误的是（　　）。
    A. INSERT INTO 表 VALUE(值列表)；
    B. INSERT 表 SET 字段值 1 =值 1[,字段 2 =值 2]…；
    C. INSERT INTO 表 1(字段列表)SELECT（字段列表)FROM 表 2；
    D. INSERT INTO 表 1(字段列表)VALUES SELECT（字段列表)FROM 表 2；

2. 下列选项中与"WHERE (id,price)=(3,1999)"功能相同的是（　　）。
   A. WHERE id = 3 || price=1999　　　B. WHERE id = 3 && price= 1999
   C. WHERE (id,price)<> (3,1999)　　　D. 以上选项都不正确
3. 下列可以用于比较运算的函数是（　　）。
   A. RAND()　　　B. POW()　　　C. CEIL()　　　D. IN()
4. 下列运算符中，优先级别最高的是（　　）。
   A. -（负号）　　　　　　　　B. -（减运算符）
   C. =（赋值运算符）　　　　　D. =（比较运算符）
5. 下列关于分组的说法错误的是（　　）。
   A. SELECT 语句中 ORDER BY 子句不能与回溯统计同时使用
   B. 利用 ANY_VALUE() 函数可使分组统计后默认只保留每组中的第一条记录
   C. 分组后的数据筛选可以使用 WHERE 或 HAVING 子句实现
   D. 分组操作默认按分组字段（中文除外）升序排序
6. 下列不属于 WHERE 子查询的是（　　）。
   A. 标量子查询　　B. 列子查询　　C. 行子查询　　D. 表子查询
7. 添加外键约束时，设置（　　）可同步更新主表和从表对应的记录。
   A. ON UPDATE RESTRICT　　　　B. ON UPDATE CASCADE
   C. ON UPDATE SET NULL　　　　D. 以上答案都不正确
8. 下列连接查询中，（　　）仅会保留符合条件的记录。
   A. 左外连接　　B. 右外连接　　C. 内连接　　D. 自连接
9. 下列选项中数据 FROM 子查询的是（　　）。
   A. EXISTS 子查询　B. 表子查询　　C. 行子查询　　D. 以上答案都不正确
10. 下列关于外键约束的说法错误的是（　　）。
    A. 只有 InnoDB 存储引擎的数据表才支持外键约束
    B. 默认情况下，主表记录修改的同时修改从表的记录
    C. 从表外键字段插入的值必须选取主表中相关联字段已经存在的数据
    D. 默认情况下，从表含有关联记录则拒绝删除主表记录

四、简答题
1. 请简述 DELETE 与 TRUNCATE 语句的区别。
2. 请简述 WHERE 与 HAVING 子句之间的区别。

五、实训题
1. 查询 employees 表的员工部门号和性别，要求消除重复行。
2. 显示月收入高于 2 000 元的员工编号。
3. 查询"王琳"的基本情况和所工作的部门名称。
4. 查找雇员数超过 2 人的部门名称和员工数量。

第 7 章
视 图

在前面 6 章的学习中,数据库操作的数据表都是一些真实存在的表,其实,数据库还有一种虚拟表,它的结构和真实表一样,都是二维表,但是不存放数据,数据从真实表中获取,这种表被称为视图。本章将针对数据库中视图的基本操作进行详细讲解。

学习目标

了解视图的概念和作用。

掌握视图的创建、查看、修改和删除操作。

掌握视图的数据操作。

7.1 初识视图

7.1.1 视图的概念和使用

视图是从一个或多个表中导出来的表,它是一种虚拟存在的表,表的结构和数据都依赖于基本表。通过视图不仅可以看到存放在基本表中的数据,还可以像操作基本表一样,对数据进行查询、添加、修改和删除。

为了让读者直观看到视图的使用效果,下面通过一个案例进行演示。

```
#①选择 xscj 数据库
mysql>USE xscj;
Database changed
#②查询数据
mysql> SELECT xs.学号,课程号,成绩
    -> FROM xscj.xs,xscj.xs_kc
    -> WHERE xs.学号=xs_kc.学号 AND xs.专业名='通信工程';
+--------+--------+--------+
| 学号   | 课程号 | 成绩   |
+--------+--------+--------+
| 081201 | 101    |   80   |
| 081202 | 101    |   65   |
| 081203 | 101    |   87   |
| 081204 | 101    |   91   |
```

```
| 081210   | 101      | 76            |
| 081216   | 101      | 81            |
+----------+----------+---------------+
6 rows in set (0.00 sec)
#③创建 cs_kc 视图(CREATE VIEW 视图名 AS SELECT 语句)
mysql> CREATE VIEW xscj.cs_kc
    -> AS
    -> SELECT xs.学号,课程号,成绩
    -> FROM xscj.xs,xscj.xs_kc
    -> WHERE xs.学号=xs_kc.学号 AND xs.专业名='通信工程'
    -> WITH CHECK OPTION;
Query OK, 0 rows affected (0.01 sec)
#④查询视图
mysql> SELECT * FROM cs_kc;
+----------+----------+---------------+
| 学号     | 课程号   | 成绩          |
+----------+----------+---------------+
| 081201   | 101      | 80            |
| 081202   | 101      | 65            |
| 081203   | 101      | 87            |
| 081204   | 101      | 91            |
| 081210   | 101      | 76            |
| 081216   | 101      | 81            |
+----------+----------+---------------+
6 rows in set (0.00 sec)
#⑤删除视图(DROP VIEW 视图名)
mysql> DROP VIEW cs_kc;
Query OK, 0 rows affected (0.00 sec)
```

在上述示例中，第③步用于创建 cs_kc 视图，语法格式为"CREATE VIEW 视图名 AS SELECT 语句"，此处将 AS 后面的 SELECT 语句指定为第②步的查询语句。

将视图创建出来后，第④步使用 SELECT 语句查询 cs_kc 视图，会看到其查询结果与第②步相同。

在查询视图时，SELECT 语句中的字段列表和 WHERE 等子句中的字段，只能使用创建视图时指定的 SELECT 语句中的字段，即学号、课程号和成绩字段，而 xs 表中的其他字段则无法通过 cs_kc 视图查询。具体的 SQL 语句如下。

```
#错误情景1:字段列表中不能使用 stock 字段
mysql> SELECT 专业名 FROM cs_kc;
ERROR 1054 (42S22): Unknown column '专业名' in 'field list'
#错误情景2:WHERE 子句中不能使用 stock 字段
mysql> SELECT * FROM cs_kc WHERE 专业名 = 计算机;
ERROR 1054 (42S22): Unknown column '专业名' in 'where clause'
```

通过上述案例可知，与直接操作基本表相比，视图具有以下优点。

（1）简化查询语句。通过视图可以简化查询语句，简化用户的查询操作，使查询更加快捷。日常开发中可以将经常使用的查询定义为视图，从而避免大量重复的操作。

（2）安全性。通过视图可以更方便地进行权限控制，能够使特定用户只能查询和修改他们所能见到的数据，数据库中的其他数据则既看不到也取不到。

（3）逻辑数据独立性。视图可以屏蔽真实表结构变化带来的影响。例如，当其他应用程序查询数据时，若直接查询数据表，一旦表结构发生改变，查询的 SQL 语句就会发生改变，应用程序也必须随之更改。但若为应用程序提供视图，修改表结构后只需修改视图对应的 SELECT 语句，而无须更改应用程序。

7.1.2 创建视图的语法格式

创建视图使用 CREATE VIEW 语句，该语句的基本语法格式如下。

```
CREATE [OR REPLACE] [ALGORITHM = {UNDEFINED | MERGE | TEMPTABLE}]
[DEFINER = { user | CURRENT_USER }]
[SQL SECURITY { DEFINER | INVOKER }]
VIEW view_name [ (column_list)]
AS select_statement
[WITH [CASCADED | LOCAL] CHECK OPTION];
```

从上述语法格式可以看出，创建视图的语句是由多条子句构成的。下面对语法格式中的每个部分进行解释，具体如下。

（1）CREATE：表示创建视图的关键字。

（2）OR REPLACE：可选，表示替换已有视图。

（3）ALGORITHM：可选，表示视图算法，会影响查询语句的解析方式，它的取值有以下三个，一般情况下使用 UNDEFINED 即可。

① UNDEFINED（默认）：由 MySQL 自动选择算法。

② MERGE：将 select_statement 和查询视图时的 SELECT 语句合并起来查询。

③ TEMPTABLE：先将 select_statement 的查询结果存入临时表，然后用临时表进行查询。

（4）DEFINER：可选，表示定义视图的用户，与安全控制有关，默认为当前用户。

（5）SQL SECURITY：可选，用于视图的安全控制，它的取值有以下两个。

① DEFINER（默认）：由定义者指定的用户的权限来执行。

② INVOKER：由调用视图的用户的权限来执行。

（6）view_name：表示要创建的视图名称。

（7）column_list：可选，用于指定视图中的各个列的名称，默认情况下，与 SELECT 语句查询的列相同。

（8）AS：表示视图要执行的操作。

（9）select_statement：一个完整的查询语句，表示从某些表或视图中查出某些满足条件的记录，并将这些记录导入视图中。

（10）WITH CHECK OPTION：可选，用于视图数据操作时的检查条件。若省略此子句，则不进行检查。它的取值有以下两个。

① CASCADED（默认）：操作数据时要满足所有相关视图和表定义的条件。例如，当在一个视图的基础上创建另一个视图时，进行级联检查。

② LOCAL：操作数据时满足该视图本身定义的条件即可。

小提示：

（1）在默认情况下，新创建的视图保存在当前选择的数据库中。若要明确指定在某个数据库中创建视图，在创建时应将名称指定为"数据库名.视图名"。

（2）在 SHOW TABLES 语句的查询结果中包含了已经创建的视图。

（3）创建视图要求用户具有 CREATE VIEW 语句的执行权限，以及查询涉及的列的 SELECT 语句的执行权限。如果还有 OR REPLACE 子句，必须具有 DROP VIEW 语句的执行权限。

（4）在同一个数据库中，视图名称和已经存在的表名称不能相同，为了区分，建议在命名时添加"view_"前缀或"_view"后缀。

（5）视图创建后，MySQL 就会在数据库目录中创建一个"视图名.frm"文件。

7.2 视图管理

7.1 节介绍了视图的概念和基本语法格式。在对视图有了初步的了解以后，本节将针对视图的创建、查看、修改以及删除操作进行详细讲解。

7.2.1 创建视图

在创建视图时，除了按照 7.1.1 节演示的方式进行创建，还可以创建多表视图、自定义视图中的列名称、进行视图安全控制等，下面将进行详细讲解。

1. 在多表上创建视图

除了在单表上创建视图，还可以在两个或两个以上的基本表上创建视图。下面通过案例演示在 xs 和 xs_category 两张表上创建视图。

```
#①创建视图
mysql> CREATE VIEW cs_kc2 AS
    -> SELECT xs.姓名, kc.课程名, xs_kc.成绩
    -> FROM xs
    -> JOIN xs_kc ON xs.学号 = xs_kc.学号
    -> JOIN kc ON xs_kc.课程号 = kc.课程号;
Query OK, 0 rows affected (0.01 sec)
#②查看视图
mysql>SELECT *  FROM cs_kc LIMIT 3;
+----------+----------+--------------+
| 学号     | 课程号   | 成绩         |
+----------+----------+--------------+
| 081201   | 101      |    80        |
| 081202   | 101      |    65        |
| 081203   | 101      |    87        |
+----------+----------+--------------+
3 rows inset (0.00 sec)
```

从上述案例可以看出,当创建视图时指定的 SELECT 语句涉及多张表的查询时,创建的视图就是多表视图。

2. 自定义列名称

通过创建视图的语法格式可知,视图的列名称可以自定义。下面通过案例演示在创建视图时自定义列名称,具体的 SQL 语句和运行结果如下。

```
#①创建视图
mysql> CREATE VIEW 学生课程成绩视图 AS
    -> SELECT
    ->        xs. 姓名 AS '学生姓名',
    ->        kc. 课程名 AS '课程名称',
    ->        xs_kc. 成绩 AS '分数'
    -> FROM
    ->        xs
    -> JOIN
    ->        xs_kc ON xs. 学号 = xs_kc. 学号
    -> JOIN
    ->        kc ON xs_kc. 课程号 = kc. 课程号;
Query OK, 0 rows affected (0.00 sec)
#②查看视图
mysql> SELECT *  FROM 学生课程成绩视图 WHERE 分数 >= 90;
+-----------+---------------+--------+
| 学生姓名   | 课程名称       | 分数   |
+-----------+---------------+--------+
| 韦严平    | 计算机基础      |   90 |
| 张蔚      | 计算机基础      |   95 |
| 张蔚      | 程序设计与语言   |   90 |
| 赵琳      | 计算机基础      |   91 |
| 马琳琳    | 计算机基础      |   91 |
| 罗林琳    | 计算机基础      |   90 |
+-----------+---------------+--------+
6 rows in set (0.00 sec)
```

在这个视图定义中注意以下几点。

(1)视图名为学生课程成绩视图,是用中文定义的视图名称。

(2)列名也使用了中文定义,学生姓名对应于 xs 表中的姓名,课程名称对应于 kc 表中的课程名,分数对应于 xs_kc 表中的成绩。

(3)通过 JOIN 操作将三个表连接起来,以便从不同的表中提取所需信息并以中文列名的形式展现。

这样创建的视图,使查询结果更加直观易读,便于中文环境下的用户理解和操作。

3. 视图安全控制

从创建视图的语法格式可知,在创建视图时设置 DEFINER 和 SQL SECURITY 可以控制视图的安全。为了使读者更好的理解,下面通过案例演示它们的作用,具体如下。

```
#①创建测试用户 xscj_test
mysql> CREATE USER xscj_test;
Query OK, 0 rows affected (0.00 sec)
#②创建第1个视图,权限控制使用默认值
mysql> CREATE VIEW cs_kc_t1 AS
    -> SELECT 学号, 姓名 FROM xs LIMIT 1;
Query OK, 0 rows affected (0.01 sec)
#③创建第2个视图,设置 DEFINER 为 xscj_test 用户
mysql> CREATE DEFINER= 'xscj_test' VIEW cs_kc_t2 AS
    -> SELECT 学号, 姓名 FROM xs LIMIT 1;
Query OK, 0 rows affected (0.01 sec)
#④创建第3个视图,设置 SQL SECURITY 为 INVOKER
mysql> CREATE SQL SECURITY INVOKER VIEW cs_kc_t3 AS
    -> SELECT 学号, 姓名 FROM xs LIMIT 1;
Query OK, 0 rows affected (0.01 sec)
#⑤为 xscj_test 用户赋予前面创建的3个视图的 SELECT 权限
mysql> GRANT SELECT ON cs_kc_t1 TO 'xscj_test';
Query OK, 0 rows affected (0.01 sec)
mysql> GRANT SELECT ON cs_kc_t2 TO 'xscj_test';
Query OK, 0 rows affected (0.01 sec)
mysql> GRANT SELECT ON cs_kc_t3 TO 'xscj_test';
Query OK, 0 rows affected (0.01 sec)
```

在上述操作创建的3个视图中,cs_kc_t1 的 DEFINER 为当前用户 root,SQL SECURITY 为 DEFINER;cs_kc_t2 的 DEFINER 为 xscj_test 用户,SQL SECURITY 同样也是 DEFINER;cs_kc_t3 的 DEFINER 为当前用户 root,但 SQL SECURITY 为 INVOKER。

下面重新打开一个命令行窗口,通过 mysql -u xscj_test 命令登录 xscj_test 用户,然后执行如下操作来测试视图是否可用。

```
mysql>USE xscj;
Database changed.
#① 第1个视图的 DEFINER 为 root,该用户有 xs 表的 SELECT 权限
mysql> SELECT *  FROM cs_kc_t1;
+----------+--------+
| 学号     | 姓名   |
+----------+--------+
| 081101   | 王林   |
+----------+--------+
1 row in set(0.00 sec)
#② 第2个视图的 DEFINER 为 xscj_test,该用户没有 xs 表的 SELECT 权限
mysql> SELECT *  FROM cs_kc_t2;
ERROR 1356 (HY000): View 'xscj.cs_kc_t2' references invalid table(s) or column(s) or function(s) or definer/invoker of view lack rights to use them
```

#③第 3 个视图的 SQL SECURITY 为 INVOKER,
#会判断当前 xscj_test 有无 xs 表的 SELECT 权限
mysql> SELECT * FROM cs_kc_t3;
ERROR 1356 (HY000)：View 'xscj.cs_kc_t3' references invalid table(s) or column(s) or function(s) or definer/invoker of view lack rights to use them

从测试结果可以看出，只有 cs_kc_t1 查询成功，这是因为该视图使用的 root 用户有权限查询基本表 xs，而 cs_kc_t2 和 cs_kc_t3 使用的 xscj_test 用户没有对基本表 xs 的查询权限，因此查询失败。

7.2.2 查看视图

查看视图是指查看数据库中已经存在的视图定义。查看视图必须有执行 SHOW VIEW 语句的权限。查看视图的方式有 3 种，具体如下。

1. 查看视图的字段信息

MySQL 提供的 DESCRIBE（DESC）语句不仅可以查看数据表的字段信息，还可以查看视图的字段信息。具体使用示例如下。

```
mysql> DESC cs_kc;
+-----------+------------+------+-----+---------+-------+
| Field     | Type       | Null | Key | Default | Extra |
+-----------+------------+------+-----+---------+-------+
| 学号      | char(6)    | NO   |     | NULL    |       |
| 课程号    | char(3)    | NO   |     | NULL    |       |
| 成绩      | tinyint(1) | YES  |     | NULL    |       |
+-----------+------------+------+-----+---------+-------+
3 rows in set (0.01 sec)
```

2. 查看视图状态信息

MySQL 提供的 SHOW TABLE STATUS 语句不仅可以查看数据表的状态信息，还可以查看视图的状态信息。具体使用示例如下。

```
mysql> SHOW TABLE STATUS LIKE 'cs_kc'\G
*************************** 1. row ***************************
           Name：cs_kc
         Engine：NULL
        Version：NULL
     Row_format：NULL
           Rows：NULL
 Avg_row_length：NULL
    Data_length：NULL
Max_data_length：NULL
   Index_length：NULL
      Data_free：NULL
 Auto_increment：NULL
```

```
         Create_time：NULL
         Update_time：NULL
          Check_time：NULL
            Collation：NULL
            Checksum：NULL
      Create_options：NULL
             Comment：VIEW
     Max_index_length：NULL
           Temporary：NULL
1 row in set (0.01 sec)
```

上述执行结果显示了 cs_kc 视图的状态信息，除 Name 和 Comment 之外，其他信息为 NULL。Comment 的值为 VIEW，表示所查的 cs_kc 是一个视图。

3. 查看视图的创建语句

使用 SHOW CREATE VIEW（或 SHOW CREATE TABLE）语句可以查看创建视图时的定义语句及视图的字符编码。具体使用示例如下。

```
mysql> SHOW CREATE VIEW cs_kc\G
*****************************1. row *****************************
                View：cs_kc
         Create View：CREATE ALGORITHM = UNDEFINED DEFINER =' root' @' localhost' SQL
SECURITY DEFINER VIEW 'cs_kc'AS select 'xs'.'学号'AS '学号','xs_kc'.'课程号'AS '课程号','xs_kc'.'成
绩'AS '成绩'from ('xs'join 'xs_kc' )where 'xs'.'学号' = 'xs_kc'.'学号'and 'xs'.'专业名' = '通信工程'WITH
CASCADED CHECK OPTION
  character_set_client：utf8
  collation_connection：utf8_general_ci
1 row in set (0.00 sec)
```

从上述执行结果可以看出，使用 SHOW CREATE VIEW 语句查看了视图的名称、创建语句、字符编码等信息。

7.2.3 修改视图

修改视图是指修改数据库中存在的视图定义。例如，当基本表中的某些字段发生变化时，视图必须修改才能正常使用。在 MySQL 中修改视图的方式有两种，具体如下。

1. 替换已有的视图

通过 CREATE OR REPLACE VIEW 语句可以在创建视图时替换已有的同名视图，如果视图不存在，则创建一个视图。具体使用示例如下。

```
#①创建视图
mysql> CREATE VIEW xscj.cs_kc
    -> AS
    -> SELECT xs.学号,课程号,成绩
    -> FROM xscj.xs,xscj.xs_kc
    -> WHERE xs.学号=xs_kc.学号 AND xs.专业名='通信工程'
```

```
    -> WITH CHECK OPTION;
Query OK, 0 rows affected (0.11 sec)
#②修改已有视图
mysql> CREATE OR REPLACE VIEW cs_kc AS
    -> SELECT 学号, 姓名 FROM xs;
Query OK, 0 rows affected (0.01 sec)
#③查看修改结果
mysql> DESC cs_kc;
+--------+---------+------+-----+---------+-------+
| Field  | Type    | Null | Key | Default | Extra |
+--------+---------+------+-----+---------+-------+
| 学号   | char(6) | NO   |     | NULL    |       |
| 姓名   | char(8) | NO   |     | NULL    |       |
+--------+---------+------+-----+---------+-------+
2 rows in set (0.01 sec)
```

2. 使用 ALTER VIEW 语句修改视图

使用 ALTER VIEW 语句可以修改视图，其基本语法格式如下。

```
ALTER [ALGORITHM = {UNDEFINED | MERGE | TEMPTABLE}] [DEFINER = ( user | CURRENT_USER )]
[SQL SECURITY { DEFINER | INVOKER }]
VIEW view_name [(column_list)]
AS SELECT_statement
[WITH [CASCADED | LOCAL] CHECK OPTION];
```

上述语法格式中，ALTER 关键字后面的各部分子句与 CREATE VIEW 语句中的子句含义相同。接下来演示 ALTER VIEW 语句的使用，具体示例如下。

```
#①修改视图
mysql> ALTER VIEW cs_kc AS SELECT 学号 FROM xs;
Query OK, 0 rows affected (0.01 sec)
#②查看修改结果
mysql> DESC cs_kc;
+--------+---------+------+-----+---------+-------+
| Field  | Type    | Null | Key | Default | Extra |
+--------+---------+------+-----+---------+-------+
| 学号   | char(6) | NO   |     | NULL    |       |
+--------+---------+------+-----+---------+-------+
1 row in set (0.01 sec)
```

从上述结果可以看出，cs_kc 视图修改成功。

7.2.4 删除视图

当视图不再需要时，可以将其删除，在删除时不会删除基本表中的数据。删除一个或多个视图使用 DROP VIEW 语句，该语句的基本语法格式如下。

DROP VIEW [IF EXISTS] view_name [,view_namel,…];

在上述语法格式中，view_name 是要删除的视图的名称，视图名称可以添加多个，使用逗号隔开。下面通过案例演示 DROP VIEW 语句的使用。

```
#①删除视图
mysql> DROP VIEW cs_kc;
Query OK, 0 rows affected (0.00 sec)
#②检查视图是否已被删除
mysql> SELECT *  FROM cs_kc;
ERROR 1146 (42S02): Table 'xscj.cs_kc' doesn't exist
```

从上述查询结果可以看出，删除 cs_kc 视图后，查询结果显示该视图不存在，说明视图被成功删除。

7.3 视图数据操作

视图数据操作就是通过视图来查询、添加、修改或删除基本表中的数据。因为视图是一个虚拟表，不保存数据，当通过视图操作数据时，实际操作的是基本表中的数据。本节将对视图的添加数据、修改数据和删除数据的操作进行详细讲解。

7.3.1 添加数据

使用 INSERT 语句可以通过视图向基本表添加数据，具体示例如下。

```
#①创建视图
mysql> CREATE VIEW xscj.cs_kc AS
    -> SELECT 学号,姓名,性别,出生时间 FROM xs;
Query OK, 0 rows affected (0.01 sec)
#②添加数据
mysql> INSERT INTO cs_kc VALUES (231102,'张三', 1, '2000-01-01');
Query OK, 1 row affected (0.01 sec)
#③查询添加后的数据
mysql> SELECT *  FROM xs WHERE 学号=231102;
+--------+------+--------+------+------------+--------+------+------+
| 学号   | 姓名 | 专业名 | 性别 | 出生时间   | 总学分 | 照片 | 备注 |
+--------+------+--------+------+------------+--------+------+------+
| 231102 | 张三 | NULL   | 1    | 2000-01-01 | NULL   | NULL | NULL |
+--------+------+--------+------+------------+--------+------+------+
1 row in set (0.00 sec)
```

从上述操作可以看出，通过视图添加的数据实际保存在基本表中。

▶ 脚下留心：

在进行视图数据操作时，如果遇到以下情况，操作可能会失败。

(1) 操作的视图定义在多个表上。
(2) 没有满足视图的基本表对字段的约束条件。
(3) 在定义视图的 SELECT 语句后的字段列表中使用了数学表达式或聚合函数。
(4) 在定义视图的 SELECT 语句中使用了 DISTINCT、UNION、TOP、GROUP BY 或 HAVING 子句。

7.3.2 修改数据

使用 UPDATE 语句可以通过视图修改基本表中的数据，具体示例如下。

```
#①修改数据
mysql> UPDATE cs_kc SET 姓名 ='李四' WHERE 学号 =231102 ;
Query OK, 1 row affected (0.01 sec)
Rows matched: 1  Changed: 1  Warnings: 0
#②查询修改后的数据
mysql> SELECT *  FROM xs WHERE 学号=231102;
+--------+------+--------+------+------------+--------+------+------+
| 学号   | 姓名 | 专业名 | 性别 | 出生时间   | 总学分 | 照片 | 备注 |
+--------+------+--------+------+------------+--------+------+------+
| 231102 | 李四 | NULL   | 1    | 2000-01-01 | NULL   | NULL | NULL |
+--------+------+--------+------+------------+--------+------+------+
1 row in set (0.00 sec)
```

从上述操作可以看出，通过视图可以修改基本表中的数据。

7.3.3 删除数据

使用 DELETE 语句可以通过视图删除基本表中的数据，具体示例如下。

```
#①删除数据
mysql> DELETE FROM cs_kc WHERE 学号 =231102 ;
Query OK, 1 row affected (0.01 sec)
#②查询数据是否已经删除
mysql> SELECT *  FROM xs WHERE 学号=231102;
Empty set (0.00 sec)
```

从上述操作可以看出，通过视图可以删除基本表中的数据。

7.3.4 视图检查条件

在创建视图的语法格式中，WITH CHECK OPTION 子句用于在视图数据操作时进行条件检查。为了使读者更好地理解这个子句的作用，下面通过案例进行演示。

```
#①创建第1个视图
mysql> CREATE VIEW cs_kc_t1 AS
    -> SELECT 学号,姓名,性别,出生时间,总学分 FROM xs WHERE 总学分 <45;
Query OK, 0 rows affected (0.01 sec)
```

```
#②创建第 2 个视图,使用 CASCADED (级联)检查
mysql> CREATE VIEW cs_kc_t2 AS
    -> SELECT 学号,姓名,性别,出生时间,总学分 FROM xs WHERE 总学分 > 50
    -> WITH CHECK OPTION; #相当于:WITH CASCADED CHECK OPTION
Query OK, 0 rows affected (0.00 sec)
#③插入数据测试,总学分必须大于 50 才可以插入成功
mysql> INSERT INTO cs_kc_t2 VALUES (231102,'张三', 1, '2000-01-01',48);
ERROR 1369 (44000): CHECK OPTION failed 'xscj'.'cs_kc_t2'
mysql> INSERT INTO cs_kc_t2 VALUES (231102,'张三', 1, '2000-01-01',52);
Query OK, 1 row affected (0.01 sec)
```

通过上述操作可知,当创建视图时添加 WITH CHECK OPTION 子句后,在对视图进行更新时会进行条件检查。

本章小结

本章主要讲解了创建视图、查看视图、修改视图、更新视图、删除视图,以及最后的视图应用案例。通过本章的学习,读者应该掌握如何创建视图,当基本表的字段发生变化时如何修改视图,以及如何通过视图修改基本表中的数据信息等知识。

课后练习

一、填空题

1. 视图是从一个或多个表中导出来的表,它的数据依赖于_____。
2. 在 MySQL 中,创建视图使用_____语句。
3. 在 MySQL 中,删除视图使用_____语句。
4. 使用_____语句可以查看创建视图时的定义语句。
5. 视图在数据库的三级模式中对应的是_____模式。

二、判断题

1. 查看视图必须有 SHOW VIEW 操作权限。(　　)
2. CREATE OR REPLACE VIEW 语句不会替换已经存在的视图。(　　)
3. 视图中不能包含基本表中被定义为非空的列。(　　)
4. 删除视图时,也会删除所对应基本表中的数据。(　　)
5. DROP 语句一次只能删除一个视图。(　　)

三、选择题

1. 创建视图应当具备的操作权限包括(　　)。
   A. CREATE VIEW   B. USE VIEW
   C. SHOW VIEW   D. CREATE TABLE
2. 下列选项中,用于查看视图的字段信息的语句是(　　)。
   A. DESCRIBE   B. CREATE   C. SHOW   D. SELECT
3. 下列选项中,对视图中数据的操作包括(　　)。
   A. 定义视图   B. 修改数据   C. 查看数据   D. 删除数据

4. 下列关于视图优点的描述中，正确的是（　　）。
   A. 实现了逻辑数据独立性　　　　　　B. 提高安全性
   C. 简化查询语句　　　　　　　　　　D. 屏蔽真实表结构变化带来的影响
5. 下列关于视图创建的说法中，正确的是（　　）。
   A. 可以建立在单表上　　　　　　　　B. 可以建立在两张表基础上
   C. 可以建立在两张或两张以上的表基础上　　D. 以上都有可能

四、简答题
1. 请简述视图和基本表的区别。
2. 请简述修改视图的两种方式，并写出其基本语法。

五、实训题
1. 创建 YGGL 数据库上的视图 ds_view，视图包含 departments 表的全部列。
2. 创建视图 employees_view，视图包含员工的编号、姓名和实际收入。
3. 从视图 ds_view 中查询出部门号为 4 的部门名称。
4. 修改视图 ds_view，将部门 5 的部门名称修改为"生产部"。

第 8 章

事 务

在实际的数据库开发过程中，对于复杂的数据操作，往往需要通过一组 SQL 语句来完成，这就必须保证所有语句执行的同步性。针对这样的情况，就需要使用 MySQL 中提供的事务（Transaction）处理机制。本章将针对事务的概念和使用等知识进行详细讲解。

学习目标

理解事务的概念和 4 个基本特性。

掌握事务的开启、提交和回滚操作。

掌握事务的 4 种隔离级别。

8.1 事务处理

事务处理在数据库开发过程中有着非常重要的作用，它可以保证在同一个事务中的操作具有同步性。本节将针对事务处理的基础知识进行讲解。

8.1.1 事务的概念

现实生活中，人们经常会进行转账操作，转账可以分为转入和转出两部分，只有这两部分都完成才认为转账成功。在数据库中，这个过程是使用两条 SQL 语句来实现的，如果其中任意一条语句出现异常没有执行，则会导致两个账户的金额不同步，造成错误。为了防止上述情况的发生，就需要使用 MySQL 中的事务。

在 MySQL 中，事务就是针对数据库的一组操作，它可以由一条或多条 SQL 语句组成，且每条 SQL 语句是相互依赖的。只要在程序执行过程中有一条 SQL 语句执行失败或发生错误，则其他语句都不会执行。也就是说，事务的执行要么成功，要么就返回到事务开始前的状态，这就保证了同一事务操作的同步性和数据的完整性。

MySQL 中的事务必须满足 A、C、I、D 这 4 个基本特性，具体如下。

（1）原子性（Atomicity）。原子性是指一个事务必须被视为一个不可分割的最小工作单元，只有事务中所有的数据库操作都执行成功，才算整个事务执行成功。事务中如果有任何一条 SQL 语句执行失败，已经执行成功的 SQL 语句也必须撤销，数据库的状态退回到执行事务前的状态。

（2）一致性（Consistency）。一致性是指在事务处理时，无论执行成功还是失败，都要保证数据库系统处于一致的状态，保证数据库系统不会返回到一个未处理的事务中。MySQL 中的一致性主要由日志机制实现，通过日志记录数据库的所有变化，为事务恢复提供了跟踪记录。

（3）隔离性（Isolation）。隔离性是指当一个事务在执行时，不会受到其他事务的影响。保证了未完成事务的所有操作与数据库系统的隔离，直到事务完成为止，才能看到事务的执行结果。隔离性相关的技术有并发控制、可串行化、锁等。当多个用户并发访问数据库时，数据库为每一个用户开启的事务不能被其他事务干扰，多个并发事务之间要相互隔离。

（4）持久性（Durability）。持久性是指事务一旦提交，其对数据库的修改就是永久性的。需要注意的是，事务的持久性不能做到百分百的持久，只能从事务本身的角度来保证持久性，而一些外部原因导致数据库发生故障，如硬盘损坏，那么所有提交的数据可能都会丢失。

8.1.2 事务的基本操作

在默认情况下，用户执行的每一条 SQL 语句都会被当成单独的事务自动提交。如果要将一组 SQL 语句作为一个事务，则需要先执行以下语句显式地开启一个事务。

```
START TRANSACTION;
```

上述语句执行后，每一条 SQL 语句不再自动提交，用户需要使用以下语句手动提交，只有事务提交后，其中的操作才会生效。

```
COMMIT;
```

如果不想提交当前事务，可以使用如下语句取消事务（即回滚）。

```
ROLLBACK;
```

需要注意的是，ROLLBACK 语句只能针对未提交的事务回滚，已提交的事务无法回滚。当执行 COMMIT 或 ROLLBACK 语句后，当前事务就会自动结束。

为了让读者更好地学习事务，接下来通过一个转账的案例来演示如何使用事务。选择 xscj 数据库，创建新数据表 student 并准备数据，具体操作如下。

```
#①选择数据库
mysql> use xscj
Database changed
#②创建 student 表
mysql> CREATE TABLE 'student' (
    -> 'name' VARCHAR(50) ,
    -> 'money' INT(11) DEFAULT 0
    -> ) ENGINE=InnoDB;
Query OK, 0 rows affected (0.02 sec)
#③插入数据
mysql> INSERT INTO 'student'('name','money')VALUES('Alex', 1000);
Query OK, 1 row affected (0.01 sec)
mysql> INSERT INTO 'student'('name', 'money') VALUES('Bill', 1000);
```

```
Query OK, 1 row affected (0.01 sec)
#④查看用户数据
mysql> SELECT name, money FROM student;
+--------+---------+
| name   | money   |
+--------+---------+
| Alex   | 1000.00 |
| Bill   | 1000.00 |
+--------+---------+
2 rows in set (0.01 sec)
```

下面开启一个事务，通过 UPDATE 语句将 Alex 用户的 100 元钱转给 Bill 用户，最后提交事务，具体操作如下。

```
#①开启事务
mysql> START TRANSACTION;
Query OK, 0 rows affected (0.00 sec)
#②Alex 减少 100 元
mysql> UPDATE student SET money =money - 100 WHERE name = 'Alex';
#③Bill 增加 100 元
mysql> UPDATE student SET money =money + 100 WHERE name = 'Bill';
#④提交事务
mysql> COMMIT;
Query OK, 0 rows affected (0.13 sec)
```

上述操作完成后，使用 SELECT 语句查询 Alex 和 Bill 的金额，结果如下。

```
mysql> SELECT name, money FROM student;
+--------+---------+
| name   | money   |
+--------+---------+
| Alex   | 900.00  |
| Bill   | 1100.00 |
+--------+---------+
2 rows in set (0.00 sec)
```

从查询结果可以看出，通过事务成功地完成了转账功能。接下来测试事务的回滚，开启事务后，将 Bill 的金额扣除 100 元，具体操作如下。

```
#①开启事务
mysql> START TRANSACTION;
#②Bill 扣除 100 元
mysql> UPDATE student SET money =money -100 WHERE name ='Bill';
#③查询 Bill 的金额
mysql> SELECT name, money FROM student WHERE name = 'Bill';
```

```
+--------+------------+
| name   | money      |
+--------+------------+
| Bill   | 1100.00    |
+--------+------------+
1 row in set (0.00 sec)
```

上述操作完成后，执行回滚操作，然后查询 Bill 的金额，结果如下。

```
#①回滚事务
mysql> ROLLBACK;
#②查看 Bill 的金额
mysql>   SELECT name, money FROM student WHERE name = 'Bill';
+--------+------------+
| name   | money      |
+--------+------------+
| Bill   | 1100.00    |
+--------+------------+
1 row in set (0.00 sec)
```

从查询结果可以看出，Bill 的金额又恢复到 1 100 元，说明事务回滚成功。

▶ **脚下留心：**

（1）MySQL 中的事务不允许嵌套，若在执行 START TRANSACTION 语句前上一个事务还未提交，会隐式地执行提交操作。

（2）事务处理主要是针对数据表中数据的处理，不包括创建或删除数据库、数据表，修改表结构等操作，而且执行这类操作时会隐式地提交事务。

（3）MySQL 8.0 默认的存储引擎为 InnoDB，该存储引擎支持事务，而另一个常见的存储引擎 MyISAM 不支持事务。对于 MyISAM 存储引擎的数据表，无论事务是否提交，对数据的操作都会立即生效，不能回滚。

（4）在 MySQL 中，还可以使用 START TRANSACTION 语句的别名 BEGIN 或 BEGIN WORK 语句来显示地开启一个事务。但由于 BEGIN 关键字与 MySQL 编程中的 BEGIN…END 语句冲突，因此不推荐使用 BEGIN 语句。

▶ **多学一招：事务的自动提交**

MySQL 默认是自动提交模式，如果没有显式开启事务（START TRANSACTION），每一条 SQL 语句都会自动提交（COMMIT）。如果用户想要控制事务的自动提交方式，可以通过更改 AUTOCOMMIT 变量来实现，将其值设为 1 表示开启自动提交，设为 0 表示关闭自动提交。若要查看当前会话的 AUTOCOMMIT 值，使用如下语句。

```
mysql> SELECT @@autocommit;
+---------------------+
| @@autocommit        |
+---------------------+
|                  1  |
```

```
+--------------------+
1 row in set (0.00 sec)
```

从查询结果可以看出，当前会话开启了事务的自动提交操作。若要关闭当前会话事务的自动提交操作，可以使用如下语句。

```
SET AUTOCOMMIT =0;
```

上述语句执行后，用户需要手动执行提交（COMMIT）操作，才会提交事务。否则，若直接终止 MySQL 会话，MySQL 会自动进行回滚。

8.1.3 事务的保存点

在回滚事务时，事务内所有的操作都将撤销；而若希望只撤销一部分，可以用事务的保存点来实现。使用以下语句可以在事务中设置一个保存点。

```
SAVEPOINT 保存点名;
```

在设置保存点后，使用以下语句可以将事务回滚到指定保存点。

```
ROLLBACK TO SAVEPOINT 保存点名;
```

使用时若不再需要一个保存点，可以使用如下语句删除保存点。

```
RELEASE SAVEPOINT 保存点名;
```

值得一提的是，一个事务中可以创建多个保存点，在提交事务后，事务中的保存点就会被删除。另外，在回滚到某个保存点后，在该保存点之后创建过的保存点也会消失。

下面通过案例演示事务保存点的使用。首先查询 Alex 的金额，如下所示。

```
mysql> SELECT name, money FROM student WHERE name = 'Alex';
+--------+----------+
| name   | money    |
+--------+----------+
| Alex   | 900.00   |
+--------+----------+
1 row in set (0.00 sec)
```

从查询结果可知，Alex 当前金额为 900 元。然后开启事务，将 Alex 的金额扣除 100 元后，创建保存点 s1，再将 Alex 的金额扣除 50 元，如下所示。

```
#①开启事务
mysql>START TRANSACTION;
#②Alex 扣除 100 元
mysql>UPDATE student SET money = money - 100 WHERE name = 'Alex';
 #③创建保存点 s1
mysql>SAVEPOINT s1 ;
 #④Alex 再扣除 50 元
mysql>UPDATE student SET money = money - 50 WHERE name = 'Alex';
```

完成上述操作后，将事务回滚到保存点 s1，然后查询 Alex 的金额，如下所示。

```
#①回滚到保存点 s1
mysql>ROLLBACK TO SAVEPOINT s1;
#②查询 Alex 的金额
mysql>SELECT name, money FROM student WHERE name = 'Alex';
mysql> SELECT name, money FROM student WHERE name = 'Alex';
+--------+---------+
| name   | money   |
+--------+---------+
| Alex   | 800.00  |
+--------+---------+
1 row in set (0.00 sec)
```

在上述结果中，Alex 的金额只减少了 100 元，说明当前恢复到了保存点 s1 时的数据状态。再次执行回滚操作，则恢复到事务开始时的状态，如下所示。

```
#①回滚事务
mysql>ROLLBACK;
#②查看 Alex 的金额
mysql>SELECT name, money FROM student WHERE name = 'Alex';
+--------+---------+
| name   | money   |
+--------+---------+
| Alex   | 900.00  |
+--------+---------+
1 row in set (0.00 sec)
```

▶▶ **多学一招：控制事务结束后的行为**

在事务的提交（COMMIT）和回滚（ROLLBACK）语句的语法格式中还包括一些可选子句，如下所示。

```
COMMIT [AND [NO] CHAIN] [ [NO] RELEASE];
ROLLBACK [AND [NO] CHAIN] [ [NO] RELEASE];
```

在上述选项中，AND CHAIN 子句用于在当前事务结束时，立即启动一个新事务，并且新事务与刚结束的事务有相同的隔离级；RELEASE 子句用于在终止当前事务后，让服务器断开与客户端的连接。若添加关键字 NO，则表示抑制 CHAIN 和 RELEASE 子句完成。

8.2 事务隔离级别

由于数据库是一个多用户的共享资源，MySQL 允许多线程并发访问，因此用户可以通过不同的线程执行不同的事务。为了保证这些事务之间不受影响，对事务设置隔离级是十分必要的。本节将针对事务的隔离级别进行详细讲解。

8.2.1 查看隔离级别

对于隔离级别的查看，MySQL 提供了以下几种不同的方式，具体使用哪种查询方式还需根据实际需求进行选择，具体如下。

```
#①查看全局隔离级别
SELECT @@global.transaction_isolation;
#②查看当前会话中的隔离级别
SELECT @@session.transaction_isolation;
#③查看下一个事务的隔离级别
SELECT @@transaction_isolation;
```

在以上语句中，全局的隔离级别影响的是所有连接 MySQL 的用户，而当前会话的隔离级别只影响当前正在登录 MySQL 服务器的用户，不会影响其他用户。而下一个事务的隔离级别仅对当前用户的下一个事务操作有影响。

在默认情况下，上述 3 种方式返回的结果都是 REPEATABLE-READ，表示隔离级别为可重复读。以第③种方式为例，查询结果如下所示。

```
mysql> SELECT @@transaction_isolation;
+-------------------------+
| @@transaction_isolation |
+-------------------------+
| REPEATABLE- READ        |
+-------------------------+
1 row in set (0.01 sec)
```

除了以上的 REPEATABLE-READ（可重复读）外，MySQL 中事务的隔离级别还有 READ UNCOMMITTED（读取未提交）、READ COMMITTED（读取提交）和 SERIALIZABLE（可串行化）。具体内容会在后面的小节中详细讲解。

8.2.2 修改隔离级别

在 MySQL 中，事务的隔离级别可以通过 SET 语句进行设置，具体语法格式如下。

```
SET [SESSION | GLOBAL] TRANSACTION ISOLATION LEVEL 参数值;
```

在上述语法格式中，关键字 SET 后的 SESSION 表示当前会话，GLOBAL 表示全局，若省略则表示设置下一个事务的隔离级别。TRANSACTION 表示事务，ISOLATION 表示隔离，LEVEL 表示级别。参数值可以是 READ UNCOMMITTED、READ COMMITTED、REPEATABLE READ 或 SERIALIZABLE 中的一种。

下面演示将事务的隔离级别修改为 READ UNCOMMITTED，具体如下。

```
#①修改事务隔离级别
mysql>SET SESSION TRANSACTION ISOLATION LEVEL READ UNCOMMITTED;
Query OK, 0 rows affected (0.00 sec.)
#②查看是否修改成功
mysql> SELECT@@session.transaction_isolation;
+---------------------------------+
| @@session.transaction_isolation |
```

```
+-------------------------------+
| READ- UNCOMMITTED             |
+-------------------------------+
1 row in set (0.00 sec)
```

从上述结果可以看出,当前事务的隔离级别已经修改为 READ UNCOMMITTED。接下来将事务的隔离级别修改为默认的 REPEATABLE READ,具体如下。

```
#①修改事务隔离级别
mysql> SET SESSION TRANSACTION ISOLATION LEVEL REPEATABLE READ;
Query OK, 0 rows affected (0.00 sec)
#②查看是否修改成功
mysql> SELECT @@session.transaction_isolation;
+-------------------------------+
| @@session.transaction_isolation |
+-------------------------------+
| REPEATABLE- READ              |
+-------------------------------+
1 row in set (0.00 sec)
```

从上述结果可以看出,当前事务的隔离级别已经修改为 REPEATABLE READ。

▶ **多学一招:只读事务**

默认情况下,事务的访问模式为 READ/WRITE(读/写模式),表示事务可以执行读(查询)或写(更改、插入、删除等)操作。若开发需要,可以将事务的访问模式设置为 READ ONLY(只读模式),禁止对表进行更改。具体的 SQL 语句如下。

```
#①设置只读事务
SET [SESSION | GLOBAL] TRANSACTION READ ONLY
#②恢复成读写事务
SET [SESSION | GLOBAL] TRANSACTION READ WRITE
```

8.2.3 MySQL 的 4 种隔离级别

MySQL 中事务隔离级别有 READ UNCOMMITTED(读取未提交)、READ COMMITTED(读取提交)、REPEATABLE READ(可重复读)和 SERIALIZABLE(可串行化)。下面针对每种隔离级别的特点、带来的问题及解决方案进行详细讲解。

1. READ UNCOMMITTED

READ UNCOMMITTED 是事务中最低的隔离级别,在该级别下的事务可以读取到其他事务中未提交的数据,这种读取的方式也被称为脏读(Dirty Read)。简而言之,脏读是指一个事务读取了另外一个事务未提交的数据。

例如,Alex 要给 Bill 转账 100 元购买商品,Alex 开启事务后转账,但不提交事务,通知 Bill 来查询,如果 Bill 的隔离级别较低,就会读取到 Alex 的事务中未提交的数据,发现 Alex 确实给自己转了 100 元,就给 Alex 发货。等 Bill 发货成功后,Alex 将事务回滚,Bill 就会受到损失，这就是脏读造成的。

为了演示和解决上述情况，首先需要开启两个命令行窗口，分别登录到 MySQL 数据库，执行 USE xscj 命令切换到 xscj 数据库。然后使用这两个窗口分别模拟 Alex 和 Bill，以下称为客户端 A 和客户端 B。准备完成后，按照以下步骤进行操作。

（1）设置客户端 B 的事务隔离级别。由于 MySQL 默认的隔离级别 REPEATABLE READ 可以避免脏读，为了演示脏读，需要将客户端 B 的隔离级别设为较低的 READ UNCOMMITTED，具体如下。

```
#客户端 B
mysql>SET SESSION TRANSACTION ISOLATION LEVEL READ UNCOMMITTED;
```

（2）演示客户端 B 的脏读。在客户端 B 中查询 Bill 当前的金额，具体如下。

```
#客户端 B
mysql>SELECT name, money FROM student WHERE name = 'Bill';
+--------+------------+
| name   | money      |
+--------+------------+
| Bill   | 1100.00    |
+--------+------------+
1 row in set (0.00 sec)
```

在客户端 A 中开启事务，并执行转账操作，具体如下。

```
#客户端 A
mysql>START TRANSACTION;
mysql>UPDATE student SET money = money - 100 WHERE name ='Alex';
mysql>UPDATE student SET money = money + 100 WHERE name = 'Bill';
```

此时客户端 A 未提交事务，客户端 B 查询金额，会看到金额已经增加，如下所示。

```
#客户端 B
mysql>SELECT name, money FROM student WHERE name = 'Bill';
+-------+---------+
| name  | money   |
+-------+---------+
| Bill  | 1200.00 |
+-------+---------+
1 row in set (0.00 sec)
```

（3）避免客户端 B 的脏读。将客户端 B 的事务隔离级别设置为 READ COMMITTED（或更高级别）可以避免脏读。设置后再次查询 Bill 的金额，如下所示。

```
#客户端 B
mysql> SET SESSION TRANSACTION ISOLATION LEVEL READ COMMITTED;
mysql> SELECT name, money FROM student WHERE name = 'Bill';
+--------+------------+
| name   | money      |
```

```
+--------+----------+
| Bill   | 1100.00  |
+--------+----------+
1 row in set (0.00 sec)
#客户端A
mysql>ROLLBACK;
```

从上述结果可以看出，由于客户端A没有提交事务，客户端B读取到了客户端A提交前的结果，说明READ COMMITTED级别可以避免脏读。客户端B操作完成后，回滚客户端A的事务，以免影响后面的案例演示。

值得一提的是，脏读在实际应用中会带来很多问题，除非用户有很好的理由，否则，为了保证数据的一致性，在实际应用中几乎不会使用这种隔离级别。

2. READ COMMITTED

READ COMMITTED是大多数DBMSC如SQL Server、Oracle的默认隔离级别，但不包括MySQL。在该隔离级别下只能读取其他事务已经提交的数据，避免了脏读数据的现象。但是在该隔离级别下，会出现不可重复读（NON-REPEATABLE READ）的问题。

不可重复读是指在一个事务中多次查询的结果不一致，原因是查询的过程中数据发生了改变。例如，在网站后台统计所有用户的总金额，第1次查询Alex有900元，为了验证查询结果，第2次查询Alex有800元，两次查询结果不同，原因是第2次查询前Alex取出了100元。

为了让读者更好的理解，接下来就通过案例演示和解决以上不可重复读的情况。假设客户端A是Alex用户，客户端B是网站后台，具体操作步骤如下。

（1）演示客户端B的不可重复读。当客户端B的事务隔离级为READ COMMITTED时，会出现不可重复读的情况。在客户端B中开启事务，查询Alex的金额，然后在客户端A中将Alex的金额扣除100元，最后客户端B再次查询Alex的金额，具体如下。

```
#客户端B
mysql>SET SESSION TRANSACTION ISOLATION LEVEL READ COMMITTED;
mysql>START TRANSACTION;
mysql>SELECT name, money FROM sh__user WHERE name = 'Alex';
+--------+----------+
| name   | money    |
+--------+----------+
| Alex   | 900.00   |
+--------+----------+
1 row in set (0.00 sec)
#客户端A
mysql>UPDATE student SET money = money -100 WHERE name = 'Alex';
#客户端B
mysql>SELECT name, money FROM student WHERE name = 'Alex';
+--------+----------+
| name   | money    |
```

```
+--------+----------+
| Alex   | 800.00   |
+--------+----------+
1 row in set (0.00 sec)
mysql>COMMIT;
```

从上述结果可以看出，客户端 B 在同一个事务中两次查询的结果不一致，这就是不可重复读的情况。操作完成后，将客户端 B 的事务提交，以免影响后面的演示。

（2）避免网站后台的不可重复读。将客户端 B 的事务隔离级别设为默认级别 REPEATABLE READ，可以避免不可重复读的情况。在该级别下按照上一步的方式重新测试，结果如下。

```
#客户端 B
mysql>SET SESSION TRANSACTION ISOLATION LEVEL REPEATABLE READ;
mysql>START TRANSACTION;
mysql>SELECT name, money FROM student WHERE name = 'Alex';
+--------+----------+
| name   | money    |
+--------+----------+
| Alex   | 800.00   |
+--------+----------+
1 row in set (0.00 sec)
#客户端 A
mysql>UPDATE student SET money = money +100 WHERE name ='Alex';
#客户端 B
mysql>SELECT name, money FROM student WHERE name = 'Alex';
+--------+----------+
| name   | money    |
+--------+----------+
| Alex   | 800.00   |
+--------+----------+
1 row in set (0.00 sec)
mysql>COMMIT;
```

从上述结果可以看出，客户端 B 两次查询的结果是相同的，说明 REPEATABLE READ 可以避免不可重复读的情况。最后将客户端 B 的事务提交，以免影响后面的案例演示。

3. REPEATABLE READ

REPEATABLE READ 是 MySQL 的默认事务隔离级别，它解决了脏读和不可重复读的问题，确保了同一事务的多个实例在并发读取数据时，会出现同样的结果。

但在理论上，该隔离级别会出现幻读（PHANTOM READ）的现象。幻读又称虚读，是指在一个事务内的两次查询中数据条数不一致，幻读和不可重复读有些类似，同样发生在两次查询过程中。不同的是，幻读是由于其他事务做了插入记录的操作，导致记录数有所增加。然而，MySQL 的 InnoDB 存储引擎通过多版本并发控制机制解决了幻读的问题。

例如，在网站后台统计所有用户的总金额时，当前只有两个用户，总金额为 2 000 元，若在此时新增一个用户，并且存入 1 000 元，再次统计时发现总金额变为 3 000 元，造成了幻读的情况。

为了让读者更好的理解，接下来就通过案例演示来解决以上幻读的情况。假设客户端 A 用于新增用户，客户端 B 用于统计金额，具体操作步骤如下。

（1）演示客户端 B 的幻读。由于客户端 B 当前的隔离级别 REPEATABLE READ 可以避免幻读，因此需要将级别降低为 READ COMMITTED。降低后，开启事务，统计总金额，然后在客户端 A 中插入一条新记录 Tom 用户，再次统计总金额，具体如下。

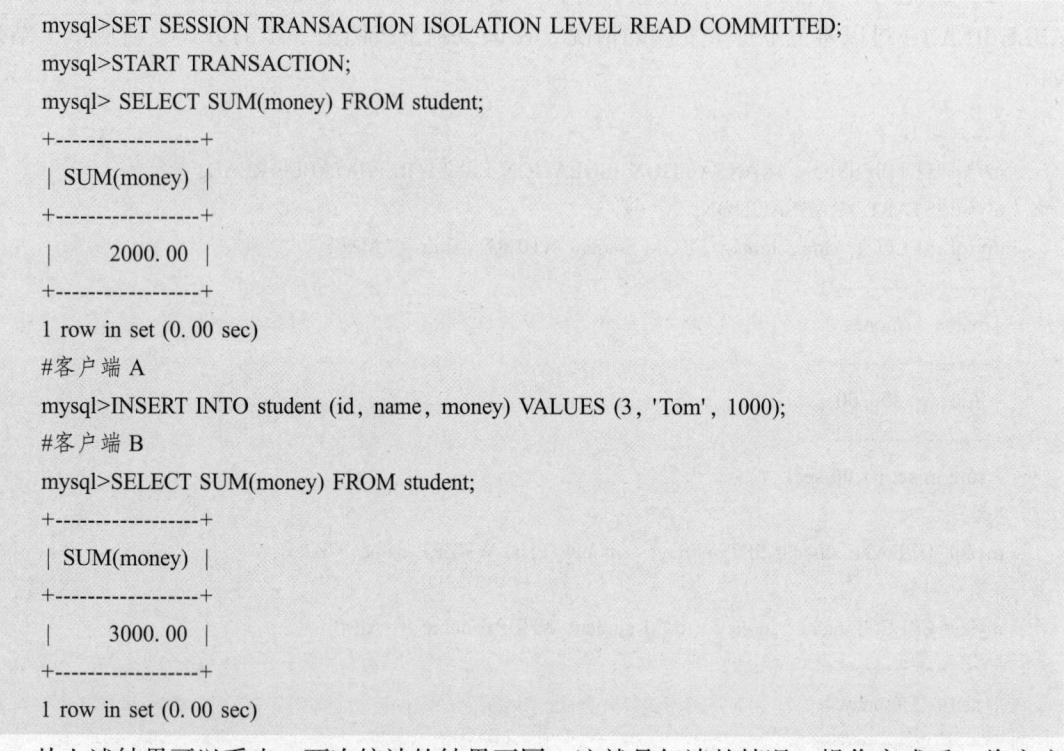

```
mysql>SET SESSION TRANSACTION ISOLATION LEVEL READ COMMITTED;
mysql>START TRANSACTION;
mysql> SELECT SUM(money) FROM student;
+------------------+
| SUM(money) |
+------------------+
|      2000.00 |
+------------------+
1 row in set (0.00 sec)
#客户端 A
mysql>INSERT INTO student (id, name, money) VALUES (3, 'Tom', 1000);
#客户端 B
mysql>SELECT SUM(money) FROM student;
+------------------+
| SUM(money) |
+------------------+
|      3000.00 |
+------------------+
1 row in set (0.00 sec)
```

从上述结果可以看出，两次统计的结果不同，这就是幻读的情况。操作完成后，将客户端 B 的事务提交，以免影响后面的演示。

（2）避免客户端 B 的幻读。将客户端 B 的隔离级别设置为 REPEATABLE READ，即可避免幻读，结果如下。

```
#客户端 B
mysql> SET SESSION TRANSACTION ISOLATION LEVEL REPEATABLE READ;
mysql> START TRANSACTION;
mysql> SELECT SUM(money) FROM student;
+------------------+
| SUM(money) |
+------------------+
|      3000.00 |
+------------------+
1 row in set (0.00 sec)
```

```
#客户端A
mysql> INSERT INTO student (id, name, money) VALUES(4, 'd', 1000);
#客户端B
mysql> SELECT SUM(money) FROM student;
+------------------+
| SUM(money) |
+------------------+
|      3000.00 |
+------------------+
1 row in set (0.00 sec)
```

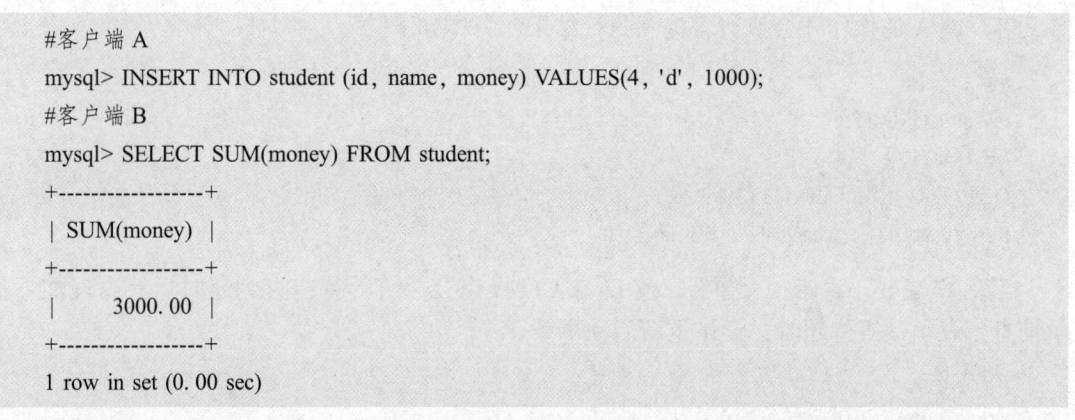

从上述结果可以看出,客户端 B 两次统计的结果是相同的,说明 REPEATABLE READ 级别可以避免幻读的情况。最后将客户端 B 的事务提交,以免影响后面的案例演示。

4. SERIALIZABLE

SERIALIZABLE 是最高的隔离级别,它在每个读的数据行上加锁,使之不会发生冲突,从而解决了脏读、不可重复读和幻读的问题。但是由于加锁可能导致超时(Timeout)和锁竞争(Lock Contention)现象,因此 SERIALIZABLE 也是性能最低的一种隔离级别。除非为了数据的稳定性,需要强制减少并发的情况时,才会选择此种隔离级别。

为了让读者更好的理解,接下来就通过案例演示超时的情况。假设客户端 B 执行查询操作,客户端 A 执行更新操作,具体操作步骤如下。

(1)演示可串行化。将客户端 B 的事务隔离级别设置为 SERIALIZABLE,然后开启事务,具体如下。

```
#客户端B
mysql>SET SESSION TRANSACTION ISOLATION LEVEL SERIALIZABLE;
mysql>START TRANSACTION;
在客户端B开启事务后,查看 Alex 的金额,具体如下。
#客户端B
mysql> SELECT name, money FROM student WHERE name = 'Alex';
+--------+----------+
| name | money |
+--------+----------+
| Alex | 900.00 |
+--------+----------+
1 row in set (0.00 sec)
```

在客户端 A 中将 Alex 的金额增加 100 元,会发现 UPDATE 操作一直在等待,而不是立即处理成功,如下所示。

```
#客户端A
mysql>UPDATE student SET money =money +100 WHERE name = 'Alex';
```

(此时光标在不停闪烁,进入等待状态)

(2)提交客户端 B 的事务。在客户端 A 的 UPDATE 操作等待时,提交客户端 B 的事务，客户端 A 的操作才会执行，提示执行结果，具体如下。

```
#客户端 B
mysql>COMMIT;
#客户端 A
Query OK, 1 row affected (3.99 sec)
Rows matched: 1 Changed: 1 Warnings: 0
```

若客户端 B 一直未提交事务，客户端 A 的操作会一直等待，直到超时后，出现如下提示信息，表示锁等待超时，尝试重新启动事务。

```
#客户端 A
ERROR 1205 (HY000): Lock wait timeout exceeded; try restarting transaction
在默认情况下,锁等待的超时时间为50秒,可以通过如下语句查询。
mysql> SELECT @@innodb_lock_wait_timeout;
+----------------------------+
| @@innodb_lock_wait_timeout |
+----------------------------+
|                        120 |
+----------------------------+
1 row in set (0.00 sec)
```

从上述情况可以看出，如果一个事务使用了 SERIALIZABLE 隔离级别，在这个事务没有被提交前，其他会话只能等到当前操作完成后，才能进行操作，这样会非常耗时，而且会影响数据库的并发性能，所以通常情况下不会使用这种隔离级别。

本章小结

本章主要讲解了事务的概念、基本操作、保存点、隔离级别等内容，以及事务的应用案例。通过本章的学习，读者应掌握事务的应用场景，了解事务不同隔离级别的特点，具备运用事务解决实际需求的能力。

课后练习

一、填空题

1. 事务是针对_____的一组操作。
2. 每个事务都是完整不可分割的最小单元是事务的_____性。
3. 开启事务的语句是_____。
4. 事务的自动提交通过_____变量来控制。
5. 事务的 4 个隔离级别中性能最高的是_____。

二、判断题

1. MySQL 中默认操作是自动提交模式。（   ）
2. 数据库的隔离级别越高，并发性能越低。（   ）
3. 只有多条 SQL 语句才能组成事务。（   ）
4. 已经提交的事务不能回滚。（   ）

5. 事务执行时间越短，并发性能越高。   （   ）

三、选择题

1. MySQL 默认隔离级别为（   ）。
   A. READ UNCOMMITTED   B. READ COMMITTED
   C. REPEATABLE READ   D. SERIALIZABLE

2. 下列事务隔离级别中，可以避免脏读的有（   ）。
   A. READ UNCOMMITTED   B. READ COMMITTED
   C. REPEATABLE READ   D. SERIALIZABLE

3. 下列选项中会隐式提交事务的语句有（   ）。
   A. START TRANSACTION   B. CREATE TABLE
   C. ALTER TABLE   D. SELECT

4. 一个事务读取了另外一个事务未提交的数据，称为（   ）。
   A. 幻读   B. 脏读   C. 不可重复读   D. 可串行化

5. 下列关于 MySQL 中事务的说法，错误的是（   ）。
   A. 事务就是针对数据库的一组操作
   B. 事务中的语句要么都执行，要么都不执行
   C. 事务提交后其中的操作才会生效
   D. 提交事务的语句为 SUBMIT

四、简答题

1. 请简述什么是事务？
2. 请简述什么是事务的 ACID 特性？

五、实训题

假设一名员工从一个部门调动到另一个部门，并且在调动的同时需要调整薪资。需要确保整个过程要么全部完成，要么完全不执行，以防止数据不一致。

要求：

1. 从 employees 表中更新员工的 DepartmentID。
2. 在 salary 表中更新该员工的 InCome 或 OutCome。
3. 确保以上两步操作在同一个事务中完成，如果任何一步失败，则回滚整个事务。

第 9 章

数据库编程

学习目标

掌握 MySQL 中的函数和存储过程的概念和作用。

了解函数和存储过程的语法和规则，包括参数的定义和使用、流程控制语句等。

学习如何编写、修改和删除存储过程，以及如何调用存储过程来执行一系列复杂的操作。

理解变量在 MySQL 中的作用，掌握变量的声明和使用。

理解 MySQL 中常见的流程控制语句，了解流程控制语句的作用。

了解游标的用途和工作原理，并学会在特定场景下使用游标来逐行处理查询结果。

了解触发器如何自动响应数据库中的特定事件，如 INSERT、UPDATE 或 DELETE 操作。

了解如何使用事件调度器来安排定时任务，并学会创建和管理数据库事件。

学习预处理语句在防止 SQL 注入攻击和提高代码可维护性方面的作用。

9.1 函 数

MySQL 自身提供了大量功能强大、方便易用的函数。使用这些函数，可以极大地提高用户对数据库的管理效率。

1. 函数定义的语法格式

CREATE OR REPLACE FUNCTION 函数名([参数 1,参数 2…]) RETURNS 类型 AS<过程化 SQL 块>；

2. 函数执行的语法格式

CALL/SELECT 函数名([参数 1,参数 2,…])；

3. 函数修改

（1）使用 ALTER FUNCTION 语句重命名一个自定义函数。

ALTER FUNCTION 过程名 1 RENAME TO 过程名 2；

（2）ALTER FUNCTION 语句重新编译一个函数。

ALTER FUNCTION 函数名 COMPILE；

9.1.1 内置函数

1. 数学运算

（1）返回绝对值函数：ABS(x)。

执行结果，如图 9-1 所示。

图 9-1　SELECT ABS(-3)，ABS(3)；

（2）求平方根函数：SQRT(x)。

SELECT SQRT(9)，SQRT(-9)；执行结果，如图 9-2 所示。

图 9-2　SELECT SQRT(9)，SQRT(-9)；执行结果

注意：只有正整数可以求平方根，因此负数求平方根的值为 NULL；

（3）求余函数：MOD(x,y)。

SELECT MOD(6,3)，MOD(10.3,3)；执行结果，如图 9-3 所示。

图 9-3　SELECT MOD(6,3)，MOD(10.3,3)；执行结果

注意：该函数返回 x 被 y 除后的余数，对小数也适用。

（4）取整函数：CEIL(x) 和 CEILING(x) 函数意义相同，前者是后者的缩写，返回不小于 x 的最小正整数。

SELECT CEIL(3.4)，CEILING(-3.4)；执行结果，如图 9-4 所示。

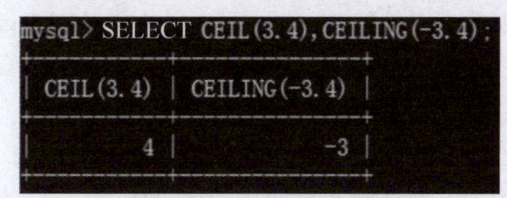

图 9-4　SELECT CEIL(3.4)，CEILING(-3.4)；执行结果

（5）返回一个数的符号函数：SIGN(x) 返回参数 x 的正负值。

SELECT SIGN(-3.3)，SIGN(3.3)；SIGN(0)；执行结果，如图 9-5 所示。

```
mysql> SELECT SIGN(-3.3),SIGN(3.3),SIGN(0);
| sign(-3.3) | sign(3.3) | sign(0) |
|     -1     |     1     |    0    |
```

图 9-5 SELECT SIGN（-3.3），SIGN(3.3)；SIGN（0）；执行结果

（6）获取随机数：RAND()和RAND(x)函数。

① RAND()函数产生的数在0~1，如果加上一个a则会产生a~$a+1$的随机数。

SELECT RAND()，RAND()+10；执行结果，如图9-6所示。

```
mysql> SELECT RAND(),RAND()+10;
| RAND()             | RAND()+10         |
| 0.7553063023419178 | 10.988197692658936 |
```

图 9-6 SELECT RAND()，RAND()+10；执行结果

② RAND(x)函数，如果指定x则它被用作种子值，用来产生重复数列，即x值相同则产生的随机数相同；

SELECT RAND(2)，RAND(2)，RAND(3)；执行结果，如图9-7所示。

```
mysql> SELECT RAND(2),RAND(2),RAND(3);
| RAND(2)            | RAND(2)            | RAND(3)            |
| 0.6555866465490187 | 0.6555866465490187 | 0.9057697559760601 |
```

图 9-7 SELECT RAND(2)，RAND(2)，RAND(3)；执行结果

（7）四舍五入：ROUND()和ROUND(x,y)函数。

① ROUND()函数：四舍五入。

ROUND()函数使用示例，如图9-8所示。

```
mysql> SELECT ROUND(3.5),ROUND(3.4),ROUND(-3.5),ROUND(-3.4);
| round(3.5) | round(3.4) | round(-3.5) | round(-3.4) |
|     4      |     3      |     -4      |     -3      |
```

图 9-8 ROUND()函数使用示例

② ROUND(x,y)函数对x进行保留y位，如果y为负数则保留小数点左边y位；若位数不够则直接保存为0，不进行四舍五入，此时的x为正数。

SELECT ROUND(3.585,2);执行结果，如图9-9所示。

```
mysql> SELECT ROUND(3.585,2);
| round(3.585,2) |
|     3.59       |
```

图 9-9 SELECT ROUND(3.585,2);执行结果

注意：TRUNCATE(x,y) 和 ROUND(x,y) 函数用法类似，但是 TRUNCATE( ) 函数是直接截取不会进行四舍五入。

TRUNCATE( ) 函数使用示例，如图 9-10 所示。

图 9-10　TRUNCATE( ) 函数使用示例

（8）幂运算：POW(x,y) 和 POWER(x,y) 函数，功能相同，返回 x 的 y 次方。
POW( ) 函数使用示例，如图 9-11 所示。

图 9-11　POW( ) 函数使用示例

2. 字符串函数

（1）获取字符串字符长度：CHAR_LENGTH(str) 和 LENGTH(str) 函数。

① CHAR_LENGTH(str) 函数返回值为字符串 str 所包含的字符个数，一个多字节字符算作一个单字符。

CHAR_LENGTH( ) 函数使用示例，如图 9-12 所示。

图 9-12　CHAR_LENGTH( ) 函数使用示例

② LENGTH(str) 函数返回值为字符串的字节长度，使用 utf8（unicode 的一种变长字符编码，又称万国码）编码字符集时，一个汉字是 2 字节，一个数字或字母算 1 字节。

LENGTH( ) 函数使用示例，如图 9-13 所示。

图 9-13　LENGTH( ) 函数使用示例

（2）合并字符串：CONCAT($s1,s2,\cdots$) 函数。如果其中的一个字符串为 NULL 则结果就为 NULL。

CONCAT( ) 函数使用示例，如图 9-14 所示。

图 9-14　CONCAT( ) 函数使用示例

（3）替换字符串：INSERT(s1,x,len,s2) 函数。字符串 s2 替换 s1 的 x 位置开始长度为 len 的字符串。

INSERT（ ）函数使用示例，如图 9-15 所示。

```
mysql> SELECT INSERT("google.com", 1, 6, "runnob");
+--------------------------------------+
| INSERT("google.com", 1, 6, "runnob") |
+--------------------------------------+
| runnob.com                           |
+--------------------------------------+
```

图 9-15　INSERT( ) 函数使用示例

（4）字母大小写转换：LOWER( ) 和 UPPER( ) 函数。

LOWER( ) 和 UPPER( ) 函数使用示例，如图 9-16 所示。

```
mysql> SELECT LOWER('RUNOOB'),UPPER('runoob');
+-----------------+-----------------+
| lower('RUNOOB') | upper('runoob') |
+-----------------+-----------------+
| runoob          | RUNOOB          |
+-----------------+-----------------+
```

图 9-16　LOWER( ) 和 UPPER( ) 函数使用示例

（5）FIND_IN_SET(s1,s2) 函数返回在字符串 s2 中与 s1 匹配的字符串的位置。

FIND_IN_SET（ ）函数使用示例，如图 9-17 所示。

```
mysql> SELECT FIND_IN_SET("c", "a,b,c,d,e");
+-------------------------------+
| FIND_IN_SET("c", "a,b,c,d,e") |
+-------------------------------+
|                             3 |
+-------------------------------+
```

图 9-17　FIND_IN_SET（ ）函数使用示例

（6）LOCATE(s1,s) 函数从字符串 s 中获取 s1 的开始位置。

LOCATE（ ）函数使用示例，如图 9-18 所示。

```
mysql> SELECT LOCATE('st','myteststring');
+-----------------------------+
| LOCATE('st','myteststring') |
+-----------------------------+
|                           5 |
+-----------------------------+
```

图 9-18　LOCATE( ) 函数使用示例

（7）替换出现的指定字符串函数：REPLACE(str, s1, s2)。

REPLACE( ) 函数使用示例，如图 9-19 所示。

```
mysql> SELECT REPLACE('加油就能胜利','加油','坚持');
+----------------------------------------------+
| REPLACE('加油就能胜利','加油','坚持')         |
+----------------------------------------------+
| 坚持就能胜利                                 |
+----------------------------------------------+
```

图 9-19　REPLACE( ) 函数使用示例

（8）删除空格函数：TRIM(s)、LTRIM(s)、RTRIM(s)，即删除字符串两边、左边、右边的空格。

TRIM()、LTRIM()、RTRIM() 函数使用示例，如图 9-20 所示。

```
mysql> SELECT TRIM('   RUNOOB   '),LTRIM('   RUNOOB   '),RTRIM('   RUNOOB   ');
+----------------------+----------------------+----------------------+
| TRIM('   RUNOOB   ') | LTRIM('   RUNOOB   ')| RTRIM('   RUNOOB   ')|
+----------------------+----------------------+----------------------+
| RUNOOB               | RUNOOB               |    RUNOOB            |
+----------------------+----------------------+----------------------+
```

图 9-20　TRIM()、LTRIM()、RTRIM() 函数使用示例

（9）返回指定的字符串函数：SUBSTR(s,start,length)，从字符串 s 的 start 位置截取长度为 length 的子字符串。

SUBSTR() 函数使用示例，如图 9-21 所示。

```
mysql> SELECT SUBSTR("RUNOOB", 2, 3);
+------------------------+
| SUBSTR("RUNOOB", 2, 3) |
+------------------------+
| UNO                    |
+------------------------+
```

图 9-21　SUBSTR() 函数使用示例

（10）反转字符串函数：REVERSE(s) 将字符串 s 的字符序列反转。

REVERSE() 函数使用示例，如图 9-22 所示。

```
mysql> SELECT REVERSE('abc');
+----------------+
| REVERSE('abc') |
+----------------+
| cba            |
+----------------+
```

图 9-22　REVERSE() 函数使用示例

（11）STRCMP(s1,s2) 函数比较字符串 s1 和 s2，如果 s1 与 s2 相等返回 0，如果 s1>s2 返回 1，如果 s1<s2 返回 -1。

STRCMP() 函数使用示例，如图 9-23 所示。

```
mysql> SELECT STRCMP("runoob", "runoob");
+----------------------------+
| STRCMP("runoob", "runoob") |
+----------------------------+
|                          0 |
+----------------------------+
```

图 9-23　STRCMP() 函数使用示例

3. 时间日期函数

（1）获取当前日期和获取当前时间函数。

CURDATE() 和 CURRENT_DATE() 函数作用相同，将当前日期按照 'YYYY-MM-DD' 或 YYYYMMDD 格式的值返回，具体格式根据函数在字符串或是数字语境而定。

通过图 9-24 结果可以看到，两个函数的作用相同，都是获取系统当前日期，通过+0，

将日期型转换为数值型。

```
mysql> SELECT CURDATE(),CURRENT_DATE(),CURDATE()+0,CURRENT_DATE()+0;
+------------+----------------+-------------+------------------+
| CURDATE()  | CURRENT_DATE() | CURDATE()+0 | CURRENT_DATE()+0 |
+------------+----------------+-------------+------------------+
| 2023-07-24 | 2023-07-24     |    20230724 |         20230724 |
+------------+----------------+-------------+------------------+

mysql> SELECT CURTIME(),CURRENT_TIME(),CURTIME()+0,CURRENT_TIME()+0;
+-----------+----------------+-------------+------------------+
| CURTIME() | CURRENT_TIME() | CURTIME()+0 | CURRENT_TIME()+0 |
+-----------+----------------+-------------+------------------+
| 15:41:07  | 15:41:07       |      154107 |           154107 |
+-----------+----------------+-------------+------------------+
```

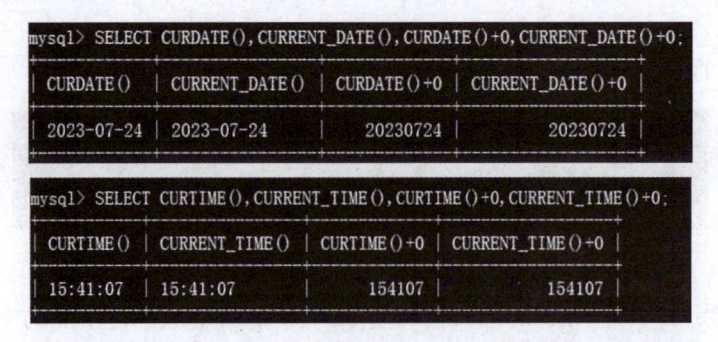

图 9-24 CURDATE( ) 和 CURRENT_DATE( ) 函数使用示例

（2）获取月份函数：MONTH(date) 和 MONTHNAME(date)，使用示例如图 9-25 所示。

```
mysql> SELECT MONTH('2023-7-25'),MONTHNAME('2023-7-25');
+--------------------+------------------------+
| MONTH('2023-7-25') | MONTHNAME('2023-7-25') |
+--------------------+------------------------+
|                  7 | July                   |
+--------------------+------------------------+
```

图 9-25 MONTH( ) 和 MONTHNAME 函数使用示例

（3）DAYNAME(d)、DAYOFWEEK(d)、WEEKDAY(d) 函数。

DAYNAME(d) 函数返回 d 对应的工作日的英文名称，如 Sunday/Monday 等；

DAYOFWEEK(d) 函数返回 d 对应的一周的索引位置，1 表示周日，2 表示周一，…，7 表示周六；

WEEKDAY(d) 返回 d 对应的工作日索引，0 表示周一，1 表示周二，…，6 表示周日。

以上 3 个函数使用示例如图 9-26 所示。

```
mysql> SELECT DAYNAME('2023-7-25'),DAYOFWEEK('2023-7-25'),WEEKDAY('2023-7-25');
+----------------------+------------------------+----------------------+
| DAYNAME('2023-7-25') | DAYOFWEEK('2023-7-25') | WEEKDAY('2023-7-25') |
+----------------------+------------------------+----------------------+
| Tuesday              |                      3 |                    1 |
+----------------------+------------------------+----------------------+
```

图 9-26 DAYNAME(d)、DAYOFWEEK(d)、WEEKDAY(d) 函数使用示例

（4）获取星期函数：WEEK(d) 和 WEEKOFYEAR(d)，使用示例如图 9-27 所示。

WEEK(d) 计算日期 d 是一年中的第几周；

WEEKOFYEAR(d) 计算某一天是一年中的第几周，相当于 week(d,3)。

```
mysql> SELECT WEEK('2023-7-25'),WEEKOFYEAR('2023-7-25');
+-------------------+-------------------------+
| WEEK('2023-7-25') | WEEKOFYEAR('2023-7-25') |
+-------------------+-------------------------+
|                30 |                      30 |
+-------------------+-------------------------+
```

图 9-27 WEEK(d) 和 WEEKOFYEAR( ) 函数使用示例

（5）DAYOFYEAR( ) 函数返回一年中的第几天，范围从 1~366；DAYOFMONTH( ) 函数返回一个月的第几天，范围从 1~31，使用示例如图 9-28 所示。

```
mysql> SELECT DAYOFYEAR('2023-7-25'), DAYOFMONTH('2023-7-25');
| DAYOFYEAR('2023-7-25') | DAYOFMONTH('2023-7-25') |
|         206            |            25           |
```

图 9-28　DAYOFYEAR( ) 和 DAYOFMONTH( ) 函数使用示例

（6）YEAR( )、QUARTER( )、MINUTE( )、SECOND( ) 函数获取年、季度、分钟、秒，使用示例如图 9-29 所示。

```
mysql> SELECT YEAR('2023-7-25'),QUARTER ('2023-7-25'),MINUTE('2023-7-25'),SECOND('2023-7-25');
| YEAR('2023-7-25') | QUARTER ('2023-7-25') | MINUTE('2023-7-25') | SECOND('2023-7-25') |
|       2023        |           3           |          20         |          23         |
```

图 9-29　YEAR( )、QUARTER( )、MINUTE( )、SECOND( ) 函数使用示例

4. 系统信息函数

（1）VERSION( ) 函数返回当前 MySQL 服务器的版本信息，使用示例如图 9-30 所示。

```
mysql> SELECT VERSION();
| VERSION() |
|  8.0.34   |
```

图 9-30　VERSION( ) 函数使用示例

（2）SHOW DATABASES 语句用于查看数据库，其使用示例如图 9-31 所示。

```
mysql> SHOW DATABASES;
| Database           |
| information_schema |
| itcast             |
| mysql              |
| performance_schema |
| student            |
| sys                |
```

图 9-31　SHOW DATABASES 语句使用示例

（3）CONV(N,from_base,to_base) 函数实现不同进制的数字进行转换。

CONV(N,from_base,to_base) 函数实现不同进制数间的转换，由 from_base 进制转换为 to_base 进制，返回值为 N 的字符串表示。如有任意一个参数为 NULL，则返回值为 NULL。自变量 N 被理解为一个整数，但是可以被指定为一个整数或字符串。最小基数是 2，而最大基数则是 36。使用示例如图 9-32 所示。

```
mysql> SELECT CONV('a',16,2),CONV(15,10,2),CONV(15,10,8),CONV(18,10,16),CONV(15,NU11,2);
| CONV('a',16,2) | CONV(15,10,2) | CONV(15,10,8) | CONV(18,10,16) | CONV(15,NU11,2) |
|     1010       |     1111      |      17       |       12       |      NULL       |
```

图 9-32　CONV( ) 函数使用示例

(4) 转换数据类型函数。

CAST(x, AS type) 和 CONVERT(x, type) 函数将一个类型的值转换为另一个类型的值。可以转换的 type 有：BINARY（ ）、CHAR（n）、DATE、TIME、DATETIME、DECIMAL、SIGNED、UNSIGNED。使用示例如图9-33所示。

```
mysql> SELECT CAST(10 AS CHAR(2)),CONVERT('2023-7-25 17:17:17',TIME);
| CAST(10 AS CHAR(2)) | CONVERT('2023-7-25 17:17:17',TIME) |
| 10                  | 17:17:17                           |
```

图9-33 转换数据类型函数使用示例

5. 聚合函数

(1) 求最大值。

MAX( ) 函数的语法及其用法如下。

① 语法：MAX（<参数>）。

简单的查询语句：SELECT MAX（<参数>）FROM <表名>。

说明：参数是指需要求最大值的区间，可为字段名。

② 用法：用于求最大值。

例：现有一个全校成绩表 course，获取全校语、数、英最高成绩。

```
SELECT MAX(Chinese) AS max_Chinese,
MAX(math) AS max_math,
MAX(English) AS max_English
FROM course
```

(2) 求最小值。

MIN( ) 函数的语法及其用法如下。

① 语法：MIN（<参数>）。

简单的查询语句：SELECT MIN（<参数>）FROM <表名>。

说明：参数是指需要求最小值的区间，可为字段名。

② 用法：用于求最小值。

例：现有一个全校成绩表 course，获取全校语、数、英最低成绩。

```
SELECT MIN(Chinese) AS min_Chinese,
MIN(math) AS min_math,
MIN(English) AS min_English
FROM course
```

(3) 求和。

SUM( ) 函数的语法及其用法如下。

① 语法：SUM（<参数>）。

说明：参数一般为字段或别名，别名是指已用其他语法处理过的字段另命名。

② 用法：用于求和，可按照目标分组求和。若分组求和，需要结合 GROUP BY 分组函数一起使用。

例1：现有一个全校成绩表 course，获取全校语、数、英总成绩。

```
SELECT SUM(Chinese) AS Chinese,
SUM(math) AS math,
SUM(English) AS English
FROM course
```

例2：现有一个全校成绩表 course，按班级 class 分组获取全校语、数、英总成绩。

```
SELECT class,SUM(Chinese) AS Chinese,
SUM(math) AS math,
SUM(English) AS English
FROM course
GROUP BY class
```

（4）求平均值。

AVERAGE( ) 函数的语法及其用法如下。

① 语法：AVERAGE(<参数>)。

简单的查询语句：SELECT AVERAGE(<参数>) FROM <表名>。

说明：参数是指需要求平均值的区间，可为字段名。

② 用法：用于求平均值。

例1：现有一个全校成绩表 course，获取全校语、数、英平均成绩。

```
SELECT AVERAGE(Chinese) AS average_Chinese,
AVERAGE(math) AS average_math,
AVERAGE(English) AS average_English
FROM course
```

例2：现有一个全校成绩表 course，按班级 class 分组获取全校语、数、英平均成绩。

```
SELECT class,AVERAGE(Chinese) AS average_Chinese,
AVERAGE(math) AS average_math,
AVERAGE(English) AS average_English
FROM course
GROUP BY class
```

（5）统计一组数据的个数。

COUNT( ) 函数的语法及其用法如下。

① 语法：COUNT(<参数>)。

简单的查询语句：SELECT COUNT(<参数>) FROM <表名>。

说明：参数是指需要计数的区间，可为 *、1、字段名。

COUNT(*)：包括所有的列，相当于行数，在统计结果的时候，不会忽略为 NULL 的值。

COUNT(1)：忽略所有列，用1代表代码行，在统计结果的时候，不会忽略为 NULL 的值。

COUNT(字段名)：只包括指定的字段列，在统计结果的时候，会忽略列值为 NULL 的计数，即某个字段值为 NULL 时，不统计。

② 用法：用于计数，可按照目标分组求和。若分组计数，需要结合 GROUP BY 分组函数一起使用。

例1：现有一个全校成绩表 course，获取全校人数和班级个数，学号字段为 ID。

```
SELECT COUNT(ID) AS people_num,
COUNT(class) AS class_num,
FROM course
```

例2：现有一个全校成绩表 course，按班级 class 分组获取各班人数。

```
SELECT class,COUNT(1) AS people_num
FORM course
GROUP BY class
```

需要注意的是：①SQL 的聚合函数用法与 Excel 的统计函数对应的函数用法是相似的；②聚合函数与 GROUP BY 是配套使用的，进行聚合且查询非聚合字段时需对非聚合的字段进行 GROUP BY。如果对聚合后的数据还要进行条件筛选，就需要用到 HAVING 子句，举例如下。

例：

```
SELECT actor_id, director_id FROM ActorDirector GROUP BY actor_id, director_id HAVING COUNT(0) >2;
```

9.1.2 自定义函数

如果系统内置的函数不能满足应用，可以创建自定义函数。
自定义函数的基本语法格式如下。

```
CREATE FUNCTION <函数名>(参数列表)
RETURNS <返回值数据类型>
BEGIN
    RETURN(<SQL 语句>);
END;
```

例1：生成随机的电话号码。

```
CREATE  FUNCTION 'generatePhone'() RETURNS char(11) CHARSET utf8
DETERMINISTIC //
BEGIN
    DECLARE head VARCHAR(100) DEFAULT '000,156,136,176,183';
    DECLARE content CHAR(10) DEFAULT '0123456789';
    DECLARE phone CHAR(11) DEFAULT substring(head, 1+(FLOOR(1 + (RAND() * 3))* 4), 3);
    DECLARE i int DEFAULT 1;
    DECLARE len int DEFAULT LENGTH(content);
    WHILE i<9 DO
        SET i=i+1;
        SET phone = CONCAT(phone, substring(content, floor(1 + RAND() * len), 1));
    END WHILE;
    RETURN phone;
END //
DETERMINISTIC ;
SELECT generatePhone();
```

测试结果如图 9-34 所示。

图 9-34 生成随机的电话号码

例 2：生成定长的随机字符串。

```
CREATE    FUNCTION 'randString'(n INT) RETURNS varchar(255) CHARSET utf8
DETERMINISTIC //
BEGIN
    DECLARE chars_str varchar(100) DEFAULT ' abcdefgh ijklmnopqrstuvwxyzABCDEFGHIJKLMNOPQRSTUVWXYZ0123456789';
    DECLARE return_str varchar(255) DEFAULT '';
    DECLARE i INT DEFAULT 0;
    WHILE i < n DO
        SET return_str = concat(return_str,substring(chars_str , FLOOR(1 + RAND()* 62 ),1));
        SET i = i +1;
    END WHILE;
    RETURN return_str;
END //
DETERMINISTIC ;
```

9.2 存储过程

存储过程（Stored Procedure）是一种在数据库中存储复杂程序，以便外部程序调用的一种数据库对象。存储过程通常是为了完成特定功能的一组 SQL 语句集，可以被反复调用，就像一个函数一样。

9.2.1 存储过程的概念

常用的 SQL 语句在执行的时候需要先编译，然后执行，而存储过程是一组为了完成特定功能的 SQL 语句集，经编译后存储在数据库中，用户通过指定存储过程的名字并给定参数（如果该存储过程带有参数）来调用执行它。

存储过程是由流控制和 SQL 语句书写的过程，这个过程经编译和优化后存储在数据库服务器中，应用程序使用时只须调用即可。

存储过程本质上就是一堆 SQL 语句，使用存储过程有以下优势。

（1）存储过程只在创建时进行编译，以后每次执行存储过程都不需再重新编译；而一般 SQL 语句每执行一次就编译一次，因此使用存储过程可以提高数据库执行速度。

（2）当对数据库进行复杂操作时（如对多个表进行增、删、改、查操作时），可将此复杂操作用存储过程封装起来与数据库提供的事务处理结合使用。

(3) 存储过程可以重复使用,以减少数据库开发人员的工作量。

(4) 安全性高,可设定只有某用户才具有对指定存储过程的使用权。

(5) 可以降低网络的通信量。

存储过程分为以下几类。

1. 系统存储过程

系统存储过程主要用于从系统表中获取信息,并完成数据库服务器的管理工作,其不仅为系统管理员提供帮助,也为用户查看数据库对象提供方便。系统存储过程位于数据库服务器中,并且以"sp_"开头,系统存储过程定义在系统定义和用户定义的数据库中,在调用时不必在存储过程前加数据库限定名。SQL Server 服务器中许多的管理工作都是通过执行系统存储过程来完成的,许多系统信息也可以通过执行系统存储过程来获得。系统存储过程创建并存放在系统数据库 master 中,有些系统存储过程只能由系统管理员使用,而有些系统存储过程通过授权可以被其他用户所使用。

2. 扩展存储过程

扩展存储过程是以在 SQL Server 环境外执行的动态链接库(DLL 文件)来实现的,可以加载到 SQL Server 实例运行的地址空间中执行,扩展存储过程可以用 SQL Server 扩展存储过程 API 编程,扩展存储过程以前缀"xp_"来标识,对于用户来说,扩展存储过程和普通存储过程一样,可以用相同的方法来执行。

3. 用户自定义的存储过程

自定义存储过程即用户为了实现某一特定业务需求,在用户数据库中编写的 T-SQL (Transact-SQL) 语句集合,自定义存储过程可以接收输入参数、向客户端返回结果和信息、返回输出参数等。创建自定义存储过程时,存储过程名前加上"##"表示创建了一个全局的临时存储过程;存储过程名前加上"#"时,表示创建了一个局部临时存储过程。局部临时存储过程只能在创建它的会话中使用,会话结束时,将被删除。这两种存储过程都存放在 tempdb 数据库中。

用户定义的存储过程分为两类:T-SQL 和 CLR(Common Language Runtime)。

T-SQL 存储过程是指保存的 T-SQL 语句集合,可以接收和返回用户提供的参数,存储过程也可能从数据库向客户端应用程序返回数据。

CLR 存储过程是指引用 Microsoft. NET Framework 公共语言运行时的方法编写的存储过程,可以接收和返回用户提供的参数,它们在 Microsoft. NET Framework 程序集中是作为类的公共静态方法实现的。

9.2.2　存储过程的创建与执行

1. 存储过程创建

在创建存储过程之前,需要了解在 MySQL 8.0 中,一个存储子程序或函数与特定的数据库之间的联系。存储子程序内不允许使用 USE 语句,同时,在删除数据库时,与它关联的所有存储子程序也将被删除。

创建存储过程的语法格式如下所示。

```
CREATE PROCEDURE 过程名([过程参数 | [,过程参数 2,…]])
[特性,…] 过程体;
```

从上面的语法格式中可以看出，MySQL 中存储过程的建立以关键字 CREATE PROCE-DURE 开始，后面紧跟存储过程的名称和参数。MySQL 的存储过程名称不区分大小写，如 PROC1 和 proc1 代表同一个存储过程名。不过需要注意的是，存储过程名不能与 MySQL 数据库中的内建函数重名。

参数列表包含 3 部分：参数模式、参数名、参数类型。

例：IN stuname VARCHAR（20）；

MySQL 存储过程的参数用在存储过程的定义，共有 3 种参数类型：[IN，OUT，INOUT]。

例：CREATE PROCEDURE[[IN | OUT | INOUT]参数名 数据类型]。

（1）IN 输入参数：表示该参数的值必须在调用存储过程时指定，在存储过程中修改该参数的值不能被返回。如果没有指定参数，IN 参数为默认值。

（2）OUT 输出参数：该值可在存储过程内部被改变，并可返回。

（3）INOUT 输入输出参数：调用时指定，并且可被改变和返回。

如果存储过程没有返回值，那么会执行 BEGIN 和 END 两个关键字之间的 SQL 语句，并显示执行结果。

如果存储过程有返回值，那么也会执行 BEGIN 和 END 两个关键字之间的 SQL 语句，但是不会显示执行结果，而是把执行结果保存到输出参数中。

下面使用语句创建一个名为 proc1 的存储过程。

```
mysql> DELIMITER //
mysql> CREATE PROCEDURE proc1(OUT s int)
    -> BEGIN
    -> SELECT COUNT(* ) INTO s FROM user;
    -> END //
mysql> DELIMITER ;
```

2. DELIMITER 关键字

DELIMITER 是分隔符的意思。

如果没有声明分隔符，编译器会把存储过程当成 SQL 语句进行处理，那么存储过程的编译过程会报错，因此事先要使用 DELIMITER 关键字声明当前分隔符（DELIMITER //），这样 MySQL 才会将"//"当作存储过程中的代码，不会执行这些代码。但记得用完之后要把分隔符还原（DELIMITER ;）。

存储过程可以有零个或多个参数。

使用存储过程可以从 Microsoft SQL Server Analysis Services 中调用外部例程。

可以在任何公共语言运行时（如 C、C++、C#、Visual Basic 或 Visual Basic .NET 语言）中编写由存储过程调用的外部例程。

存储过程可以一次创建并从许多上下文中进行调用，如其他存储过程、计算度量值或客户端应用程序。

程序集使用通用代码可以一次开发并存储在单个位置中，以简化 Analysis Services 数据库开发和实现。

存储过程可用来向应用程序中添加多维表达式（Multi Dimensional Expressions；MDX）的本机功能未提供的商业功能。

3. 存储过程调用

可以使用 CALL 语句来调用存储过程。其语法如下。

```
CALL 过程名([过程参数|[,过程参数 2,…]);
```

下面通过一个实例看看如何调用存储过程，首先进入 test 数据库，创建一个带循环的存储过程。

```
mysql> USE test;
mysql> DELIMITER //
mysql> CREATE PROCEDURE dowhile()
-> BEGIN
-> DECLAREIINT DEFAULT 5
-> WHILE i>0 DO
-> SELECT *  FROM student;
-> SET i=i- l;
-> END WHILE;
-> END //
```

9.2.3 存储过程的查询、修改和删除

1. 存储过程查询

在建立好存储过程后，有时需要查询所创建好的存储过程。查询当前数据库中存在的所有存储过程，可以执行如下语句。

```
SHOW PROCEDURE STATUS\G
```

如果要查询某个具体的存储过程，可以执行如下语句。

```
SHOW CREATE PROCEDURE[存储过程名]\G
```

2. 存储过程修改

尽管 MySQL 数据库支持对存储过程的修改，但是不能修改存储过程中的内容，也不能修改存储过程的名称。如果想要修改存储过程的内容，只能删除原有的存储过程，然后再重新编写一个存储过程；如果想要修改存储过程的名称，也只能删除原有的存储过程，然后重新创建一个新的存储过程，并且把原有存储过程的内容写入新的存储过程。

MySQL 只支持修改存储过程的部分特性，修改语句的语法格式如下。

```
ALTER PROCEDURE [存储过程名] [存储过程特性];
```

可以写入的存储过程特性主要有以下 6 种。

(1) CONTAINS SQL：表示子程序包含 SQL 语句，但是不包含读或写的 SQL 语句。

(2) NO SQL：表示子程序不包含 SQL 语句。

(3) READS SQL DATA：表示子程序中包含读数据的 SQL 语句。

(4) MODIFIES SQL DATA：表示子程序中包含写数据的 SQL 语句。

(5) SQL SECURITY DEFINE 或 SQL SECURITY INVOKE：如果是 DEFINE，则表示该存

储过程只有定义者自身才可以执行；如果是 INVOKE，则表示调用者可以执行。

（6） COMMENT [注释信息] 表示向该存储过程添加注释信息。

3. 存储过程删除

存储过程的删除可以使用以下语句。

```
DROP PROCEDURE [存储过程名];
```

9.2.4 存储过程的错误处理

当存储过程中发生错误时，需进行适当处理，例如，继续或退出当前代码块的执行，并发出有意义的错误消息。其中 MySQL 提供了一种简单的方法来定义处理从一般条件（如警告或异常）到特定条件（如特定错误代码）的处理程序。下面使用 DECLARE HANDLER 语句来尝试声明一个处理程序，其语法格式如下。

```
DECLARE action HANDLER FOR condition_value statement;
```

上述 SQL 中，如果条件的值与 condition_value 匹配，则 MySQL 将执行 statement，并根据该操作继续或退出当前的代码块。其中，action 接受以下值之一。

（1） CONTINUE：继续执行封闭代码块（BEGIN…END）。

（2） EXIT：声明封闭代码块的执行终止。

condition_value 指定一个特定条件或一类激活处理程序的条件。condition_value 接受以下值之一。

（1） 一个 MySQL 错误代码。

（2） 标准 SQLSTATE 值或 SQLWARNING，NOTFOUND，SQLEXCEPTION 条件，这是 SQLSTATE 值类的简写。NOTFOUND 条件用于游标或 SELECT INTO variable_list 语句。

（3） 与 MySQL 错误代码或 SQLSTATE 值相关联的命名条件。

最重要的是，上述 SQL 可以是一个简单的语句或由 BEGIN 和 END 关键字包围的复合语句。下面是几个声明处理程序的实例，首先是当程序发生错误时，将 has_error 变量的值设置为 1 并继续执行的实例。

```
DECLARE CONTINUE HANDLER FOR SQLEXCEPTION SET has_error = 1;
```

接下来是当发生错误时，回滚上一个操作，发出错误消息，并退出当前代码块的实例。如果在存储过程的 BEGIN…END 块中声明它，则会立即终止存储过程。

```
DECLARE EXIT HANDLER FOR SQLEXCEPTION
BEGIN
ROLLBACK;
SELECT 'An error has occurred, operation rollbacked and the stored procedure was terminated';
END;
```

以下处理程序实现的功能是，如果没有更多的行要提取，在光标或 SELECT INTO 语句的情况下，将 no_row_found 变量的值设置为 1 并继续执行。

```
DECLARE CONTINUE HANDLER FOR NOT FOUND SET no_row_found = 1;
```

以下处理程序实现的功能是如果发生重复的键错误，则会发出 MySQL 错误 1062。它发出错误消息并继续执行。

```
DECLARE CONTINUE HANDLER FOR 1062
SELECT 'Error, duplicate key occurred';
```

上面这些实例可能有点抽象，下面介绍一个具体的实例。首先创建一个名为 article_tags 的新表，具体操作如下。

```
USE test;
CREATE TABLE article_tags(
    article_id INT,
    tag_id     INT,
    PRIMARY KEY(article_id,tag_id)
);
```

其中，article_tags 表存储文章和标签之间的关系。每篇文章可能有很多标签，反之亦然。为了简单起见，不会在 article_tags 表中创建文章（article）表和标签（tags）表及外键。

接下来，创建一个存储过程，将文章的 ID 和标签的 ID 插入到 article_tags 表中。

```
USE testdb;
DELIMITER $ $
CREATE PROCEDURE insert_article_tags(IN article_id INT, IN tag_id INT)
BEGIN
  DECLARE CONTINUE HANDLER FOR 1062
  SELECT CONCAT('duplicate keys (' ,article_id,' ,' ,tag_id,' ) found' ) AS msg;
  -- insert a new record into article_tags
  INSERT INTO article_tags(article_id,tag_id)
  VALUES(article_id,tag_id);
  -- return tag count for the article
  SELECT COUNT(* ) FROM article_tags;
END $ $
DELIMITER ;
```

然后通过调用 insert_article_tags 存储过程，为 ID 为 1 的文章添加标签 ID：1，2 和 3，如下所示。

```
CALL insert_article_tags(1,1);
CALL insert_article_tags(1,2);
CALL insert_article_tags(1,3);
```

再尝试插入一个重复的键来检查处理程序是否真的被调用。

```
CALL insert_article_tags(1,3);
```

执行上面的查询语句，得到以下结果，如图 9-35 所示。

```
mysql> CALL insert_article_tags(1,3);
+---------------------------+
| msg                       |
+---------------------------+
| duplicate keys (1,3) found |
+---------------------------+
1 row in set (0.00 sec)

+----------+
| COUNT(*) |
+----------+
|        3 |
+----------+
1 row in set (0.01 sec)
```

图 9-35　CALL insert-article_tags(1,3)；执行结果

执行后会收到一条错误消息。但是，由于将处理程序声明为 CONTINUE 处理程序，存储过程将继续执行，因此最后获得文章的标签计数值为 3。

如果将处理程序声明中的 CONTINUE 更改为 EXIT，则将只会收到一条错误消息。具体的查询语句如下。

```
DELIMITER//
CREATE PROCEDURE insert_article_tags_exit(IN article_id INT, IN tag_id INT)
BEGIN
  DECLARE EXIT HANDLER FOR SQLEXCEPTION
  SELECT 'SQLException invoked';
  DECLARE EXIT HANDLER FOR 1062
          SELECT 'MySQL error code 1062 invoked';
  DECLARE EXIT HANDLER FOR SQLSTATE '23000'
  SELECT 'SQLSTATE 23000 invoked';
  -- insert a new record into article_tags
  INSERT INTO article_tags(article_id,tag_id)
    VALUES(article_id,tag_id);
  -- return tag count for the article
  SELECT COUNT(* ) FROM article_tags;
END//
DELIMITER ;
```

执行上面的查询语句，得到以下结果，如图 9-36 所示。

```
mysql> CALL insert_article_tags_exit(1,3);
+------------------------------+
| MySQL error code 1062 invoked |
+------------------------------+
| MySQL error code 1062 invoked |
+------------------------------+
1 row in set (0.00 sec)

Query OK, 0 rows affected (0.01 sec)
```

图 9-36　CALL insert-article_tags_exit(1,3)；执行结果

如果使用多个处理程序来处理错误，MySQL 将调用最特定的处理程序来处理错误。这将涉及优先级的问题，下面进行详细介绍。

每个错误都将映射到一个 MySQL 错误代码，因为在 MySQL 中它是最具体的。SQLSTATE 类型值可以映射到许多 MySQL 错误代码，因此它不太具体。SQLEXCPETION 或 SQLWARNING 是 SQLSTATES 类型值的缩写，因此它是最通用的。假设在 insert_article_tags_3 存储过程中声明 3 个处理程序，如下所示。

```
DELIMITER//
CREATE PROCEDURE insert_article_tags_3(IN article_id INT, IN tag_id INT)
BEGIN
  DECLARE EXIT HANDLER FOR 1062 SELECT 'Duplicate keys error encountered';
  DECLARE EXIT HANDLER FOR SQLEXCEPTION SELECT 'SQLException encountered';
  DECLARE EXIT HANDLER FOR SQLSTATE '23000' SELECT 'SQLSTATE 23000';
  -- insert a new record into article_tags
  INSERT INTO article_tags(article_id,tag_id)
  VALUES(article_id,tag_id);
  -- return tag count for the article
  SELECT COUNT(* ) FROM article_tags;
END//
DELIMITER ;
```

然后尝试通过调用存储过程将重复的键插入 article_tags 表中。

```
CALL insert_article_tags_3(1,3);
```

可以看到 MySQL 错误代码处理程序被调用，如图 9-37 所示。

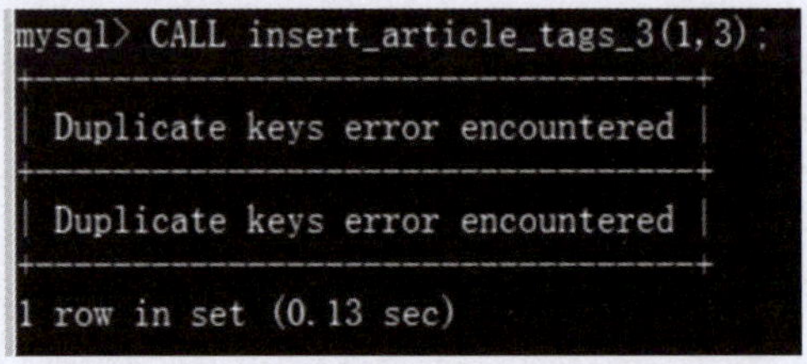

图 9-37　CALL insert-article_tags_3(1,3); 执行结果

最后，介绍命名错误条件的使用。从错误处理程序声明开始，语句如下。

```
DECLARE EXIT HANDLER FOR 1051 SELECT 'Please create table abc first';
SELECT *  FROM abc;
```

1051 是什么意思？想象一下，如果有一个大的存储过程代码使用了好多类似这样的数字，这将成为代码维护的噩梦。幸运的是，MySQL 提供了声明一个命名错误条件的 DECLARE CONDITION 语句，它与条件相关联。DECLARE CONDITION 语句的语法格式如下。

```
DECLARE condition_name CONDITION FOR condition_value;
```

condition_value 可以是 MySQL 错误代码，如 1015 或 SQLSTATE 类型值。condition_value

由 condition_name 表示。声明后，可以参考 condition_name，而不是参考 condition_value。因此可以重写上面的代码如下：

```
DECLARE table_not_found CONDITION for 1051;
DECLARE EXIT HANDLER FOR  table_not_found SELECT 'Please create table abc first';
SELECT *  FROM abc;
```

9.3 变　　量

在 MySQL 数据库的存储过程和存储函数中，可以使用变量来存储查询或计算的中间结果，或者输出最终结果。在 MySQL 数据库中，变量分为系统变量和用户自定义变量。

（1）系统变量：又分全局变量和会话变量。变量由系统定义，而不是用户定义的，属于服务器层面。启动 MySQL 服务，生成 MySQL 服务实例期间，MySQL 将为 MySQL 服务器内存中的系统变量赋值，这些系统变量定义了当前 MySQL 服务器实例的属性、特征。

这些系统变量的值，要么是编译 MySQL 时参数的默认值，要么是配置文件。如 my.ini 等文件中的参数值。

（2）自定义变量：又分用户变量和局部变量。用户变量是用户自己定义的，作为 MySQL 编码规范，MySQL 中的用户变量以一个@开头（一般主要在定义会话用户变量的时候加上@，而局部用户变量不加，方便用于区分）。

9.3.1　系统变量

说明：变量由系统提供，不是用户定义，属于服务器层面。

注意：

如果是全局级别，则需要加关键字 GLOBAL，服务器每次启动将为所有的全局变量赋初始值，针对所有的会话（连接）有效，但不能跨重启；如果是会话级别，则需要添加 SESSION 选项，如果不写，则使用默认 SESSION。

作用域：

服务器每次启动将为所有的全局变量赋初值，全局变量是针对所有的 session 的，但是不能跨重启，也就是当服务重启之后，之前对全局变量做的修改都会回归默认。

使用的语法：

（1）查看所有的系统变量。

```
SHOW GLOBAL| [SESSION] VARIABLES;
```

（2）查看满足条件的部分系统变量。

```
SHOW GLOBAL| [SESSION] VARIABLES LIKE '条件';
```

（3）查看指定的某个系统变量的值。

```
SELECT @@GLOBAL| [SESSION].系统变量名;
```

(4) 为某个系统变量赋值。

方式一：

SET GLOBAL | [SESSION] 系统变量名=值；

方式二：

SET @@GLOBAL | [SESSION].系统变量名=值；

9.3.2 会话变量

作用域：会话的作用域仅限于当前会话，不会影响其他会话。

例 1：查看当前会话的所有变量。

SHOW SESSION VARIABLES;
SHOW VARIABLES;

例 2：查看满足条件的部分变量。

SHOW VARIABLES LIKE '%commit%';

例 3：查看指定的变量，只能用@@。

SELECT @@session.autocommit；
SELECT @@autocommit；

例 4：设置指定的变量。

SET SESSION tx_isolation='read-committed';
SET tx_isolation = 'read-committed';
SET @@session.tx_isolation='read-committed';
SET @@tx_isolation='read-committed';

9.3.3 局部变量

作用域：仅仅在定义它的 BEGIN…END 代码块中有效，应用在 BEGIN…END 代码块中的第一句会话。

(1) 声明。具体的语法格式如下。

DECLARE 变量名 类型；
DECLARE 变量名 类型 DEFAULT 值； ——设置变量并初始化

(2) 赋值（更新用户变量的值）。

方式 1：通过 SET 或 SELECT 语句，具体的语法格式如下。

SET 局部变量名=值；
SET 局部变量名：=值；
SELECT @局部变量名：=值；

方式 2：通过 SELECT INTO 语句，具体的语法格式如下。

SELECT 字段 INTO 局部变量名 FROM 表；

(3) 使用。

SELECT 局部变量名；

用户变量和局部变量对比如表 9-1 所示。

表 9-1 用户变量和局部变量对比

名称	作用域	定义和使用的位置	语法
用户变量	当前会话	会话中的任何地方	必须加@ 符号，不用限定类型
局部变量	BEGIN…END 块中	只能在 BEGIN…END 块中的第一句话	一般不用@ 符号，需要限定类型

例：声明两个变量并赋初始值，求和并打印。

```
SET @m=1;
SET @n=2;
SET @sum = @m+@n;
SELECT @sum;
```

9.4 流程控制

MySQL 不支持传统意义上的流程控制结构，如 GOTO 语句或块 IF-ELSE、WHILE 或 FOR 循环。但是，它支持存储过程和函数，可以通过使用控制流语句（如 IF、CASE、LOOP、LEAVE、ITERATE）来实现流程控制。

9.4.1 判断语句

1. IF 和 IFNULL

语法：IF（表达式1，表达式2，表达式3）。

含义：如果表达式1为 true，则返回表达式2的值，否则返回表达式3的值，表达式的值类型可以为数字或字符串。

例：判断对错。

```
SELECT IF(TRUE,'对' ,'错' );-- 返回对
SELECT IF(FALSE,'对' ,'错' );-- 返回错
```

语法：IFNULL（表达式1，表达式2）。

含义：如果表达式1的值为空，则返回表达式2的值，否则返回表达式1的值，表达式的值类型可以为数字或字符串。

例：判断是否为空。

```
SELECT IFNULL(null,'是空' );-- 返回是空
SELECT IFNULL( '不是空' ,'是空' );-- 返回不是空
```

2. CASE

语法：CASE WHEN 表达式 THEN 值 1 ELSE 值 2 END；

含义：如果表达式为 true，则返回值1，否则返回值2。

例：判断对错。

```
SELECT (CASE WHEN TRUE THEN '对'ELSE '错'END )as tf;-- 返回对
SELECT (CASE WHEN FALSE THEN '对'ELSE '错'END )as tf ;-- 返回错
```

9.4.2 循环语句

MySQL 中，常用的循环有 3 种：WHILE 循环、LOOP 循环、REPEAT 循环。

MySQL 循环语句的作用与其他编程语言中的循环是一样的，不同的地方在于语法。如在 PHP 语言中，要将一句话重复输出 100 次，毫无疑问就用到循环了，MySQL 中也是如此。

1. WHILE 循环

语法：

[标识名称:] WHILE 条件 DO

SQL 语句;

END WHILE [标识名称]

例 1：无标识存储过程。

```
DELIMITER //
DROP PROCEDURE IF EXISTS twhile//
CREATE PROCEDURE twhile(IN c INT)
BEGIN
DECLARE count INT DEFAULT 0;
WHILE count
SELECT count;
SET count = count + 1;
END WHILE;
END //
DELIMITER ;
CALL twhile;
```

例 2：有标识存储过程。

```
DELIMITER //
DROP PROCEDURE IF EXISTS twhile1//
CREATE PROCEDURE twhile1(IN c INT)
BEGIN
DECLARE count INT DEFAULT 0;
tt: WHILE count
SELECT count;
SET count = count + 1;
END WHILE tt;
END//
```

例 3：使用函数求 1~100 之和。

```
DELIMITER //
DROPFUNCTION IF EXISTS tfunc//
CREATE FUNCTION tfunc(quantity INT) RETURNS INT(10)
BEGIN
```

```
DECLARE count INT DEFAULT 0;
DECLARE num INT DEFAULT 0;
WHILE count
SET count = count+1;
SET num = num + count;
END WHILE;
RETURN num;
END//
SELECT tfunc(100)//
```

2. REPEAT 循环

语法：
[标识名称:] REPEAT
SQL 语句；
UNTIL 结束循环的条件 REPEAT [标识名称]

```
DELIMITER //
DROP PROCEDURE IF EXISTS demo02//
CREATE PROCEDURE demo02(IN c INT)
BEGIN
DECLARE i INT DEFAULT 0;
REPEAT
SELECT i
SET i =i+1;
UNTIL i >= c END REPEAT;
END//
CALL demo02(3)//      #结果 1 2 3
```

MySQL 中使用 LEAVE 与 ITERATE 来控制循环语句的执行节奏，LEAVE 终止循环语句的执行，ITERATE 跳过本次循环。相当于 PHP 中的 continue 与 break。

3. LOOP 循环

LOOP 循环没有自带的终止循环的条件，需要自定义条件退出循环。使用 LOOP 循环要退出时，LOOP 循环必须声明循环标识名称。

语法：
[标识名称:] LOOP
SQL 语句；
END LOOP [标识名称]；

例1：LOOP 循环。

```
DELIMITER //
DROP PROCEDURE IF EXISTS demo02//
CREATE PROCEDURE demo02(IN c INT)
BEGIN
DECLARE i INT DEFAULT 0;
```

```
a: LOOP
SELECT i;
SET i=i+1;
#当 i>=5 时退出循环
IF i >= c THEN LEAVE a;
END IF;
END LOOP a;
END//
```

例 2：ITERATE 输出偶数。

```
DELIMITER //
DROP PROCEDURE IF EXISTS demo02//
CREATE PROCEDURE demo02(IN c INT)
BEGIN
DECLARE i INT DEFAULT 0;
a: WHILE i
SET i=i+1;
IF i>c THEN LEAVE a;
ELSEIF MOD(i,2) ! = 0 THEN ITERATE a;
END IF;
SELECT i;
END WHILE a;
END//
```

3 种循环的特点如下：
WHILE 循环：先判断条件后执行语句；
REPEAT 循环：先执行语句后判断条件；
LOOP 循环：无条件的死循环。

9.4.3　跳转语句

1. LEAVE 语句（跳出循环）

LEAVE 语句：可以用在循环语句内，或者以 BEGIN 和 END 关键字包裹起来的程序体内，表示跳出循环或跳出程序体的操作。可以把 LEAVE 语句理解为 PHP 语言中的 break 语句。

格式：

LEAVE 标记名

例：

创建存储过程 leave_begin()，声明 INT 类型的 IN 参数 num。给 BEGIN…END 代码块加标记名，并在 BEGIN…END 代码块中使用 IF 语句判断 num 参数的值。具体情况如下：

如果 num<=0，则使用 LEAVE 语句退出 BEGIN…END 代码块；

如果 num=1，则查询 employees 表的平均薪资；

如果 num=2，则查询 employees 表的最低薪资；

如果 num>2，则查询 employees 表的最高薪资。

IF 语句结束后查询 employees 表的总人数。

```
DELIMITER //
CREATE PROCEDURE leave_begin(IN num INT)
begin_label: BEGIN
    IF num<=0
        THEN LEAVE begin_label;
    ELSEIF num=1
        THEN SELECT AVG(salary) FROM employees;
    ELSEIF num=2
        THEN SELECT MIN(salary) FROM employees;
    ELSE
        SELECT MAX(salary) FROM employees;
    END IF;
    SELECT COUNT(*) FROM employees;
END //
DELIMITER ;
```

2. ITERATE 语句（继续循环）

ITERATE 语句只能用在循环语句（LOOP、REPEAT 和 WHILE 语句）内，表示重新开始循环，将执行顺序转到语句段开头处。可以把 ITERATE 语句理解为 PHP 语言中的 continue 语句，意思为"再次循环"。

格式：

```
ITERATE label;
```

label 参数表示循环的标志。ITERATE 语句必须在循环标志前面。

例：

定义局部变量 num，初始值为 0。循环结构中执行 num + 1 操作。

如果 num < 10，则继续执行循环；

如果 num > 15，则退出循环结构。

```
DELIMITER //
CREATE PROCEDURE test_iterate()
BEGIN
    DECLARE num INT DEFAULT 0;
    my_loop: LOOP
        SET num = num + 1;
        IF num < 10
            THEN ITERATE my_loop;
        ELSEIF num > 15
            THEN LEAVE my_loop;
        END IF;
        SELECT '笑霸 final';
    END LOOP my_loop;
END //
DELIMITER ;
```

9.5 游　　标

之前写的 SQL 语句，虽然可以通过筛选条件来限定返回的记录，但是却没有办法在结果集里面像指针一样定位每一条记录，向前定位、向后定位，或者随意定位到某一条记录。为了解决这个问题，可以使用游标。

游标（Cursor）是一个存储在 MySQL 服务器上的数据库查询，它不是一条 SELECT 语句，而是被该语句检索出来的结果集。在存储了游标之后，应用程序可以根据需要滚动或浏览其中的数据。

注意：MySQL 游标只能用于存储过程（和函数）。

准备数据：

> 创建库：mysql2023
> 创建表：test1、test2、test3
> /* 建库 mysql2023*/
> drop database if exists mysql2023;create database mysql2023;
> /* 切换到 mysql2023 库*/
> use mysql2023;
> DROP TABLE IF EXISTStestl;CREATE TABLE testl(a int,b int);INSERT INTO testl VALUES (1,2),3,4),(5,6);
> DROP TABLE IF EXISTS test2;CREATE TABLE test2(a int);INSERT INTO test2 VALUES (100),(200),(300);
> DROP TABLE IF EXISTS test3;CREATE TABLE test3(b int);INSERT INTO test3 VALUES(400),(500),(600);

9.5.1 游标的作用

游标又称光标，SQL 语句查询出来是一个结果集，但是不能像指针一样定位到每一条记录，游标可以对查询出来的结果集中的每一条记录进行定位处理。

在 SQL 中，游标是一种临时的数据库对象，充当指针的作用，可以通过操作游标来对数据进行操作，游标一般在存储过程和函数中使用。

例：

> SELECT a,b FROM testl;

上面这个查询返回 test1 表中的数据，如果想对这些数据进行遍历处理，此时就可以使用游标来进行操作。

游标相当于一个指针，这个指针指向结果集的第一行数据，可以通过移动指针来遍历后面的数据。

9.5.2 游标的操作流程

游标操作一般有以下 4 个步骤。

（1）声明定义游标：这个过程只是创建了一个游标，需要指定这个游标将要遍历的 SE-

LECT 查询语句,声明游标时并不会去执行这个 SQL 语句。

(2) 打开游标:打开游标的时候,会执行游标对应的 SELECT 语句。

(3) 获取游标:使用游标循环遍历 SELECT 语句的结果中的每一行数据,然后进行处理。

(4) 关闭游标:游标使用完之后一定要关闭。

1. 声明游标

在 MySQL 用 DECLARE 关键字声明,其语法格式如下。

> DECLARE 游标名称 CURSOR FOR SQL 语句;

2. 打开游标

游标声明后,在使用前需要打开游标,打开游标时 SELECT 语句的查询结果集将被送到游标工作区,为后面逐条读取数据作准备。

> OPEN 游标名称;

3. 获取游标

语法格式如下。

> FETCH 游标名称 INTO 变量名称[,变量名称];

FETCH 是逐行地获取游标里的内容,如果游标读取的数据有多列,则需要使用 INTO 关键字将其保存在多个变量中。

4. 关闭游标

游标是占用资源的,需要关闭,关闭后无法再获取结果数据集,若要使用需要重新打开游标,其语法格式如下。

> CLOSE 游标名;

9.5.3 使用游标检索数据

下面以 Customers 表作为示例,演示使用游标进行数据检索。Customers 表如图 9-38 所示。

客户ID	姓名	地址	城市	邮编	省份
1	张三	北京路27号	上海	200000	上海市
2	李四	南京路12号	杭州	310000	浙江省
3	王五	花城大道17号	广州	510000	广东省
4	马六	江夏路19号	武汉	430000	湖北省
5	赵七	西二旗12号	北京	100000	北京市
6	宋一	黄埔大道2100¹	广州	510000	广东省
7	刘二	朝阳西路14号	北京	100000	北京市

图 9-38 Customers 表

例 1:定义一个存储过程,调用时执行里面的游标。

```
DELIMITER //
CREATE PROCEDURE PROC1()
```

```
BEGIN
    -- 定义两个存放结果的变量
    DECLARE EmplID VARCHAR(20);
    DECLARE InC float;
    -- 声明游标
    DECLARE MY CURSOR FOR SELECT EmployeeID,InCome FROM salary;
    -- 打开游标
    OPEN MY;
    -- 获取结果
    FETCH MY INTO EmplID, InC;
    -- 这里是为了显示获取结果
    SELECT EmplID, InC;
    -- 关闭游标
    CLOSE MY;
END//
DELIMITER ;
```

执行完上面的存储过程后，就可以调用该存储过程了。

```
CALL PROC1();
```

得到结果如图 9-39 所示。

```
mysql> CALL PROC1();
+--------+--------+
| EmplID | InC    |
+--------+--------+
| 000001 | 2100.8 |
+--------+--------+
1 row in set (0.00 sec)
```

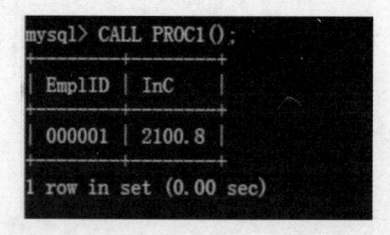

图 9-39 CALL PROC1( ); 执行结果

salary 表存有 12 条记录，为什么只显示了 1 条记录？

这是因为游标的变量只保留了 salary 表中的第一行数据，如果要查看其他的数据，就需要循环往下移动游标。

例 2：定义并调用存储过程，将 salary 表中的数据循环写入一张新表。

```
DELIMITER //
CREATE PROCEDURE PROC2()
BEGIN
    -- 定义两个存放结果的变量
    DECLARE FLAG INT DEFAULT 0;
    DECLARE EmplID VARCHAR(20);
    DECLARE InC float;
    -- 声明游标
    DECLARE MY CURSOR FOR SELECT EmployeeID,InCome FROM salary;
```

```
        DECLARE CONTINUE HANDLER FOR NOT FOUND SET FLAG=1;
        -- 打开游标
        OPEN MY;
        -- 循环体部分
        L1:LOOP
        -- 获取结果
        FETCH MY INTO EmplID,InC;
        IF FLAG=1 THEN
            LEAVE L1;
        END IF;
        -- 这里是为了显示获取结果
        INSERT INTO salary VALUES(EmplID,InC);
        -- 关闭游标
        END LOOP;   -- 结束循环
        CLOSE MY;
END //
DELIMITER;
```

然后执行这个存储过程，并查询 salary 表中的数据。

```
CALL PROC2();
SELECT *  FROM salary;
```

结果如图 9-40 所示。

name	addr
张三	北京路27号
李四	南京路12号
王五	花城大道17号
马六	江夏路19号
赵七	西二旗12号
宋一	黄埔大道2100
刘二	朝阳西路14号

图 9-40 salary 表的数据

结果与 Customers 表中的数据一致，但是这些结果是在游标循环下移的过程中插入的，即这个循环执行了 7 次。

以上是游标的基本操作原理，此外游标的循环体还有 WHILE、REPEAT 等操作方式，它们的操作方式与 LOOP 类似，都是用来循环执行循环体里面的内容，直到循环结束。

9.6 触发器

MySQL 中的触发器是一种特殊的存储过程，它在插入、更新或删除表中的数据时自动执行。触发器可以用于执行各种任务，如记录日志、验证数据完整性、自动更新计算字段等。

9.6.1 触发器的概念

触发器是用户定义在关系表上的一类由事件驱动的特殊过程。一旦被定义，触发器会被自动地保存在数据库服务器中。任何用户对表的增、删、改操作均由服务器自动激活相应的触发器。

1. 触发器创建

触发器又叫作事件—条件—动作规则，当定义的特殊事件发生时，会对规则的条件进行检查，条件成立执行触发器中的触发体，不成立则不执行。

创建形式如下。

```
DELIMITER //-- 将 MySQL 的结束标志改为//这样遇到;语句不会结束
CREATE TRIGGER <触发器名>
    {BEFORE/AFTER} <触发事件:如 INSERT、UPDATE 等> ON <表名>
    FOR EACH ROW/STATEMENT
    BEGIN
    <条件+触发体>
    END //
    DELIMITER ;
```

在上述语法中，触发器名称可以自行定义，触发时机只可以选择 BEFORE 和 AFTER，BEFORE 在触发动作之前执行，AFTER 在触发动作之后执行。触发后如果只有简单的一行 SQL 语句，则不需要加 BEGIN 和 END 关键字，但是如果有多行语句，则需要添加相应的关键字。

此外，与 MySQL 存储过程类似，MySQL 触发器也需要使用 DELIMITER 来修改 MySQL 数据库的默认分号结束符。

2. OLD 和 NEW 的使用

在触发器的触发体中写 SQL 语句时需要使用 OLD 和 NEW 这两个关键字，但在不同触发事件下的使用情况不一样，如表 9-2 所示。

表 9-2 OLD 和 NEW

特性	INSERT	UPDATE	DELETE
OLD	NULL	有效	有效
NEW	有效	有效	NULL

注：NULL 指的是在该触发器条件下不能使用 OLD 或 NEW。

触发器与存储过程的异同如下。

相同点：触发器是一种特殊的存储过程，触发器和存储过程同样是一个能够完成特定功能、存储在数据库服务器上的 SQL 片段。

不同点：存储器调用时需要调用 SQL 片段，而触发器不需要调用，当对数据库表中的数据执行 DML 操作时自动触发这个 SQL 片段的执行，无须手动调用。

在 MySQL 中，只有执行 INSERT、DELETE、UPDATE 语句时才能触发触发器的执行。触发器的这种特性可以协助应用在数据库端确保数据的完整性、日志记录、数据校验等操作。使用别名 OLD 和 NEW 来引用触发器中发生变化的记录内容，这与其他的数据库是相似的。现在触发器还只支持行级触发,不支持语句级触发。

9.6.2 触发器的基本操作

1. 创建触发器

(1) 创建只有一个执行语句的触发器。

例:创建一个单执行语句的触发器。首先,创建一个 account 表,表中有两个字段,分别为 acct_num 字段(定义为整数类型)和 amount 字段(定义为浮点类型);其次,创建一个名为 ins_sum 的触发器,触发的条件是向数据表 account 插入数据之前,对新插入的 amount 字段值进行求和计算。代码如下。

```
CREATE TABLE account (acct_num INT,amount DECIMAL(10,2));
CREATE TRIGGER ins_num BEFORE INSERT ON account FOR EACH ROW SET @num=@num+
NEW.amount;
    SET @num=0;
    INSERT INTO account VALUES(1,1.00),(2,2.00);
    SELECT @num;
```

结果如图 9-41 所示。

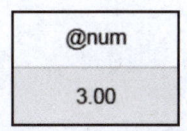

@num
3.00

图 9-41 执行结果

(2) 创建有多个执行语句的触发器。

例:创建一个包含多个执行语句的触发器,代码如下。

```
CREATE TABLE test1 (a1 INT);
CREATE TABLE test2 (s2 INT);
CREATE TABLE test3 (a3 INT NOT NULL AUTO_INCREMENT PRIMARY KEY);
CREATE TABLE test4 (
a4 INT NOT NULL AUTO_INCREMENT PRIMARY KEY,
b4 INT DEFAULT 0
);

DELIMITER //

CREATE TRIGGER testref BEFORE INSERT ON test1
FOR EACH ROW BEGIN
INSERT INTO test2 SET a2=NEW.a1;
DELETE FROM test3 WHERE a3=NEW.a1;
UPDATE test4 SET b4=b4+1 WHERE a4=NEW.a1;
END//
```

```
DELIMITER;

INSERT INTO test3 (a3) VALUES
(NULL),(NULL),(NULL),(NULL),(NULL),
(NULL),(NULL),(NULL),(NULL),(NULL);

INSERT INTO test4 (a4) VALUES
(0),(0),(0),(0),(0),(0),(0),(0),(0),(0);

INSERT INTO test1 VALUES
(1),(3),(1),(7),(1),(8),(4),(4);
```

最后 4 个表的数据如图 9-42 所示。

a1	a2	a3	a4	b4
1	1		1	3
3	3		2	0
1	1		3	1
7	7	2	4	2
1	1	5	5	0
8	8	6	6	0
4	4	9	7	1
4	4	10	8	1
			9	0
			10	0

图 9-42 最后 4 个表的数据

2. 查看触发器

（1）利用 SHOW TRIGGERS 语句查看触发器信息。

```
SHOW TRIGGERS;
或
SHOW TRIGGERS \G
```

（2）在 TRIGGERS 表中查看触发器信息。

在 MySQL 中，所有触发器的定义都存在 information_schema 数据库的 triggers 表中，可以通过 SELECT 语句查询，具体的语法如下。

```
SELECT * FROM information_schema.triggers WHERE condition;
```

例：

```
SELECT * FROM information_schema.triggers WHERE trigger_name='trig_update' \G
```

也可以不指定触发器名称，这样将查看所有的触发器，语句如下。

```
SELECT * FROM information_schema. triggers \G
```

3. 删除触发器

使用 DROP TRIGGER 语句可以删除 MySQL 中已经定义的触发器，删除触发器语句的基本语法格式如下。

```
DROP TRIGGER [schema_name. ]trigger_name
```

其中，schema_name 表示数据库名称，是可选的。如果省略了 schema_name，将从当前数据库中舍弃触发程序；trigger_name 是要删除的触发器的名称。

例： 删除一个触发器，代码如下。

```
DROP TRIGGER tset_db. ins_sum;
```

9.7 事 件

MySQL 事件（Event）又称"时间触发器"，因为它们是由时间触发的，而不是由 DML 事件（如常规触发器）触发的。MySQL 事件类似于 Linux 上的 cronjob 或 Windows 操作系统中的任务计划程序。MySQL Event Scheduler 管理事件的计划和执行。MySQL 事件在许多情况下非常有用，如优化数据库表、清理日志、归档数据或在非高峰时间生成复杂的报告。

9.7.1 事件的概述

MySQL 事件是根据指定时间表执行的任务。因此 MySQL 事件称为计划事件。MySQL 事件是包含一个或多个 SQL 语句的命名对象。它们存储在数据库中并以一个或多个时间间隔执行。例如，可以创建一个事件来优化数据库中的所有表，该事件在每个星期日的 5：00 AM 运行。

简单地理解，事件的代码相当于操作者规定一个任务，然后让任务去运行。事件代码包括两部分，一个是安排日程，另一个是运行的内容。

（1）事件是 MySQL 在相应的时刻调用的过程式数据库对象。一个事件可调用一次，也可周期性的启动，它由一个特定的线程来管理，也就是所谓的"事件调度器"。

（2）事件调度器可以在指定的时刻执行某些特定的任务，并以此可取代原先只能由操作系统的计划任务来执行的工作。这些在指定时刻才能被执行的任务就是事件，这些任务通常是一些确定的 SQL 语句集合。

（3）事件和触发器相似，都是在某些事情发生的时候启动，因此事件也称"临时触发器"。

① 事件是基于特定时间周期触发来执行某些任务。

② 触发器是基于某个表所产生的。

（4）MySQL 事件又称"时间触发器"，因为它们是由时间触发的。

（5）MySQL 事件是包含一个或多个 SQL 语句的对象。它们存储在数据库中并以一个或多个时间间隔执行。

例如，可以创建一个事件来统计表中的数据量，该事件在每天的 5：00 AM 运行。

简单地理解，事件的代码相当于操作者设定某个时间去执行某个任务。事件代码包括两部分，一个是设定时间，另一个是执行的任务。

1. 查看事件调度器是否开启

事件由一个特定的线程来管理。启用事件调度器后，拥有 SUPER 权限的账户执行 SHOW PROCESSLIST 就可以看到这个线程了。

例： 查看事件是否开启。

```
SHOW VARIABLES LIKE 'event_scheduler';
SELECT @@event_scheduler;
SHOW PROCESSLIST;
```

2. 开启或关闭事件调度器

通过设定全局变量 event_scheduler 的值即可动态地控制事件调度器是否启用。开启 MySQL 的事件调度器，可以通过以下两种方式实现。

（1）设置全局参数。

使用 SET GLOBAL 语句可以开启或关闭事件。将 event_scheduler 参数的值设置为 ON，则开启事件；如果设置为 OFF，则关闭事件。

例： 使用 SET GLOBAL 语句可以开启或关闭事件。

① 开启事件调度器。

```
SET GLOBAL event_scheduler = ON;
```

② 关闭事件调度器。

```
SET GLOBAL event_scheduler = OFF;
```

③ 查看事件调度器状态。

```
SHOW VARIABLES LIKE 'event_scheduler';
```

注意：如果想要始终开启事件，那么在使用 SET GLOBAL 开启事件后，还需要在 my.ini（Windows 操作系统）/my.cnf（Linux 操作系统）中添加 event_scheduler=on。因为如果没有添加，MySQL 重启事件后又会回到原来的状态。

（2）更改配置文件。

在 MySQL 的配置文件 my.ini（Windows 操作系统）/my.cnf（Linux 操作系统）中，找到 [mysqld] 所在的行，然后在其下面添加以下代码开启事件。

事件调度器启动状态。

```
event_scheduler = on;
```

在配置文件中添加代码并保存文件后，还需要重新启动 MySQL 服务器才能生效。通过该方法开启事件，重启 MySQL 服务器后，不恢复为系统默认的状态。

9.7.2 事件的基本操作

1. 创建事件

在 MySQL 5.1 以上版本中，可以通过 CREATE EVENT 语句来创建事件。

```
CREATE
    [DEFINER = {user | CURRENT_USER}]
    EVENT [IF NOT EXISTS] event_name
    ON SCHEDULE schedule
    [ON COMPLETION [NOT] PRESERVE]
    [ENABLE | DISABLE | DISABLE ON SLAVE]
    [COMMENT 'comment']
    DO event_body;
```

CREATE EVENT 语句的子句如表 9–3 所示。

表 9–3　CREATE EVENT 语句的子句

子句	说明
DEFINER	可选，用于定义事件执行时检查权限的用户
IF NOT EXISTS	可选，用于判断要创建的事件是否存在
EVENT event_name	必选，用于指定事件名，event_name 的最大长度为 64 个字符，如果未指定 event_name，则默认为当前的 MySQL 用户名（不区分大小写）
ON SCHEDULE schedule	必选，用于定义执行的时间和时间间隔
ON COMPLETION［NOT］PRESERVE	可选，用于定义事件是否循环执行，即一次执行还是永久执行，默认为一次执行
ENABLE｜DISABLE｜DISABLE ON SLAVE	可选项，用于指定事件的一种属性。其中，关键字 ENABLE 表示该事件是活动的，也就是调度器检查事件是否必须调用；关键字 DISABLE 表示该事件是关闭的，也就是事件的声明保存在目录中，但是调度器不会检查它是否应该调用；关键字 DISABLE ON SLAVE 表示事件在从机中是关闭的。如果不指定这 3 个选择中的任意一个，则在一个事件创建之后，它立即变为活动的
COMMENT 'comment'	可选，用于定义事件的注释
DO event_body	必选，用于指定事件启动时所要执行的代码。可以是任何有效的 SQL 语句、存储过程或一个计划执行的事件。如果包含多条语句，可以使用 BEGIN…END 复合结构

在 ON SCHEDULE 子句中，参数 schedule 的值为一个 AS 子句，用于指定事件在某个时刻发生，其语法格式如下。

```
AT timestamp [+ INTERVAL interval] …
  | EVERY interval
    [STARTS timestamp [+ INTERVAL interval] …]
    [ENDS timestamp [+ INTERVAL interval] …]
```

参数说明如下。

（1）timestamp：表示一个具体的时间点，后面加上一个时间间隔，表示在这个时间间隔后事件发生。

（2）EVERY 子句：用于表示事件在指定时间区间内每隔多长时间发生一次，其中 SELECT 子句用于指定开始时间；ENDS 子句用于指定结束时间。

（3）interval：表示一个从现在开始的时间，其值由一个数值和单位构成。例如，使用"4 WEEK"表示 4 周；使用"'1：10' HOUR_MINUTE"表示 1 小时 10 分钟。间隔的距离用 DATE_ADD( ) 函数来完成设置。

interval 参数值的语法格式如下。

quantity {YEAR | QUARTER | MONTH | DAY | HOUR | MINUTE | WEEK | SECOND | YEAR_MONTH | DAY_HOUR | DAY_MINUTE | DAY_SECOND | HOUR_MINUTE | HOUR_SECOND | MINUTE_SECOND}

一些常用的时间间隔设置如下。

① 每隔 5 秒钟执行。

ON SCHEDULE EVERY 5 SECOND；

② 每隔 1 分钟执行。

ON SCHEDULE EVERY 1 MINUTE；

③ 每天凌晨 1 点执行。

ON SCHEDULE EVERY 1 DAY STARTS DATE_ADD(DATE_ADD(CURDATE(), INTERVAL 1 DAY), INTERVAL 1 HOUR)；

④ 每个月的第一天凌晨 1 点执行。

ON SCHEDULE EVERY 1 MONTH STARTS DATE_ADD(DATE_ADD(DATE_SUB(CURDATE(), INTERVAL DAY(CURDATE())- 1 DAY), INTERVAL 1 MONTH), INTERVAL 1 HOUR)；

⑤ 每 3 个月，从现在起一周后开始。

ON SCHEDULE EVERY 3 MONTH STARTS CURRENT_TIMESTAMP + 1 WEEK；

⑥ 每 12 个小时，从现在起 30 分钟后开始，并于现在起 4 个星期后结束。

ON SCHEDULE EVERY 12 HOUR STARTS CURRENT_TIMESTAMP + INTERVAL 30 MINUTE ENDS CURRENT_TIMESTAMP + 1；

例 1：创建名称为 event_user 的事件，用于每隔 5 秒钟向数据表 tb_user（用户信息表）中插入一条数据。

（1）首先创建 tb_user（用户信息表）。

创建用户信息表语句如下。

```
CREATE TABLE IF NOT EXISTS tb_user
(
    id INT AUTO_INCREMENT PRIMARY KEY COMMENT '用户编号',
    name VARCHAR(30) NOT NULL COMMENT '用户姓名',
    create_time TIMESTAMP COMMENT '创建时间'
) COMMENT = '用户信息表';
```

（2）创建事件。

创建事件语句如下。

```
CREATE EVENT IF NOT EXISTS event_user
ON SCHEDULE EVERY 5 SECOND
ON COMPLETION PRESERVE
COMMENT '新增用户信息定时任务'
DO INSERT INTO tb_user(name,create_time) VALUES('pan_junbiao的博客',NOW());
```

执行结果，如图 9-43 所示。

id	name	create_time
1	pan_junbiao的博客	2019-01-15 15:22:29
2	pan_junbiao的博客	2019-01-15 15:22:34
3	pan_junbiao的博客	2019-01-15 15:22:38
4	pan_junbiao的博客	2019-01-15 15:22:43
5	pan_junbiao的博客	2019-01-15 15:22:48
6	pan_junbiao的博客	2019-01-15 15:22:53
7	pan_junbiao的博客	2019-01-15 15:22:58
8	pan_junbiao的博客	2019-01-15 15:23:03
9	pan_junbiao的博客	2019-01-15 15:23:08
10	pan_junbiao的博客	2019-01-15 15:23:13

图 9-43　执行结果

例 2：创建一个事件，实现每个月的第一天凌晨 1 点统计一次已经注册的会员人数，并插入到统计表中。

（1）创建名称为 p_total 的存储过程，用于统计已经注册的会员人数，并插入统计表 tb_total 中。

```
CREATE PROCEDURE p_total()
BEGIN
    DECLARE n_total INT default 0;
    SELECT COUNT(*) INTO n_total FROM db_database11.tb_user;
    INSERT INTO tb_total (userNumber,createtime) VALUES(n_total,NOW());
END;
```

（2）创建名称为 e_autoTotal 的事件，用于在每个月的第一天凌晨 1 点调用存储过程。

```
CREATE EVENT IF NOT EXISTS e_autoTotal
ON SCHEDULE EVERY 1 MONTH STARTS DATE_ADD(DATE_ADD(DATE_SUB(CURDATE(),IN-
TERVAL DAY(CURDATE())-1 DAY),INTERVAL 1 MONTH),INTERVAL 1 HOUR)
ON COMPLETION PRESERVE ENABLE
DO CALL p_total();
```

2. 查询事件

在 MySQL 中可以通过查询 information_schema.events 表，查看已创建的事件。具体的 SQL 语句如下。

```
SELECT * FROM information_schema.events;
```

3. 修改事件

在 MySQL 5.1 及以后版本中，事件被创建之后，还可以使用 ALTER EVENT 语句修改其定义和相关属性，其语法格式如下。

```
ALTER
    [DEFINER = {user | CURRENT_USER}]
    EVENT [IF NOT EXISTS] event_name
    ON SCHEDULE schedule
    [ON COMPLETION [NOT] PRESERVE]
    [ENABLE | DISABLE | DISABLE ON SLAVE]
    [COMMENT 'comment']
    DO event_body;
```

ALTER EVENT 语句与 CREATE EVENT 语句基本相同。

4. 启动与关闭事件

另外 ALTER EVENT 语句还有一个用法就是让一个事件关闭或再次活动。

例 1：启动名称为 event_user 的事件。

```
ALTER EVENT event_user ENABLE;
```

例 2：关闭名称为 event_user 的事件。

```
ALTER EVENT event_user DISABLE;
```

5. 删除事件

在 MySQL 5.1 及以后版本中，删除已经创建的事件可以使用 DROP EVENT 语句来实现。

例：删除名称为 event_user 的事件。

```
DROP EVENT IF EXISTS event_user;
```

9.8 SQL 预处理语句

MySQL 预处理语句是一种在执行之前将 SQL 语句和参数分开的技术，可以有效地防止 SQL 注入攻击，并提高查询性能。下面是使用 MySQL 预处理语句的一般步骤。

（1）创建预处理语句：使用 PREPARE 语句创建一个预处理语句模板，其语法格式如下。

```
…
PREPARE statement_name FROM 'sql_statement';
…
```

这里的 statement_name 是为预处理语句指定的名称，sql_statement 是要执行的 SQL 语句，可以包含参数占位符（如 ' ? '）。

（2）绑定参数：使用 SET 语句将参数与预处理语句中的占位符绑定，其语法格式如下。

```
…
SET @param_name = value;
…
```

这里的 param_name 是为参数指定的名称，value 是要绑定的实际值。

（3）执行预处理语句：使用 EXECUTE 语句执行预处理语句，其语法格式如下。

```
…
EXECUTE statement_name USING @param_name;
…
```

这里的 statement_name 是在第一步中创建的预处理语句的名称，param_name 是在第二步中绑定的参数的名称。

（4）关闭预处理语句：使用 DEALLOCATE PREPARE 语句关闭预处理语句，其语法格式如下。

```
…
DEALLOCATE PREPARE statement_name;
…
```

这里的 statement_name 是在第（1）步中创建的预处理语句的名称。

通过使用预处理语句，可以安全地执行带有参数的 SQL 语句，而无须担心 SQL 注入攻击。同时，它还可以提高查询性能，因为 MySQL 可以对预处理语句进行优化和缓存。

本章小结

MySQL 数据库编程是通过使用 MySQL 数据库管理系统进行交互和操作数据库的过程。它涵盖了使用 SQL 语言进行数据查询、插入、更新和删除操作，以及使用编程语言（如 Python、Java、PHP 等）与 MySQL 数据库进行连接和交互的方法。

在 MySQL 数据库编程中，可以执行以下操作。

（1）连接 MySQL 数据库：使用编程语言提供的 MySQL 连接库，如 mysql-connector-python、JDBC 等。

（2）创建数据库和表：使用 SQL 语句在 MySQL 中创建数据库和表，定义表的结构和字段。

（3）插入数据：使用 INSERT 语句将数据插入表中。

（4）查询数据：使用 SELECT 语句从表中检索数据，可以使用各种条件、排序和限制查询结果。

（5）更新数据：使用 UPDATE 语句更新表中的数据。

（6）删除数据：使用 DELETE 语句从表中删除数据。

（7）执行事务：使用事务来确保一组操作要么全部成功要么全部失败，保持数据的一致性。

（8）使用索引和优化查询：通过创建适当的索引和优化查询语句，提高数据库查询的性能。

（9）备份和恢复数据：使用备份工具或编程方法对数据库进行备份，并在需要时恢复数据。

综合实训

（1）创建数据库，名称为 qfdb。

```
CREATE DATABASE IF NOT EXISTS test;
```

（2）创建数据表 customer（客户）、deposite（存款）、bank（银行），表结构如表 9-4、表 9-5 和表 9-6 所示。

表 9-4 customer 的表结构

属性名称	类型与长度	中文含义	备注
c_id	CHAR(6)	客户标识	主键,非空
name	VARCHAR(30)	客户姓名	非空
location	VARCHAR(30)	工作地点	
salary	DECIMAL(8,2)	工资	

表 9-5 bank 的表结构

属性名称	类型与长度	中文含义	备注
b_jid	CHAR(5)	银行标识	主键,非空
bank_name	CHAR(30)	银行名次	非空

表 9-6 deposite 的表结构

属性名称	类型与长度	中文含义	备注
d_id	INT	存款流水号	主键,非空,自增
c_id	CHAR(6)	客户标识	外键,关联 customer 表的 c_id
b_jid	CHAR(5)	银行标识	外键,关联 bank 表的 b_id
dep_date	DATE	存入日期	
dep_type	CHAR(1)	存款期限	1,3,5 分别代表 1 年期、3 年期和 5 年期
amount	DECIMAL(8,2)	存款金额	

```
-- 创建表 customer(客户),deposite(存款),bank(银行)
CREATE TABLE IF NOT EXISTS customer
      (c_id CHAR(6) NOT NULL COMMENT '客户标识',
      name VARCHAR(30) NOT NULL COMMENT '客户姓名',
      location VARCHAR(30) COMMENT '工作地点',
      salary DECIMAL(8,2) COMMENT '工资',
      PRIMARY KEY (c_id));

-- 创建表 bank
CREATE TABLE IF NOT EXISTS bank
      (b_id CHAR(5) NOT NULL COMMENT '银行标识',
      bank_nameCHAR(30) not null COMMENT '银行名次',
      PRIMARY KEY(b_id)
      );
-- 创建表 deposite
CREATE TABLE IF NOT EXISTS deposite
```

```
(
d_id INT NOT NULL auto_increment COMMENT '存款流水号',
c_id CHAR(6) NOT NULL COMMENT '客户标识',
b_id CHAR(5) NOT NULL COMMENT '银行标识',
dep_date DATE COMMENT '存入日期',
dep_type CHAR(1) COMMENT '存款期限',
amount decimal(8,2) COMMENT '存款金额',
PRIMARY KEY (d_id),
FOREIGN KEY (c_id) references customer (c_id),
FOREIGN KEY (b_id) references bank (b_id)
);
```

(3) 录入数据。

customer 的数据如表 9-7 所示，注意最后一条记录用你的学号和你的姓名代替。

表 9-7 customer 的数据

c_id	name	location	salary
101001	孙杨	广州	1234
101002	郭海	南京	3526
101003	卢江	苏州	6892
101004	郭惠	济南	3492
你的学号	你的姓名	北京	6324

bank 的数据如表 9-8 所示。

表 9-8 bank 的数据

b_id	bank_name
B0001	工商银行
B0002	建设银行
B0003	中国银行
B0004	农业银行

deposite 的数据如表 9-9 所示。

表 9-9 deposite 的数据

d_id	c_id	b_id	dep_date	dep_type	amount
1	101001	B0001	2011-04-05	3	42526
2	101002	B0003	2012-07-15	5	66500
3	101003	B0002	2010-11-24	1	42366
4	101004	B0004	2008-03-31	1	62362

续表

d_id	c_id	b_id	dep_date	dep_type	amount
5	101001	B0003	2002-02-07	3	56346
6	101002	B0001	2004-09-23	3	353626
7	101003	B0004	2003-12-14	5	36236
8	101004	B0002	2007-04-21	5	26267
9	101001	B0002	2011-02-11	1	435456
10	101002	B0004	2012-05-13	1	234626
11	101003	B0003	2001-01-24	5	26243
12	101004	B0001	2009-08-23	3	45671

```
-- 插入 customer 数据
INSERT INTO customer VALUES
    (101001,'孙杨','广州','1234'),
    (101002,'郭海','南京','3526'),
    (101003,'卢江','苏州','6892'),
    (101004,'郭惠','济南','3492'),
    (101005,'谭力','北京','6324');
-- 插入 bank 数据
INSERT INTO bank VALUES
    ('B0001','工商银行'),
    ('B0002','建设银行'),
    ('B0003','中国银行'),
    ('B0004','农业银行');
-- 插入 deposite 数据
INSERT into deposite VALUES
    (1,101001,'B0001','2011-04-05',3,42526),
    (2,101002,'B0002','2012-07-15',5,66500),
    (3,101003,'B0003','2010-11-24',1,42366),
    (4,101004,'B0004','2008-03-31',1,62362),
    (5,101001,'B0001','2002-02-07',3,56346),
    (6,101002,'B0002','2004-09-23',3,353626),
    (7,101003,'B0003','2003-12-14',5,36236),
    (8,101004,'B0004','2007-04-21',5,26267),
    (9,101001,'B0001','2011-02-11',1,425456),
    (10,101002,'B0002','2012-05-13',1,234626),
    (11,101003,'B0003','2001-01-24',5,26243),
    (12,101004,'B0004','2009-08-23',3,45671);
```

（4）更新 customer 表的 salary 属性，将 salary 低于 5 000 的客户的 salary 变为原来的 2 倍。

UPDATE customer SET salary=salary* 2 WHERE salary < 5000;

（5）对 deposite 表进行统计，按银行统计存款总数，显示为 b_id，total。

SELECT b_id,SUM(amount) AS total FROM deposite GROUP BY b_id;

（6）对 deposite、customer、bank 表进行查询，查询条件为 location 在广州、苏州、济南的客户，存款在 300 000~500 000 的存款记录，显示客户姓名 name、银行名称 bank_name、存款金额 amount。

SELECT name,bank_name,amount FROM
    deposite INNER JOIN bank ON deposite.b_id = bank.b_id INNER JOIN customer ON deposite.c_id = customer.c_id WHERE customer.location IN ('广州','苏州','济南') AND deposite.amount BETWEEN 300000 AND 500000;

课后练习

1. 取得每个部门最高薪水的人员名称。
2. 哪些人的薪水在部门的平均薪水之上？
3. 取得部门中（所有人的）平均的薪水等级。
4. 取得平均薪水最高的部门的部门编号。
5. 取得平均薪水最高的部门的部门名称。
6. 取得薪水最高的第 6~第 10 名员工。
7. 求平均薪水的等级最低的部门的部门名称。
8. 取得最后入职的 5 名员工。

第 10 章

数据库优化

学习目标

了解 MySQL 中的存储引擎及其特点。
熟悉 MySQL 的配置文件及其优化方法。
掌握 MySQL 中的锁机制及其对性能的影响。
了解并掌握分表技术和分区技术的使用。
理解数据碎片的产生及维护方法。
掌握数据库表结构的优化技巧,如合理设计数据类型、规范化与反规范化等。

10.1 存储引擎

数据库存储引擎是数据库底层软件组织,DBMS 使用数据引擎进行创建、查询、更新和删除数据。不同的存储引擎提供不同的存储机制、索引技巧、锁定水平等功能,使用不同的存储引擎,还可以获得特定的功能。

10.1.1 什么是存储引擎

存储引擎这个概念似乎只存在于 MySQL 中,存储引擎不同,MySQL 呈现出来的特性也不同,适用场景就不同。其他数据库没有听说过有存储引擎这个概念,但应该也有类似的机制,如 Oracle、SQL Server 都有联机事务处理、联机分析处理两种类型,分别适用于业务系统应用、数据仓库,可在安装时进行选择。

查看 MySQL 的存储引擎,可以使用如下语句。

```
SHOW ENGINES
```

如果要想查看数据库默认使用哪个引擎,可以使用如下语句。

```
SHOW VARIABLES LIKE 'storage_engine';
```

查看某个库下所有表使用的存储引擎,可以使用如下语句。

```
SHOW TABLE STATUS FROM 库名;
```

结果如图 10-1 所示。

图 10-1　查看某个库下所有表使用的存储引擎

查看某个库下指定表使用的存储引擎，语句如下。

SHOW TABLE STATUS from 库名 WHERE name='表名';

结果如图 10-2 所示。

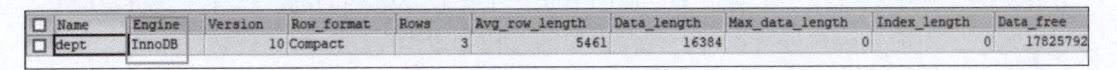

图 10-2　查看某个库下指定表使用的存储引擎

10.1.2　存储引擎的选择

MySQL 的存储引擎种类繁多，五花八门。像 Oracle、SQL Server 的存储引擎类型在安装时就要指定，之后不能再改；但 MySQL 不同，它可以同时存在多种存储引擎，每个表可以选择不同的存储引擎，而且表的存储引擎还可以修改。由于存储引擎涉及数据库不同的存储机制，选择不同的存储引擎可以得到不同的效果，如较高的性能，同时也体现其使用上的灵活性。

MySQL 常用的存储引擎有以下几种。

1. InnoDB

InnoDB 是 MySQL 默认的存储引擎。其最大特点是支持事务、外键、提交、回滚和紧急恢复功能，它还支持行级锁定。当在多用户环境中使用时，它的"一致非锁定读取"机制提高了性能。它将数据存储在集群索引中，从而减少了基于主键的 I/O 查询次数。

2. MyISAM

该存储引擎管理非事务表，提供高速存储和检索，以及全文搜索能力。MyISAM 是基于索引顺序存取方法（Indexed Sequential Access Method，ISAM）实现的存储引擎，并对其进行了扩展。是 1964 年由 IBM 公司提出的，类似多叉平衡树，非常利于查找操作。MyISAM 是在 Web、数据仓储和其他应用环境下最常用的存储引擎之一，其拥有较高的插入、查询速度，但不支持事务。

使用 MyISAM 存储引擎创建数据库，将产生 3 个文件。文件的名字就是表名字，扩展名指出了文件类型：表定义的扩展名为 .frm、数据文件的扩展名为 .MYD（MYData，存储数据）、索引文件的扩展名为 .MYI（MYIndex，存储索引）。

InnoDB 支持事务，MyISAM 不支持，对于 InnoDB，每一条 SQL 语句都默认封装成事务，自动提交，这样会影响速度，所以最好把多条 SQL 语句放在 BEGIN 和 COMMIT 两个关键字之间，组成一个事务；InnoDB 支持外键，而 MyISAM 不支持，因此对一个包含外键的 InnoDB 表转为基于 MyISAM 的表会失败；InnoDB 采用聚集索引，数据文件是和索引绑在一起的，必须有主键，通过主键索引效率很高，但是辅助索引需要两次查询，先查询主键，然后再通过主键查询数据，因此，主键不应该过大，主键太大，其他索引也会很大，而 MyISAM 采用的是非聚集索引，数据文件是分离的，索引保存的是数据文件的指针，主键索引和辅助索引是独立的。

InnoDB 不保存表的具体行数，执行 SELECT COUNT(*) FROM table 时需要全表扫描，而 MyISAM 用一个变量保存了整个表的行数，执行上述语句时只需要读出该变量即可，速度很快；InnoDB 不支持全文索引，而 MyISAM 支持全文索引，因此查询效率较高。

3. Memory

MySQL 版的内存数据库。其在运行前将数据加载到内存，因此查询速度极快，然而与同样被称为内存数据库的 Redis 相比，其并不怎么受欢迎，且使用者很少。可能是因为它有比较多的限制，比如不支持变长字段，只支持定长字段；对表的大小也有要求，不能建立太大的表；突然断电数据就会消失，可靠性不如 Redis；速度不如 Redis 快；使用上比 Redis 复杂等。

在实际工作中，选择一个合适的存储引擎是一个比较复杂的问题。每种存储引擎都有自己的优缺点，不能笼统地进行比较。存储引擎的对比如表 10-1 所示。

表 10-1　存储引擎的对比

特性	InnoDB	MyISAM	MEMORY
事务安全	支持	无	无
存储限制	64TB	有	有
空间使用	高	低	低
内存使用	高	低	高
插入数据的速度	低	高	高
对外键的支持	支持	无	无

InnoDB 的二级索引的叶子节点存放的是 KEY 字段加主键值，因此，通过二级索引查询首先查到的是主键值，然后 InnoDB 再根据查到的主键值通过主键索引找到相应的数据块。

MyISAM 的二级索引叶子节点存放的还是列值与行号的组合，叶子节点中保存的是数据的物理地址。因此，MyISAM 的主键索引和二级索引没有任何区别，主键索引仅仅只是一个叫作 PRIMARY 的唯一、非空的索引，且 MyISAM 引擎中可以不设主键。

InnoDB 辅助索引的叶子节点保存的是主键（关联主键索引）；MyISAM 的辅助和主键索引的叶子节点均保存的是文件内容的地址。这就是 MyISAM 和 InnoDB 最大的不同；而 MyISAM 更是将索引和文件分离，B+树的叶子节点的数据域存放的是文件内容的地址，主索引和辅助索引的 B+树也是如此。如果改变了一个地址，是不是所有的索引树都得改变？在磁盘上频繁地读写操作是低效的，而这块又不适用局部原理，因为逻辑上相邻的节点，物理上不一定相邻，这样就会降低效率。InnoDB 就是在此背景下产生的，它让除了主索引以外的辅助索引的叶子节点的数据域都保存主键，先通过辅助索引找到主键，然后通过主键找到叶子节点的所有数据，听起来很复杂，遍历了两棵树；但是，如果有了修改，改变的只是主索引，其他辅助索引不用改变，而且如果一个节点有 1 024 个 KEY，那么高度为 2 的 B+树则有 1 024×1 024 个 KEY，所以一般树的高度都很低，遍历树的消耗几乎可以忽略不计。

10.1.3　InnoDB 存储引擎

InnoDB 给 MySQL 的表提供了事务处理、回滚、崩溃修复功能和多版本并发控制的事务安全。MySQL 从 3.23.34a 版本开始包含 InnoDB。它是 MySQL 上第一个提供外键约束的表引擎。而且 InnoDB 的事务处理功能，也是其他存储引擎不能比拟的。之后版本的 MySQL 的默认存储引擎都是 InnoDB。

InnoDB 存储引擎支持 AUTO_INCREMENT 属性。自动增长列的值不能为空，并且值必须唯一。MySQL 中规定自动增长列必须为主键，在插入值的时候，如果自动增长列不输入值，则插入的值为自动增长后的值；如果输入的值为 0 或空（NULL），则插入的值也是自动增长后的值；如果插入某个确定的值，且该值在前面没有出现过，就可以直接插入。

InnoDB 还支持外键。外键所在的表称为子表，外键所依赖（REFERENCES）的表称为父表。父表中被子表外键关联的字段必须为主键。当删除、更新父表中的某条信息时，子表也必须相应地改变，这是数据库的参照完整性规则。

InnoDB 中，创建的表结构存储在 .frm 文件中，数据和索引存储在 innodb_data_home_dir 和 innodb_data_file_path 定义的表空间中。

InnoDB 的优势在于提供了强大的事务处理、崩溃修复和并发控制功能，而缺点则是读写效率较差，占用的数据空间相对较大。

10.1.4　MyISAM 存储引擎

MyISAM 是 MySQL 中常见的存储引擎，曾经是 MySQL 的默认存储引擎。MyISAM 是基于 ISAM 引擎发展起来的，并增加了许多有用的扩展。

MyISAM 的表存储成 3 个文件。文件的名字与表名相同。扩展名为 frm、MYD、MYI。其实，.frm 文件存储表的结构；.MYD 文件存储数据，是 MYData 的缩写；.MYI 文件存储索引，是 MYIndex 的缩写。

基于 MyISAM 存储引擎的表支持 3 种不同的存储格式。包括静态型、动态型和压缩型。其中，静态型是 MyISAM 的默认存储格式，它的字段是固定长度的；动态型包含变长字段，记录的长度不是固定的；压缩型需要用到 myisampack 工具，占用的磁盘空间较小。

MyISAM 的优势在于占用空间小、处理速度快。缺点是不支持事务的完整性和并发性。

10.2　MySQL 配置文件

在使用 MySQL 的过程中，针对有些需求，需要从 MySQL 的文件中去配置，才能满足需求，如数据库的最大连接数、开启实践的执行等。当然这些功能也可以通过 SQL 语句执行修改，但是重启 MySQL 服务后又会恢复到原来的设置，为避免多次重复地做这些事，就需要从配置文件中去设置相关的值。

本书使用的是 MySQL 5.6 的版本，因此 MySQL 配置文件的地址是 C:\ProgramData\MySQL\MySQL Server 5.6\my.ini，如图 10-3 所示。

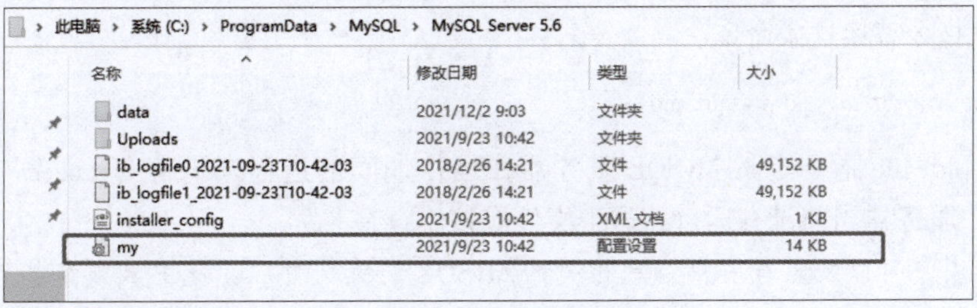

图 10-3　MySQL 配置文件

10.2.1 配置区段

如果用户进行了任何修改，将需要确保 MySQL 启动脚本（即/etc/rc.d/init.d/mysqld）中的命令一致。

1. [mysqld]

在这个配置段之内，将会看到与 MySQL 守护进程相关的命令。

datadir=/var/lib/mysql

MySQL 服务器把数据库存储在由 datadir 变量所定义的目录中。

Socket=/var/lib/mysql/mysql.sock

MySQL 套接字把数据库程序局部的或通过网络连接到 MySQL 客户端。

提示：MySQL 被配置成使用 InnoDB 存储引擎后，如果用户在自己的系统上还没有一个 InnoDB 数据库，将需要给 [mysqld] 配置段添加 skip-innodb 语句。

2. [mysql.server]

在这个配置段之内，将会看到与 MySQL 服务器守护进程有关的命令。这个配置段的较早期版本被命名为 [mysql_server]。如果使用 MySQL 4.X 或以上版本，必须把这个配置段标题改成 [mysql_server]。当启动 MySQL 服务时，它将使用这个配置段中的选项。

user=mysql

与 MySQL 服务相关联的标准用户名是 mysql，它应该是/etc/passwd 文件的一部分。如果在这个文件中没有发现它，用户可能还没有安装 Red Hat Enterprise Linux mysql-server RPM 程序包。

basedir=/var/lib

这表示 MySQL 数据库的顶级目录。它充当 MySQL 系统上的一个根目录，这个数据库中的其他目录都是相对于这个目录。

3. [safe_mysqld]

这个配置段包含 MySQL 启动脚本所引用的命令。如果使用 MySQL 4.X 或以上版本，必须把这个配置段改成 [mysqld_safe]。

err-log=/var/log/mysqld.log

MySQL 所关联的错误被发送到的这个文件。如果使用 MySQL 4.X 或以上版本，必须使用 log-error 指令替换这条命令。

pid-file=/var/run/mysqld/mysqld.pid

最后，pid-file 指令定义 MySQL 服务器在运作期间的进程标识符（process ID，PID）。如果 MySQL 服务器当前没有运行，这个文件应该不存在。

提示：用户可以配置与用户特定相关的 MySQL 配置文件。为此，只须给指定用户主目录中的.my 和.cnf 隐含文件添加所选的配置命令即可。

10.2.2 基本配置

MySQL 的基本配置可以按照以下步骤进行。

（1）找到 MySQL 安装目录下的 my.ini 文件（Windows 操作系统通常位于 C:\Program Files\MySQL\MySQL Server 8.0\my.ini）。

（2）打开 my.ini 文件，在文件中找到 [mysqld] 部分。

（3）在 [mysqld] 部分下面添加以下行。

```
max_connections=500
sort_buffer_size=16K
read_buffer_size=16K
read_rnd_buffer_size=8K
query_cache_size=8M
query_cache_limit=2M
tmp_table_size=8M
max_heap_table_size=8M
key_buffer_size=16K
group_concat_max_len=1M
thread_stack=128K
thread_cache_size=8
myisam_sort_buffer_size=16M
myisam_max_sort_file_size=256M
myisam_repair_threads=1
myisam_use_mmap=0
join_buffer_size=4M
read_buffer_size=4M
innodb_additional_mem_pool_size=1M
innodb_buffer_pool_size=16M
innodb_data_file_path=ibdata1:10M:autoextend
innodb_file_io_threads=4
innodb_thread_concurrency=0
innodb_log_buffer_size=8M
innodb_log_file_size=48M
innodb_log_files_in_group=3
innodb_max_dirty_pages_pct=90
innodb_lock_wait_timeout=50
innodb_doublewrite=1
innodb_抗压榨机制 =ON
innodb_support 转存 =ON
```

这些设置可以根据自己的需求进行调整。例如，如果需要处理大量并发连接，可以增加 max_connections 参数的值。如果需要提高查询性能，可以增加 query_cache_size 和 key_buffer_size 参数的值。注意，这些参数的值需要根据服务器硬件和应用程序需求进行调整。建议根据实际情况进行调整，并根据需要进行测试和优化。

（4）保存并关闭 my.ini 文件。

（5）重启 MySQL 服务，以使配置生效。可以在服务中找到 MySQL 服务并右击，选择 Start 命令以启动 MySQL 服务。

10.2.3 内存和优化配置

在 MySQL 中，有一些重要的内存和优化配置选项可以帮助提升性能。以下是一些主要的选项。

（1）max_connections：这个参数决定了 MySQL 可以接受的并发连接数上限。如果预计有大量并发连接，可能需要增加此参数的值。

（2）join_buffer_size：对于执行全连接的两张表，每张表都被分配一块连接内存。对于没有使用索引的多表复杂连接，需要多块连接内存。增大此参数的值可以加快全连接的速度。

（3）innodb_log_buffer_size：此参数用于设置 InnoDB 存储引擎的事务日志缓冲区的大小。它可以帮助提高大事务的性能。

（4）binlog_cache_size：类似于（3）中介绍的 innodb_log_buffer_size 参数，binlog_cache_size 参数用于设置 Binlog 缓冲区的大小，每个线程单独一个，主要对于大事务有较大性能提升。如果设置太大的话，会比较消耗内存资源（cache 本质就是内存），更加需要注意的是，binlog_cache 是不是全局的，是按 SESSION 为单位独享分配的。

（5）key_buffer_size：此参数用于设置索引缓存的内存大小。增加此参数的值可以提高索引读写的性能。

（6）query_cache_size：此参数用于设置查询缓存的大小。增加此参数的值可以提高查询性能，但需要注意可能出现的内存问题。

（7）sort_buffer_size：此参数用于设置排序操作的缓冲区大小。增加此参数的值可以提高排序性能。

（8）tmp_table_size 和 max_heap_table_size：这两个参数用于设置临时表和最大堆表的内存大小。适当增加它们的值可以提高性能，但需要注意不要设置过大，以免消耗过多内存。

以上这些选项可以根据实际情况进行调整和优化，以提高 MySQL 的性能。但请注意，这些选项的值可能需要根据服务器硬件和应用程序需求进行调整。

10.2.4 日志配置

MySQL 常用的日志配置包括以下几种。

（1）错误日志（Error Log）：记录 MySQL 服务器运行过程中出现的错误信息，如数据库连接错误、权限问题等。可以通过设置 log_error 参数指定错误日志的存储位置，以及通过 log_warnings 参数控制记录警告信息的级别。

在 MySQL 中，错误日志可以通过以下方式进行配置。

① 配置文件：可以在 MySQL 的配置文件（如 my.cnf 或 my.ini）中指定错误日志的配置参数。例如，可以使用以下参数设置错误日志的存储位置和文件名。

```
[mysqld]
log_error=/var/log/mysql/error.log
```

② 日志轮转：错误日志通常会不断增长，为了防止日志文件过大占用过多磁盘空间，可以使用日志轮转（Log Rotation）机制。通过配置轮转参数，可以指定错误日志文件的最大容量、保留的日志文件数量及轮转的时机等。

③ 日志级别：错误日志的记录级别可以通过设置 log_error_verbosity 参数进行控制。该参数可以设置为 0（仅记录严重错误）、1（记录错误信息和执行的 SQL 语句）、2（记录错误信息和执行每个语句的详细信息）和 3（记录错误信息、执行的 SQL 语句和执行每个语句的详细信息）。

④ 日志监控：可以使用 MySQL 提供的监控工具（如 MySQL Enterprise Monitor 或 Percona Monitoring and Management）对错误日志进行实时监控和分析，以便及时发现和解决潜在的问题。

(2) 查询日志（General Query Log）：记录所有客户端与 MySQL 服务器的交互操作，包括执行的 SQL 语句和查询数据等。可以通过设置 log_output 参数指定日志输出方式（文件或 stdout），以及通过 general_log_file 参数指定日志文件存储位置。

在 MySQL 中，查询日志可以通过以下方式进行配置。

① 配置文件：可以在 MySQL 的配置文件（如 my.cnf 或 my.ini）中指定查询日志的配置参数。例如，可以使用以下参数设置查询日志的存储位置和文件名。

```
[mysqld]
general_log=ON
general_log_file=[path[filename]]
```

如果未指定 [path[filename]]，则默认将日志文件存储在 MySQL 数据目录中的 hostname.log 文件中，其中 hostname 表示主机名。

② 日志状态：查询日志的状态可以通过全局变量 general_log 进行设置。使用以下语句可以查看当前查询日志的状态。

```
SHOW VARIABLES LIKE 'general_log';
```

如果需要开启或关闭查询日志，可以使用以下语句。

```
SET GLOBAL general_log = ON/OFF;
```

③ 日志格式：查询日志的记录格式可以通过全局变量 general_log_format 进行设置。可以选择的格式包括 TEXT（文本格式）、MIXED（混合格式）和 CSV（CSV 格式）。例如，使用以下语句可以将记录格式设置为混合格式。

```
SET GLOBAL general_log_format = MIXED;
```

④ 日志输出：查询日志的输出可以通过系统变量 log_output 进行设置。可以选择的输出方式包括 FILE（文件输出）、TABLE（表输出）和 STDOUT（标准输出）。例如，使用以下语句可以将日志输出方式设置为表输出。

```
SET GLOBAL log_output = TABLE;
```

需要注意的是，如果选择表输出方式，则需要创建一个专门用于存储查询日志的表。可以使用以下语句创建该表。

```
CREATE TABLE log_table (event TEXT);
```

⑤ 日志轮转：查询日志通常会不断增长，为了防止日志文件过大占用过多磁盘空间，可以使用日志轮转机制。通过配置轮转参数，可以指定查询日志文件的最大容量、保留的日志文件数量以及轮转的时机等。可以使用第三方工具或自定义脚本实现日志轮转。

⑥ 日志监控：可以使用 MySQL 提供的监控工具（如 MySQL Enterprise Monitor 或 Percona Monitoring and Management）对查询日志进行实时监控和分析，以便及时发现和解决潜在的问题。

(3) 慢查询日志（Slow Query Log）：记录执行时间较长的 SQL 语句，通常用于性能优化。可以通过设置 slow_query_log 参数开启慢查询日志，并使用 slow_query_log_file 参数指定日志文件存储位置。还可以通过 long_query_time 参数设置执行时间阈值（单位为 s）。

在 MySQL 中，慢查询日志可以通过以下方式进行配置。

① 配置文件：可以在 MySQL 的配置文件（如 my.cnf 或 my.ini）中指定慢查询日志的配置参数。例如，可以使用以下参数设置慢查询日志的存储位置和文件名。

```
[mysqld]
slow_query_log=ON
slow_query_log_file=[path[filename]]
long_query_time=2
```

如果未指定 [path[filename]]，则默认将日志文件存储在 MySQL 数据目录中的 hostname-slow.log 文件中，其中 hostname 表示主机名。

② 日志状态：慢查询日志的状态可以通过全局变量 slow_query_log 进行设置。使用以下语句可以查看当前慢查询日志的状态。

```
SHOW VARIABLES LIKE 'slow_query_log';
```

如果需要开启或关闭慢查询日志，可以使用以下语句：

```
SET GLOBAL slow_query_log = ON/OFF;
```

③ 日志内容：慢查询日志由执行时间超过 long_query_time 秒的 SQL 语句组成。默认情况下，long_query_time 的值为 10 s。可以使用以下语句查看当前 long_query_time 的值。

```
SHOW VARIABLES LIKE 'long_query_time';
```

如果需要修改 long_query_time 参数的值，可以使用以下语句。

```
SET GLOBAL long_query_time = value;
```

其中，value 为所需的执行时间阈值（单位为 s）。

④ 日志过滤：默认情况下，慢查询日志记录所有执行时间超过 long_query_time 秒的 SQL 语句。但是，可以使用其他参数对日志进行过滤，例如，使用 log_slow_admin_statements 参数记录执行时间较长的管理语句，或使用 log_queries_not_using_indexes 参数记录未使用索

引的查询语句。例如，使用以下语句开启记录未使用索引的查询语句的功能。

```
SET GLOBAL log_queries_not_using_indexes = 1;
```

⑤ 日志轮转：慢查询日志通常会不断增长，为了防止日志文件过大占用过多磁盘空间，可以使用日志轮转机制。通过配置轮转参数，可以指定慢查询日志文件的最大容量、保留的日志文件数量及轮转的时机等。可以使用第三方工具或自定义脚本实现日志轮转。

⑥ 日志监控：可以使用 MySQL 提供的监控工具（如 MySQL Enterprise Monitor 或 Percona Monitoring and Management）对慢查询日志进行实时监控和分析，以便及时发现和解决潜在的问题。还可以使用 mysqldumpslow 命令来处理慢速查询日志文件并总结其内容。

（4）二进制日志：用于记录数据库所有的更新操作，包括表的创建、修改、删除操作等。可以通过设置 log_bin 参数开启二进制日志，并使用 log_bin_basename 参数指定日志文件的基本路径和名称。还可以使用 expire_logs_days 参数设置日志文件的保留天数。

（5）中继日志（Relay Log）：用于记录从服务器复制主服务器上的二进制日志文件的过程。从服务器通过读取中继日志来获取主服务器的更新操作，并应用到本地数据库中。可以通过设置 log_slave_updates 参数开启中继日志记录功能，并使用 relay_log 和 relay_log_basename 参数分别指定中继日志的存储位置和基本路径及名称。

10.3 锁机制

MySQL 中的锁机制是一种控制多个事务并发访问数据库资源的方法，通过锁机制可以确保数据的一致性和完整性。在使用 MySQL 时，根据不同的需求和场景，可以选择合适的锁机制来确保数据的完整性的同时提供良好的并发性能。

10.3.1 认识锁机制

锁是指一种软件机制，用来防止某个用户（进程会话）在已经占用了某种数据资源时，其他用户作出影响本用户数据操作或导致数据非完整性和非一致性问题发生的手段。因此，数据库锁机制简单来说就是数据库为了保证数据的一致性而使各种共享资源在被并发访问时变得有序所设计的一种规则。

锁是数据库系统区别文件系统的关键特性。锁机制用于管理对共享资源的并发访问。MySQL 的锁机制是它实现数据库并发控制的关键。MySQL 的锁类型主要包括如下几种。

1. 共享锁（Read Lock）

允许一个事务去读一行，阻止其他事务对该行进行写操作。

2. 排他锁（Write Lock）

允许一个事务去读写一行，阻止其他事务对该行进行读写操作。

在 MySQL 中，使用以下语句进行加锁。

（1）对于共享锁：SELECT…FOR SHARE。

（2）对于排他锁：SELECT…FOR UPDATE。

解锁操作则是在事务提交或回滚时自动进行的。如果一个事务获得了共享锁或排他锁，但未正常提交或回滚，那么其他事务会一直等待该锁被释放。

10.3.2 表级锁

表级别的锁定是 MySQL 各存储引擎中最大颗粒度的锁定机制。它会锁定整张表，一个用户在对表进行写（插入、删除、更新）操作前，需要先获取写锁，这会阻塞其他用户对该表的所有读写操作。只有没有写锁的时候，其他用户才能获得读锁，读锁之间不会相互阻塞。

表级锁的优点是实现简单、开销小、加锁快、没有死锁。缺点是并发度最低，一次只允许一个事务进行写操作，会导致程序在此事务完成之前停止其他用户对这张表的读写，这可能会大大降低系统的性能。尽管存储引擎可以自己管理锁，MySQL 本身还是会使用各种有效的表级锁来实现不同的目的。例如，服务器会为诸如 ALTER Table 之类的语句使用表级锁，而忽略存储引擎的锁机制。

在 MySQL 数据库中，使用表级锁的主要是 MyISAM、Memory、CSV 等一些非事务性存储引擎。

表级锁的语法格式如下。

```
#获取表级锁
LOCK TABLES
    tbl_name [[AS] alias] lock_type
    [, tbl_name [[AS] alias] lock_type] …;

lock_type：
    READ [LOCAL]
    | [LOW_PRIORITY] WRITE;

#释放表级锁
UNLOCK TABLES;
```

MyISAM 在执行查询前，会自动执行表的加锁、解锁操作，一般情况下不需要用户手动加、解锁，但是有的时候也需要显示加锁。

例如，检索某一时刻 t1、t2 表中的数据数量。具体的 SQL 语句如下。

```
LOCK TABLE t1 read, t2 read;
SELECT COUNT(t1.id1) AS 'sum' FROM t1;
SELECT COUNT(t2.id1) AS 'sum' FROM t2;
UNLOCK TABLES;
```

10.3.3 行级锁

和表级别锁定相反，行级别锁定最大的特点就是锁定对象的颗粒度很小，它是目前各大数据库管理软件所实现的锁定颗粒度最小的。MySQL 行级锁只在存储引擎层实现。由于锁定颗粒度很小，发生锁定资源争用的概率也最小，能够给予应用程序尽可能大的并发处理能力，从而提高一些需要高并发应用系统的整体性能。

虽然在并发处理能力上面有较大的优势，但是行级锁也因此带来了不少弊端。由于锁定资源的颗粒度很小，所以每次获取锁和释放锁需要的操作就更多，带来的消耗自然也就更大了。此外，行级锁也最容易发生死锁。

行锁的语法格式如下。

> 共享锁（S）:SELECT * FROM table_name WHERE … LOCK IN SHARE MODE
> 排他锁（X）:SELECT * FROM table_name WHERE … FOR UPDATE

（1）表级锁：开销小、加锁快；不会出现死锁；锁定粒度大，发生锁冲突的概率最高，并发度最低。

（2）行级锁：开销大、加锁慢；会出现死锁；锁定粒度最小，发生锁冲突的概率最低，并发度也最高。

从锁的角度来说，表级锁更适合于以查询为主，只有少量按索引条件更新数据的应用，如 Web 应用；而行级锁则更适合于有大量按索引条件并发更新少量不同数据，同时又有并发查询的应用，如一些在线事务处理系统。

10.4 分表技术

分表技术是将一张大表按照一定的规则分解成多张具有独立存储空间的实体表，这些实体表可以分布在同一块磁盘或不同的机器上。分表可以是垂直分割（分区）或水平分割（分表）。

垂直分割（分区）将数据分段划分在多个位置存放，可以存放在同一块磁盘，也可以存放在不同的机器上。水平分割（分表）将一张大表分解为若干个独立的实体表，每个表都对应 3 个文件：MYD 数据文件、MYI 索引文件、frm 表结构文件。这些子表可以分布在同一块磁盘上，也可以在不同的机器上。

在数据库分表中，分表的好处是减少锁表的概率，互不冲突，可以很好地分散数据库压力。当接收到 SQL 时，会放入 SQL 执行队列，使用分析器分解 SQL，按照分析结果进行数据的提取或修改，返回处理结果。

10.5 分区技术

MySQL 中的分区技术是一种将表或索引分成多个独立部分的方法，每个部分可以存放在不同的物理存储设备上，从而提高查询性能和管理能力。通过分区，可以将表或索引分散到多个物理存储设备上，从而实现数据的水平分割。

10.5.1 分区概述

分区是指根据一定的规则，数据库把一个表分解成多个更小的、更容易管理的部分。MySQL 分区技术是 MySQL 5.1 版本以后出现的新技术，能替代分库分表技术，它的优势在于只在物理层面来降低数据库压力。

注意：MySQL 分区适用于一个表的所有数据和索引，不能只对表的数据分区而不对索引分区，也不能只对一个表的部分数据进行分区。

常用的 MySQL 分区类型如下。

（1）RANGE 分区：基于属于一个给定的连续区间的列值，把多行分配给分区（基于列）。

（2）LIST 分区：类似于按 RANGE 分区，区别在于 LIST 分区是基于列值匹配一个离散值集合的某个值来进行选择（基于列值是固定值的）。

（3）HASH 分区：基于用户自定义的表达式的返回值来进行分区选择，该表达式使用将要插入列表中的这些行的列值进行计算，这个函数可以包含 MySql 中有效的产生非负整数值的任何表达式。

（4）KEY 分区：类似于 HASH 分区，区别在于 KEY 分区只支持计算一列或多列，且 MySQL 服务器提供其自身的哈希函数。

日常中用得比较多的就是 RANGE 和 LIST 分区。

例：

```
CREATE TABLE TEST{
    store_id INT NOT NULL
}
PARTITION BY RANGE(store_id)(
    PARTITION p0 VALUES LESS THAN(6),
    PARTITION p1 VALUES LESS THAN(11)
);
```

以上 SQL 语句实现的功能是当 store_id 值小于 6 就会分配到 p0 分区，小于 11 则分配到 p1 分区。

```
CREATE TABLE TEST{
    store_id INT NOT NULL
}
PARTITION BY LIST(store_id)(
    PARTITION p0 VALUES IN (1,2,3),
    PARTITION p1 VALUES IN (4,5,6)
);
```

10.5.2　分区管理

分区管理包括添加、删除、重定义、合并、拆分分区等语句，这些操作都可以通过 ALTER TABLE 语句来实现。

1. RANGE、LIST 分区管理

（1）删除分区语句。

```
ALTER TABLE tr DROP PARTITION p3;
```

注意：删除分区表结构中的对应分区，同时将删除该分区的所有数据。

（2）新增分区语句。

RANGE 分区：

```
ALTER TABLE members ADD PARTITION(PARTITION p3 VALUES LESS THAN (2010));
```

注意：对于 RANGE 分区，只能添加新分区到列表的最大一端。

LIST 分区：

```
ALTER TABLE tt ADD PARTITION (PARTITION p2 VALUES IN (7,14,21));
```

注意：添加新分区的分区键值列表的任意值都不能是现有分区键列表已存在的，即 LIST 分区键值不能重复。

（3）重定义分区语句（拆分、合并）。

以 RANGE 分区为例，拆分：

```
ALTER TABLE members REORGANIZE PARTITION n0 INTO (
    PARTITION s0 VALUES LESS THAN (1960),
    PARTITION s1 VALUES LESS THAN (1970)
);
```

合并（4 个合成 2 个）：

```
ALTER TABLE members REORGANIZE PARTITION p0,p1,p2,p3 INTO (
    PARTITION m0 VALUES LESS THAN (1980),
    PARTITION m1 VALUES LESS THAN (2000)
);
```

注意：只能重定义相邻的分区，不能跳过某个分区进行重定义。重定义后的分区区间必须和原分区区间覆盖相同的区间或集合，不能通过重定义分区来改变分区的类型。

2. HASH、KEY 分区管理

（1）增加分区语句。

新增 6 个分区：

```
ALTER TABLE clients ADD PARTITION PARTITIONS 6;
```

（2）减少分区语句。

减少 4 个分区：

```
ALTER TABLE clients COALESCE PARTITION 4;
```

注意：不能用 COALESCE PARTITION 关键字增加分区，即 COALESCE PARTITION 关键字后的数不能大于现有分区数。

10.6 数据碎片与维护

MySQL 中的碎片概念如下。

1. 外部碎片

首先，理解外部碎片的这个"外"是相对"页"来说的。外部碎片指的是由于分页而产生的碎片。例如，在现有的聚集索引中插入新的一行，这行正好导致现有的"页"空间无法容纳新的记录，从而导致了分页。这就是所谓的外部碎片。

因为在 MySQL 中，新的"页"是随着数据的增长而不断产生的，而聚集索引要求行之间连续，所以很多情况下分页后的页和原来的页在磁盘上并不连续。

由于分页会导致数据存储的不连续,这样就会大幅提升 I/O 消耗,造成读写性能下降。

提示:在 MySQL 中,比"页"更大的单位是"区"。连续的 64"页"的存储空间称为"区"("页"的大小为 16 KB),"区"是作为磁盘分配的物理单位,所以当"页"分割并跨区后,可能由于物理地址的不连续,需要多次进行切"区"查找数据的位置,从而也就需要更多的扫描,这样就增加了 I/O 的消耗。

2. 内部碎片

由于插入空间的不足,附近的"页"也没有存储空间而需要新创建一个"页",从而造成数据逻辑上连续但物理存储上不连续的情况,这就是内部碎片。

内部碎片会造成记录分布在更多的"页"中,从而增加了扫描的"页"数,同时也会降低查询的性能。

(1)使用"ALTER TABLE 表名 ENGINE=innodb"命令进行整理。

```
ALTER TABLE TableForTest ENGINE=innodb;
SHOW STATUS FROM test LIKE 'TableForTest';
```

这其实是一个 NULL 操作,表面上看什么也不做,实际上重新整理了碎片。当执行优化操作时,实际执行的是一个空的 ALTER 语句,但是这个语句会起到优化作用,它会重建整个表,删掉未使用的空白空间。

(2)使用"OPTIMIZE TABLE 表名"语句进行整理。

OPTIMIZE TABLE 会重组表和索引的物理存储,减少对存储空间的使用和提升访问表时的 I/O 效率。对每个表所做的确切更改取决于该表使用的存储引擎。

OPTIMIZE TABLE 语句支持存储引擎类型包括:innoDB、MyISAM、Archive、NDB;它会重组表数据和索引的物理页,对于减少空间占用和在访问表时优化 I/O 有效果。OPTIMIZE TABLE 操作会暂时锁住表,而且数据量越大,耗费的时间也越长。

OPTIMIZE TABLE 语句执行后,使用不同存储引擎的表的变化如图 10-4 所示。

对于 MyISAM 存储引擎,如果表已有被删除的行或拆分行,则修复该表;如果未对索引页面进行排序,则对它们进行排序;如果表的统计信息不是最新的(并且无法通过对索引进行排序来完成修复),则更新它们。

图 10-4 执行 OPTIMIZE TABLE 语句

OPTIMIZE TABLE 语句对 InnoDB 的普通表和分区表使用 online DDL,从而减少了并发 DML 操作的停机时间。由执行 OPTIMIZE TABLE 语句触发表的重建,仅在操作的准备阶段和提交阶段期间短暂地进行独占表锁定。在准备阶段,更新元数据并创建中间表;在提交阶段,提交更改后的表的元数据。

OPTIMIZE TABLE 语句在以下条件下使用"表复制"方法重建表:启用 old_alter_table 系统变量时和启用 mysqld-skip-new 选项时。

OPTIMIZE TABLE 语句对于包含 FULLTEXT 索引的 InnoDB 表不支持 online DDL，而是使用复制表的方法。

针对 InnoDB 存储引擎，在考虑是否要对碎片进行整理时，请考虑服务器将要处理的事务的工作负载。预计系统中有一定程度的碎片，且 InnoDB 存储引擎已经填充了 93%的页面，可以进行整理碎片，从而回收空间删除操作可能会留下空白，使用页面填充效果不好的话，可以进行碎片整理。

提示：OPTIMIZE TABLE 语句只适用于独立表空间。

（3）使用填充因子。

上面两种方式都涉及重建表和重建索引，重建索引固然能够解决问题，但是重建索引的代价不仅麻烦，还会造成阻塞，影响使用。对于数据比较小的情况下，重建索引的代价并不大，但是当索引本身超过百兆的时候，重建索引将会很耗时。

填充因子的作用正是如此。对于默认值来说，填充因子为 0（取值范围为 0～100 的整数），则表示页面可以 100%使用，因此会遇到执行 UPDATE、INSERT 语句时，页空间不足致使分页的情况。通过设置填充因子，可以控制页空间的使用程度，如图 10-5 所示。

例如，对于填充因子设置为 80 来说，那么就代表一“页”空间要预留 20%，为以后执行 INSERT、UPDATE 语句留出空间，从而减少分页的次数。

```
查看填充因子参数：
db01 [world]>SELECT @@innodb_fill_factor;
+---------------------+
| @@innodb_fill_factor |
+---------------------+
|                 100 |
+---------------------+
1 row in set (0.32 sec)

这个参数很少会用到，若是更新的数据很多，可以考虑使用这个参数
tip:填充因子设置参考
1、当读写比例大于100：1时，不要设置填充因子，100%填充
2、当写的次数大于读的次数时，设置为50%-70%
3、当读写比例位于两者之间时，设置为80%-90%
```

图 10-5　查看填充因子参数

除了以上的方式，也可以借助第三方 pt-online-schema-change 工具进行在线整理表结构、收集碎片等。

本章小结

数据库优化是提高数据库性能的关键步骤。在本章中，讨论了查询优化、索引优化、数据存储和设计、硬件与配置优化、数据库管理策略及应用代码优化等方面的内容。

（1）查询优化是数据库优化的重要方面之一。通过选择正确的查询语句、使用合适的索引和避免使用子查询、连接等可以提高查询效率。此外，查询优化器也可以帮助优化查询性能。

（2）索引是提高数据库性能的重要工具。通过创建合适的索引，可以加快查询并减少查询的响应时间；但是，过多的索引会导致额外的存储空间和性能开销。因此，需要根据具体情况来平衡。

（3）数据存储和设计对数据库性能有很大的影响。为了提高性能，应该遵循规范化原

则，减少数据冗余和不一致性。此外，反规范化可以提高查询性能，但需要权衡其带来的额外复杂性和维护成本。

（4）硬件配置对数据库性能有很大的影响。通过使用更快的 CPU、更大的内存和更快的磁盘，可以显著提高数据库性能。此外，合理地配置参数也可以提高数据库的性能和响应时间。

（5）数据库管理策略包括定期备份、日志管理、监控和调优等。这些策略有助于确保数据库的高可用性和稳定性，并在发生故障时可以快速恢复数据。同时，通过监控和调优，可以及时发现并解决性能瓶颈。

（6）应用代码也会影响数据库的性能。通过优化应用程序代码，可以减少对数据库的访问次数，并提高查询效率。此外，使用缓存技术可以减少对数据库的频繁访问，特别是在高流量的场景下，可以显著提升性能。

总之，数据库优化是一个多方面的过程，需要综合考虑硬件、软件、设计和查询等多个方面。通过对这些方面的优化，可以提高数据库的性能和响应时间，从而更好地支持应用程序的需求。

综合实训

数据库优化。

```
CREATE TABLE book
(
    bid INT(4) PRIMARY KEY,
    name VARCHAR(20) NOT NULL,
    authorid INT(4) NOT NULL,
    publicid INT(4) NOT NULL,
    typeid INT(4) NOT NULL
);
INSERT INTO book VALUES(1,'tjava',1,1,2);
INSERT INTO book VALUES(2,'tc',2,1,2);
INSERT INTO book VALUES(3,'wx',3,2,1);
INSERT INTO book VALUES(4,'math',4,2,3);
COMMIT;
```

查询 authorid=1 且 typeid 为 2 或 3 的 bid。

EXPLAIN SELECT bid FROM book WHERE typeid IN(2,3) AND authorid=1 ORDER BY typeid DESC;

根据 SQL 语句的解析，先 FROM 然后 SELECT。

(a,b,c)
(a,b)

优化：加索引。

ALTER TABLE book ADD INDEX idx_bta (bid,typeid,authorid);

索引一旦进行升级优化，需要将之前废弃的索引删掉，防止干扰。

DROP INDEX idx_bta ON book;

根据 SQL 语句实际解析的顺序，调整索引的顺序：

ALTER TABLE book ADD INDEX idx_tab（typeid, authorid, bid）;
--虽然可以回表查询 bid，但是将 bid 放到索引中 可以提升使用 using index 的效果；

再次优化（之前是索引级别）思路：因为有时会实现范围查询 IN，所以交换索引的顺序，将 typeid IN（2，3）放到最后。

DROP INDEX idx_tab ON book;
ALTER TABLE book ADD INDEX idx_atb (authorid,typeid,bid);
EXPLAIN SELECT bid FROM book WHERE authorid=1 AND typeid IN(2,3) ORDER BY typeid DESC;

小结如下。
（1）最佳做前缀，保持索引的定义和使用的顺序一致性。
（2）索引需要逐步优化。
（3）将含 In 的范围查询放到 where 条件的最后，防止失效。

本例中同时出现了 USING WHERE（需要回原表）和 USING INDEX（不需要回原表），其原因是：WHERE authorid=1 AND typeid IN（2，3）中 authorid 在索引（authorid，typeid，bid）中，因此不需要回原表（直接在索引表中能查到）；而 typeid 虽然也在索引（authorid，typeid，bid）中，但是含 IN 的范围查询已经使该 typeid 索引失效，因此相当于没有 typeid 这个索引，所以需要回原表（USING WHERE）。例如，以下没有了 IN，则不会出现 USING WHERE explain SELECT bid FROM book WHERE authorid=1 and typeid =3 ORDER BY typeid DESC；还可以通过 key_len 证明 IN 可以使索引失效。

课后练习

1. 请说明 MySQL 数据库的优化方法有哪些？
2. 什么是 MySQL 配置文件，以及配置文件的作用是什么？
3. 请说明 MySQL 数据库中的锁是什么？请分别说明其类型及使用场景。

第 11 章

数据安全

学习目标

掌握数据安全的基本概念和原则，了解常见的安全威胁和风险。

学习如何设置和配置 MySQL 用户权限，确保数据库的安全访问控制。

掌握加密技术和方法，包括数据加密、通信加密和身份验证等。

了解数据库备份和恢复的策略与方法，确保数据安全和可恢复性。

学习如何防范和处理安全漏洞和攻击。

了解数据安全的法规和标准，以及如何合规地处理敏感数据。

学习数据安全在不同场景下的应用和实践。

掌握数据泄露的应急响应和处理流程，及时应对和处理数据泄露事件。

11.1 用户与权限概述

用户是数据库的使用者和管理者。MySQL 通过用户的设置来控制数据库操作人员的访问与操作范围。服务器中名为 mysql 的数据库，用于维护数据库的用户信息及权限的控制和管理。MySQL 中的所有用户信息都保存在 mysql.user 数据表中。

1. 用户列

user 表的字段包括 host、user、password，分别表示主机名、用户名和密码。其中 user 和 host 字段为 user 表的联合主键。当用户与服务器之间建立连接时，输入的账户信息中的用户名称、主机名和密码必须匹配 user 表中对应的字段，只有 3 个字段的值都匹配的时候，才允许连接的建立。这 3 个字段的值就是创建账户时保存的账户信息，修改用户密码时，实际就是修改 user 表的 password 字段值。

2. 权限列

权限列的字段决定了用户的权限，描述了在全局范围内允许对数据和数据库进行的操作，包括查询权限、修改权限等普通权限，还包括了关闭服务器、超级权限和加载用户等高级权限，普通权限用于操作数据库，高级权限用于数据库管理。user 表中对应的权限是针对所有用户数据库的，这些字段值的类型为 ENUM，可以取的值只能为 Y 和 N，Y 表示该用户有对应的权限；N 表示该用户没有对应的权限。查看 user 表的结构可以看到，这些字段的值默认都是 N。如果要修改权限，可以使用 GRANT 语句或 UPDATE 语句更改 user 表的这些字段来修改用户对应的权限。

3. 安全列

安全列只有 6 个字段，其中两个是 SSI 相关的，2 个是 X509 相关的，另外 2 个是授权插件相关的。SSI 用于加密；X509 标准可用于标识用户；plugin 字段标识可以用于验证用户身份的插件，如果该字段为空，服务器使用内建授权验证机制验证用户身份。可以通过 SHOW VARIABLES LIKE 'have_openssl' 语句来查询服务器是否支持 SSI 功能。

4. 资源控制列

资源控制列的字段用来限制用户使用的资源，包含 4 个字段，分别如下。

（1）max_questions：用户每小时允许执行的查询操作次数。
（2）max_updates：用户每小时允许执行的更新操作次数。
（3）max_connections：用户每小时允许执行的连接操作次数。
（4）max_user_connections：用户允许同时建立的连接次数。

一个小时内用户查询或连接数量超过资源控制限制，用户将被锁定，直到下一个小时，才可以在此执行对应的操作。可以使用 GRANT 语句更新这些字段的值。

注意：若新建的用户无法登录到数据库，排除权限错误的前提下，可以尝试刷新权限，语句如下。

```
mysql> FLUSH PRIVILEGES;
```

在使用 grant 给用户授权时，可以使用下面的语句查看有哪些权限可以授权给用户：

```
mysql> SHOW PRIVILEGES;
```

11.2 用户管理

MySQL 的用户管理涉及创建、修改和删除用户账号，以及分配适当的权限。这些操作可以通过 MySQL 的命令行工具或 MySQL 管理工具来完成。

11.2.1 创建用户

1. 创建用户的方式

（1）root 登录后，可直接向 mysql.user 表中插入记录，不推荐。
（2）CREATE USER 语句创建用户，推荐。
（3）GRANT 语句在授权时，创建用户，不推荐。

2. CREATE USER 语法

（1）CREATE USER [IF NOT EXISTS]。
（2）账户名 [用户身份验证选项][，账户名 [用户身份验证选项]]…。
（3）[WITH 资源控制选项][密码管理选项 | 账户锁定选项]。

CREATE USER 可以一次创建多个用户，多个用户之间使用逗号分隔。账户名是由"用户名@主机地址"组成。其余选项在创建用户时，若未设置则使用默认值。

注意：用户名设置不能超过 32 个字符，区分大小写，主机地址不区分大小写。

3. 案例演示

例1：简单用户的创建。

```
CREATE USER 'test1';
```

例2：查看用户是否创建。

```
SELECT host, user FROM mysql. user;
```

返回结果如图11-1所示。

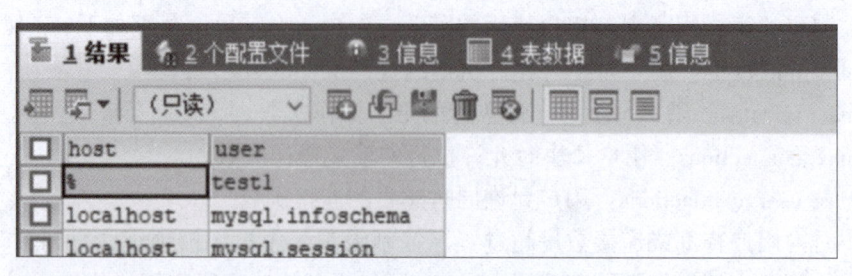

图11-1　查看用户是否创建的返回结果

例3：创建含有密码的用户。

```
CREATE USER 'test2'@'localhost' IDENTIFIED BY '123456';
```

例4：查看用户的密码。

```
SELECT plugin, authentication_string FROM mysql. user WHERE USER='test2';
```

返回结果如图11-2所示。

图11-2　查看密码是否创建的返回结果

例5：同时创建多个用户，多个用户之间使用逗号分隔。

```
CREATE USER
'test4'@'localhost' IDENTIFIED BY '333333',
'test5'@'localhost' IDENTIFIED BY '444444';
```

返回结果如图11-3所示。

图11-3　创建多个用户的返回结果

例 6：限制其每小时最多可以更新 10 次。

```
CREATE USER
'test6'@'localhost' IDENTIFIED BY '555555'
WITH MAX_UPDATES_PER_HOUR 10;
```

返回结果如图 11-4 所示。

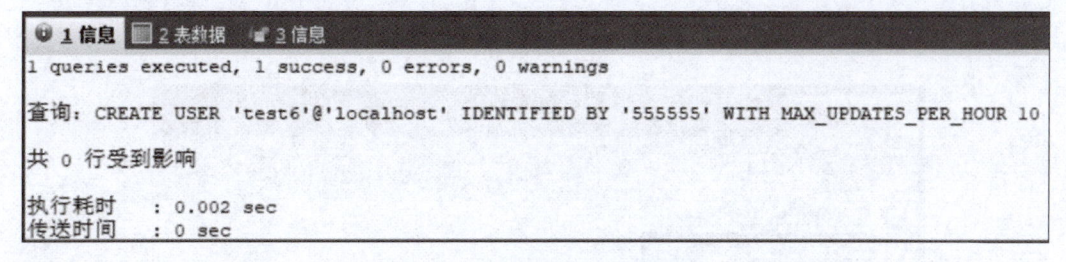

图 11-4　更新次数的返回结果

例 7：查看 user 表的 max_updates 字段。

```
SELECT max_updates FROM mysql.user WHERE user='test6';
```

返回结果如图 11-5 所示。

图 11-5　查看 max_updates 字段的返回结果

例 8：设置有密码期限的用户，设置用户密码每 180 天更改一次。

```
CREATE USER 'test7'@'localhost' IDENTIFIED BY '666666'
PASSWORD EXPIRE INTERVAL 180 DAY;
```

例 9：查看 user 表的 password_lifetime 字段。

```
SELECT password_lifetime FROM mysql.user WHERE user='test7';
```

返回结果如图 11-6 所示。

图 11-6　查看 password_lifetime 字段的返回结果

例 10：设置用户是否锁定，创建一个锁定状态的用户。

```
CREATE USER 'test8'@'localhost' IDENTIFIED BY '777777'
PASSWORD EXPIRE ACCOUNT LOCK;
```

例 11：查看 user 表的 account_locked 字段。

```
SELECT account_locked FROM mysql.user WHERE USER='test8';
```

返回结果如图 11-7 所示。

图 11-7 查看 account_locked 字段的返回结果

（1）主机地址为%表示当前的用户可以在任何主机中连接 MySQL 服务器。
（2）主机地址为空字符串表示当前用户可匹配所有客户端。
（3）主机地址为 localhost 表示当前的用户只能从本地主机连接 MySQL 服务器。
注意：用户名与主机地址何时可以省略引号，匿名用户的创建。

11.2.2 设置密码

1. 创建密码的方式

（1）ALTER USER 账户名 IDENTIFIED BY '明文密码'，推荐。
（2）SET PASSWORD [FOR 账户名] = '明文密码'，不推荐。
（3）SET PASSWORD [FOR 账户名] = PASSWORD（'明文密码'），不推荐。

2. 案例演示

为用户设置密码、为登录的用户设置密码。

例 1：为指定用户设置密码。

```
ALTER USER 'test1'@'%' IDENTIFIED BY '123456';
```

返回结果如图 11-8 所示。

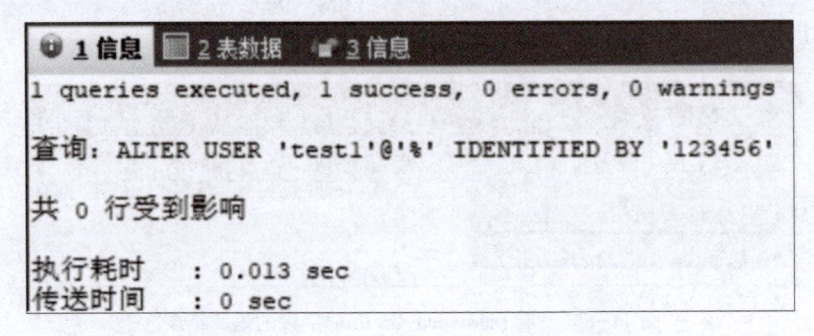

图 11-8 为指定用户设置密码的返回结果

例 2：为登录用户设置密码。

```
ALTER USER USER() IDENTIFIED BY '000000';
```

返回结果如图 11-9 所示。

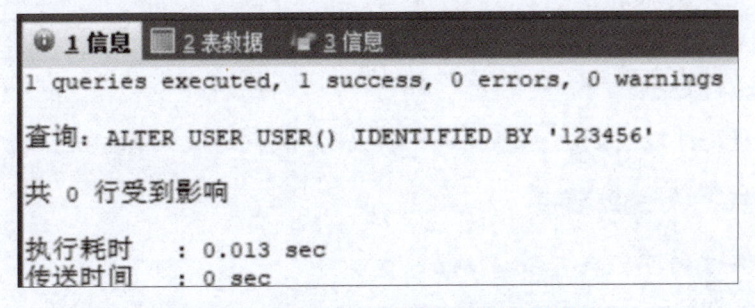

图 11-9 为登记用户设置密码的返回结果

（1）USER( ) 函数获取客户端提供的用户和主机地址。
（2）CURRENT_USER( ) 函数获取当前通过 MySQL 服务器验证的用户与主机名。
注意：mysqladmin 修改用户密码、SET PASSWORD 语句与 PASSWORD( ) 函数、root 用户密码丢失找回的方式。

11.2.3 修改用户

1. 修改用户密码、身份验证的方式、资源限制、账户是否锁定的状态等

```
ALTER USER [IF EXISTS]
账户名 [用户身份验证选项][, 账户名 [用户身份验证选项]]…
[WITH 资源限制选项][密码管理选项 | 账户锁定选项];
```

2. 案例演示

修改验证插件、密码及密码过期时间、解锁用户。

例 1：修改用户验证插件、密码以及密码过期时间。

```
ALTER USER 'test1'@'%'
IDENTIFIED WITH sha256_password BY '111111'
PASSWORD EXPIRE;
```

例 2：查看修改后的用户密码。

```
SELECT authentication_string FROM mysql.user
WHEREUSER='test1' AND PLUGIN='sha256_password';
```

返回结果如图 11-10 所示。

图 11-10 查看修改后的用户密码的返回结果

例3：解锁用户。

ALTER USER 'test8'@'localhost' ACCOUNT UNLOCK;

返回结果如图 11-11 所示。

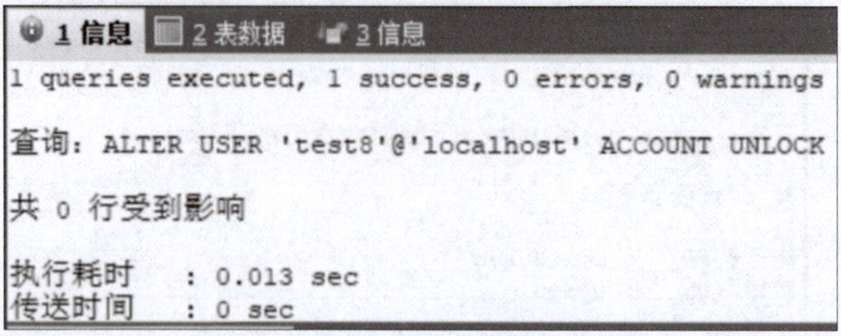

图 11-11　解锁用户的返回结果

3. 修改用户名

RENAME USER
旧用户名 1 TO 新用户名 1 [, 旧用户名 2 TO 新用户名 2]…;

4. 案例演示

例：为用户重命名。

RENAME USER 'test6'@'localhost' TO 'xiaoming'@'localhost';

返回结果如图 11-12 所示。

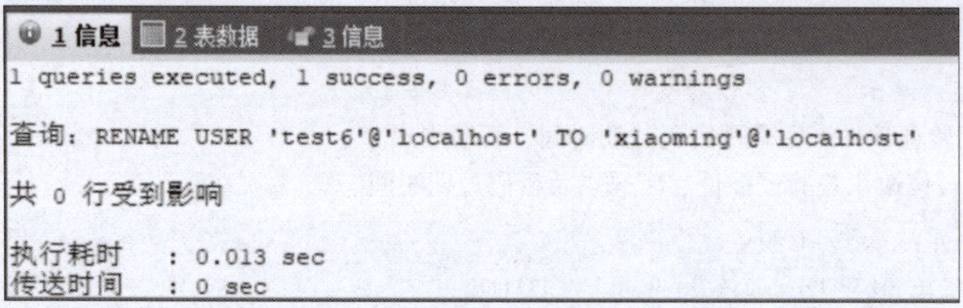

图 11-12　为用户重命名的返回结果

11.2.4　删除用户

语法：

DROP USER IF EXISTS test7;

返回结果如图 11-13 所示。

（1）DROP USER 语句删除当前正在打开的用户时，该用户的会话不会被自动关闭。只有在该用户会话关闭后，删除操作才会生效，再次登录将会失败。

（2）利用已删除的用户登录服务器创建数据库或对象时，不会因为此删除操作而失效。

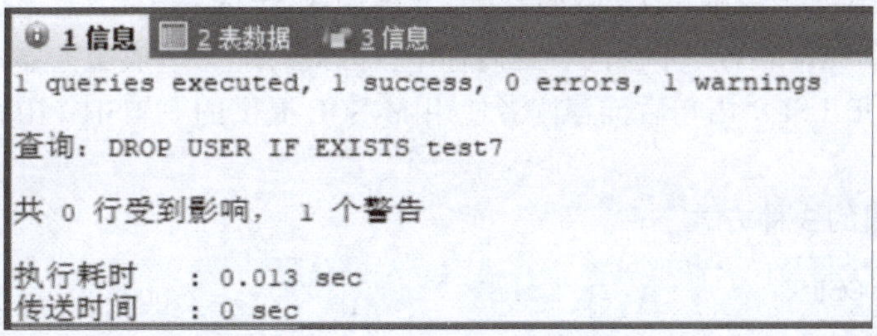

```
1 信息  2 表数据  3 信息
1 queries executed, 1 success, 0 errors, 1 warnings
查询: DROP USER IF EXISTS test7
共 0 行受到影响，1 个警告
执行耗时  : 0.013 sec
传送时间  : 0 sec
```

图 11-13　删除用户的返回结果

11.3　权限管理

MySQL 的权限管理涉及控制用户对数据库的访问和操作。通过权限管理，可以确保只有具有必要权限的用户才能执行特定的操作，从而提高数据的安全性和完整性。MySQL 中的权限管理主要是通过 GRANT 和 REVOKE 语句来实现的。

11.3.1　授予权限

GRANT 语句授予权限的基本语法格式如下。

```
GRANT 权限类型 [字段列表][, 权限类型 [字段列表]] …
ON [目标类型] 权限级别
TO 账户名 [用户身份验证选项] [, 账户名 [用户身份验证选项]] …
[REQUIRE 连接方式]
[WITH {GRANT OPTION | 资源控制选项}]
```

查看指定用户被授权的情况，语法格式如下。

```
SHOW GRANTS [FOR 账户];
```

ALL PRIVILEGES 表示除 GRANT OPTION（授权权限）和 PROXY（代理权限）外的所有权限。USAGE 表示没有任何权限。

11.3.2　回收权限

REVOKE 语句回收权限的基本语法如下。

```
REVOKE 权限类型 [(字段列表)] [, 权限类型 [(字段列表)]] …
ON [目标类型] 权限级别 FROM 账户名 [, 账户名] …;
```

使用 REVOKE ALL 语句一次回收所有权限的语法格式如下。

```
REVOKE ALL [PRIVILEGES], GRANT OPTION FROM 账户名 [, 账户名] …;
REVOKE PROXY ON 账户名 FROM 账户名 1 [, 账户名 2] …;
```

11.3.3　刷新权限

刷新权限指的是从系统数据库 mysql 中的权限表中重新加载用户的特权。

• GRANT、CREATE USER 等语句的执行会将服务器的缓存信息保存到内存中，而 REVOKE、DROP USER 语句并不会同步到内存中，因此可能会造成服务器内存的消耗，所以在 REVOKE、DROP USER 语句后推荐读者使用 MySQL 提供的 FLUSH PRIVILEGES 语句重新加载用户的特权。

例：刷新权限的 3 种方式。

```
FLUSH PRIVILEGES;
mysqladmin - uroot - p reload;
mysqladmin - uroot - p flush- privileges;
```

11.4 数据备份与还原

在项目的开发过程中数据库的备份是非常重要的，为了防止数据库受到损坏，造成不可估量的损失，一定要进行数据库的备份，并且需要掌握数据库恢复方法，在发生数据库损坏时，能快速进行数据库恢复。

11.4.1 数据备份

1. 使用 mysqldump 命令备份

mysqldump 命令将数据库中的数据备份成一个文本文件，表的结构和表中的数据将存储在生成的文本文件中。

mysqldump 命令的工作原理很简单：首先查出需要备份的表的结构，再在文本文件中生成一个 CREATE 语句；然后，将表中的所有记录转换成一条 INSERT 语句；最后通过这些语句创建表并插入数据。

（1）备份一个数据库。

mysqldump 命令的基本语法如下。

```
mysqldump - u username - p dbname table1 table2 ···-> BackupName.sql
```

其中：

（1）dbname 参数表示数据库的名称；

（2）table1 和 table2 参数表示需要备份的表的名称，为空则备份整个数据库；

（3）BackupName.sql 参数表设计备份文件的名称，文件名前面可以加上一个绝对路径。

例如，将数据库备份成一个后缀名为 .sql 的文件并使用 root 用户备份 test 数据库下的 person 表，命令如下，执行结果如图 11-14 所示。

```
mysqldump - u root - p test person > D:\backup.sql
```

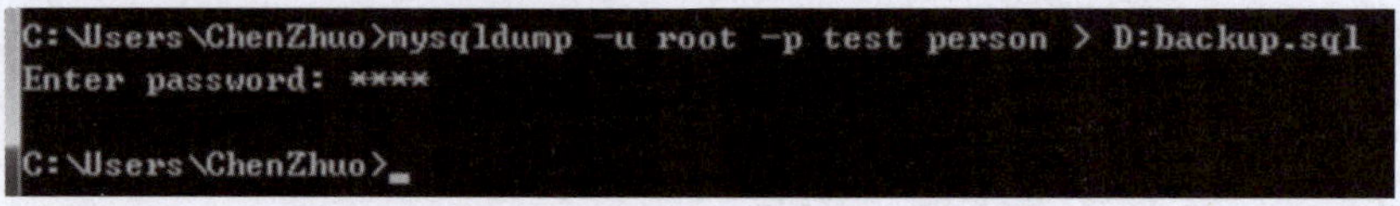

```
C:\Users\ChenZhuo>mysqldump -u root -p test person > D:backup.sql
Enter password: ****

C:\Users\ChenZhuo>_
```

图 11-14　mysqldump 命令执行结果

其生成的脚本，如图 11-15 所示。

```
 1
 2  DROP TABLE IF EXISTS `person`;
 3  SET @saved_cs_client     = @@character_set_client;
 4  SET character_set_client = utf8;
 5  CREATE TABLE `person` (
 6    `Id` int(11) NOT NULL auto_increment,
 7    `CountryId` int(11) default NULL,
 8    `Name` varchar(20) NOT NULL,
 9    `Sex` int(11) default '0',
10    PRIMARY KEY  (`Id`),
11    UNIQUE KEY `Name` (`Name`),
12    KEY `FK_CID_PID` (`CountryId`),
13    CONSTRAINT `FK_CID_PID` FOREIGN KEY (`CountryId`) REFERENCES `country` (`Id`)
14  ) ENGINE=InnoDB AUTO_INCREMENT=11 DEFAULT CHARSET=gb2312;
15  SET character_set_client = @saved_cs_client;
16
17  --
18  -- Dumping data for table `person`
19  --
20
21  LOCK TABLES `person` WRITE;
22  /*!40000 ALTER TABLE `person` DISABLE KEYS */;
23  INSERT INTO `person` VALUES (1,1,'刘备',1),(2,1,'关羽',1),(3,1,'张飞',1),(4,2,'曹操'
24  /*!40000 ALTER TABLE `person` ENABLE KEYS */;
25  UNLOCK TABLES;
```

图 11-15　执行 mysqldump 命令生成的脚本

文件的开头会记录 MySQL 的版本、备份的主机名和数据库名。

文件中以"--"开头的都是 SQL 语言的注释，以"/＊！40101"等形式开头的是与 MySQL 有关的注释。40101 是 MySQL 数据库的版本号，如果 MySQL 的版本比 4.1.1 高，则/＊！40101 和＊/之间的内容就被当作 SQL 语句来执行，如果比 4.1.1 低就会被当作注释。

（2）备份多个数据库。

备份多个数据库的语法格式如下。

mysqldump - u username - p-- databases dbname2 dbname2 > Backup.sql;

-- 加上了-- databases 选项，然后后面跟多个数据库

mysqldump - u root - p -- databases test mysql > D:\backup.sql;

（3）备份所有数据库。

mysqldump 命令备份所有数据库的语法格式如下。

mysqldump - u username - p - all- databases > BackupName.sql;

示例：

mysqldump - u - root - p - all- databases > D:\all.sql;

2. 直接复制整个数据库目录

MySQL 有一种非常简单的备份方法，就是将 MySQL 中的数据库文件直接复制出来。这是最简单、最快速的方法。

不过在此之前，要先将服务器停止，这样才可以保证在复制期间数据库的数据不会发生变化。如果在复制数据库的过程中还有数据写入，就会造成数据不一致，这种情况在开发环境可以，但是在生产环境中不被允许。

注意：这种方法不适用于 InnoDB 存储引擎的表，而对于 MyISAM 存储引擎的表很方便。同时，还原时 MySQL 的版本最好相同。

3. 使用 mysqlhotcopy 工具快速备份

mysqlhotcopy 是热备份。因此，mysqlhotcopy 支持不停止 MySQL 服务器备份。而且，mysqlhotcopy 的备份方式比 mysqldump 快。mysqlhotcopy 是一个 Perl 脚本，主要在 Linux 系统下使用。其使用 LOCK TABLES、FLUSH TABLES 和 cp 来进行快速备份。

mysqlhotcopy 原理：先将需要备份的数据库加上一个读锁，然后用 FLUSH TABLES 将内存中的数据写回到硬盘上的数据库，最后，把需要备份的数据库文件复制到目标目录。

命令格式如下。

```
[root@localhost ~]# mysqlhotcopy [option] dbname1 dbname2 backupDir/
```

（1）dbname：数据库名称。

（2）backupDir：备份到哪个文件夹下。

常用选项如下。

（1）--help：查看 mysqlhotcopy 命令的帮助文档。

（2）--allowold：如果备份目录下存在相同的备份文件，将旧的备份文件名加上_old。

（3）--keepold：如果备份目录下存在相同的备份文件，不删除旧的备份文件，而是将旧的文件更名。

（4）--flushlog：本次备份之后，将对数据库的更新记录到日志中。

（5）--noindices：只备份数据文件，不备份索引文件。

（6）--user=用户名：用来指定用户名，可以用-u 代替。

（7）--password=密码：用来指定密码，可以用-p 代替。使用-p 时，密码与-p 之间没有空格。

（8）--port=端口号：用来指定访问端口，可以用-P 代替。

（9）--socket=socket 文件：用来指定 socket 文件，可以用-S 代替。

mysqlhotcopy 命令并非 MySQL 自带，需要安装 Perl 的数据库接口包。

目前，该工具也仅仅能够备份 MyISAM 类型的表。

11.4.2 数据还原

（1）还原使用 mysqldump 命令备份的数据库，语法格式如下。

```
mysql -u root -p [dbname] < backup.sql;
```

示例：

```
mysql -u root -p < C:\backup.sql;
```

（2）还原直接复制目录的备份。

通过这种方式还原时，必须保证两个 MySQL 数据库的版本号是相同的。对于 MyISAM 类型的表有效，对于 InnoDB 类型的表不可用，因为 InnoDB 表的表空间不能直接复制。

11.4.3　二进制日志

二进制日志记录了所有的 DDL 语句和 DML 语句，但不包括数据查询（如 SELECT、SHOW）语句。在 MySQL 8.0 版本中，二进制日志是默认开启的。

二进制日志的作用：①灾难时的数据恢复；②MySQL 的主从复制。

参数说明如下。

log_bin_basename：当前数据库服务器的二进制日志的基础名称（前缀），具体的二进制日志文件名需要在该 basename 的基础上加上编号（编号从 000001 开始），第一个文件写满时或日志格式发生变更之后会再次开启一个新的文件 000002 来写日志。

log_bin_index：二进制日志的索引文件，里面记录了当前服务器关联的二进制日志文件有哪些。

```
SHOW VARIABLES LIKE '%log_bin%';
```

Windows 操作系统下查看日志是否开启，如图 11-16 所示。

```
mysql> show variables like '%log bin%';
Empty set, 1 warning (0.47 sec)

mysql> show variables like '%log_bin%';
+---------------------------------+--------------------------------------------------+
| Variable_name                   | Value                                            |
+---------------------------------+--------------------------------------------------+
| log_bin                         | ON                                               |
| log_bin_basename                | D:\ProgramData\MySQL\MySQL Server 8.0\Data\YUN-bin |
| log_bin_index                   | D:\ProgramData\MySQL\MySQL Server 8.0\Data\YUN-bin.index |
| log_bin_trust_function_creators | OFF                                              |
| log_bin_use_v1_row_events       | OFF                                              |
| sql_log_bin                     | ON                                               |
+---------------------------------+--------------------------------------------------+
6 rows in set, 1 warning (0.01 sec)

mysql>
```

图 11-16　查看日志是否开启

1. 二进制日志记录格式

MySQL 服务器中提供了多种格式来记录二进制日志，具体格式及特点如下。

ROW 记录是某一行，如 UPDATE 语句执行前后的数据，但 STATEMENT 记录的仅仅是 SQL 语句。

注意：如果需要配置二进制日志的格式，Linux/Docker 只需要在 /etc/my.cnf 中配置 binlog_format 参数即可。

查看日志记录格式，如图 11-17 所示。

```
mysql> show variables like '%binlog_format%';
+---------------+-------+
| Variable_name | Value |
+---------------+-------+
| binlog_format | ROW   |
+---------------+-------+
1 row in set, 1 warning (0.00 sec)
```

图 11-17　查看日志记录格式

2. 查看二进制日志

由于日志是以二进制方式存储的，不能直接读取，需要通过二进制日志查询工具 mysqlbinlog 来查看，具体语法格式如下。

```
mysqlbinlog [参数选项 ] logfilename;
```

参数选项如下。

-d 指定数据库名称，只列出指定的数据库相关操作。

-o 忽略日志中的前 n 行命令。

-v 将行事件（数据变更）重构为 SQL 语句。

-vv 将行事件（数据变更）重构为 SQL 语句，并输出注释信息。

3. 删除二进制文件

对于比较繁忙的业务系统，每天生成的二进制日志数据巨大，如果长时间不清除，将会占用大量磁盘空间。可以通过以下几种方式清理日志，如表 11-1 所示。

表 11-1　日志清理方式

指令	含义
reset master	删除全部二进制日志，删除之后，日志编号将从二进制 000001 重新开始
purge master logs to 'binlog. *'	删除 * 编号之前的所有日志
purge master logs before 'yyyy-mm-dd hh24:mi:ss'	删除日志为“yyyy-mm-dd hh24:mi:ss”之前产生的所有日志

也可以在 MySQL 的配置文件中配置二进制日志的过期时间，设置之后，二进制日志过期后会自动删除，如图 11-18 所示。

```
mysql> show variables like '%binlog_expire_logs_seconds%';
+----------------------------+---------+
| Variable_name              | Value   |
+----------------------------+---------+
| binlog_expire_logs_seconds | 2592000 |
+----------------------------+---------+
1 row in set, 1 warning (0.01 sec)
```

图 11-18　配置二进制日志的过期时间

11.5 多实例部署

1. MySQL 多实例的原理

MySQL 多实例，简单地说，就是在一台服务器上开启多个不同的 MySQL 服务端口（如 3306，3307），运行多个 MySQL 服务进程。这些服务进程通过不同的 Socket 监听不同的服务端口，来提供各自的服务。

这些 MySQL 实例共用一套 MySQL 安装程序，使用不同的 my. cnf 配置文件、启动程序、数据文件。在提供服务时，MySQL 多实例在逻辑上看来是各自独立的，各个实例之间根据配置文件的设定值，来取得服务器的相关硬件资源。

2. MySQL 多实例的特点

（1）有效地利用服务器资源。

当单个服务器资源有剩余时，可以充分利用剩余的服务器资源来提供更多的服务。

（2）节约服务器资源。

当公司资金紧张，但是数据库需要各自提供独立服务，而且需要主从同步等技术时，最好使用多实例。

（3）出现资源互相抢占问题。

当某个实例服务并发很高或有慢查询时，会消耗服务器更多的内存、CPU、磁盘 I/O 等资源，这时就会导致服务器上的其他实例提供访问的质量下降，出现服务器资源互相抢占的现象。

3. MySQL 多实例应用场景

（1）资金紧张型公司的选择。

当公司业务访问量不太大，又舍不得花钱，但同时又希望不同业务的数据库服务各自独立，而且需要主从同步进行等技术提供备份或读写分离服务时，使用多实例是最好的选择。

（2）并发访问不是特别大的业务。

当公司业务访问量不太大，服务器资源闲置较多，就很适合多实例的应用。如果对 SQL 语句优化得好，多实例是一个很值得使用的技术。即使并发很大，只要合理分配好系统资源，也不会有太大问题。

4. MySQL 多实例部署方法

（1）MySQL 多实例部署方法。

MySQL 多实例部署既可以通过多个配置文件启动多个不同进程来实现，也可以使用官方自带的 mysqld_multi 来实现。

第一种方法可以把各个实例的配置文件分开，管理比较方便；第二种方法就是把多个实例都放到一个配置文件中，这个管理不是很方便。在此选择第一种方法，而且以下实验全部是在此方法下进行的。

（2）创建 MySQL 多实例的数据目录。

要配置 MySQL 多实例，首先要安装 MySQL，MySQL 安装完毕后，不要启动 MySQL，因为此时 MySQL 是单实例的。

下面来创建 MySQL 多实例的数据目录，在此创建两个 MySQL 实例 3306 和 3307，对应的数据目录如下。

```
mkdir -p /data/{3306,3307}/data
tree -L 2 /data/
```

（3）修改 MySQL 多实例 my.cnf 文件。

实例 3306 和 3307 的数据目录创建完毕后，需要配置实例 3306 与 3307 的 my.cnf 配置文件。复制 MySQL 安装目录 support-files 下的 my-medium.cnf 为 my.cnf，并修改内容。现在以

3306 实例为例，代码如下。

```
[client]
port = 3306
socket = /data/3306/mysql.sock
[mysqld]
port = 3306
socket = /data/3306/mysql.sock
basedir = /usr/local/mysql
datadir = /data/3306/data
skip-external-locking
key_buffer_size = 16M
max_allowed_packet = 1M
table_open_cache = 64
sort_buffer_size = 512K
net_buffer_length = 8K
read_buffer_size = 256K
read_rnd_buffer_size = 512K
myisam_sort_buffer_size = 8M
skip-name-resolve
log-bin=mysql-bin
binlog_format=mixed
max_binlog_size = 500M
server-id = 1
[mysqld_safe]
log-error=/data/3306/ilanni.err
pid-file=/data/3306/ilanni.pid
[mysqldump]
quick
max_allowed_packet = 16M
[mysql]
no-auto-rehash
[myisamchk]
key_buffer_size = 20M
sort_buffer_size = 20M
read_buffer = 2M
write_buffer = 2M
[mysqlhotcopy]
interactive-timeout
```

以上是实例 3306 的 my.cnf 配置文件，现在来配置实例 3307 的 my.cnf 配置文件。实例 3307 的配置文件 my.cnf 直接复制实例 3306 的 my.cnf 文件，然后通过 sed 命令把该文件中的 3306 修改为 3307 即可。代码如下。

```
cp /data/3306/my.cnf /data/3307/my.cnf
sed -i 's/3306/3307/g' /data/3307/my.cnf
```

或者

```
sed -e 's/3306/3307/g' /data/3306/my.cnf >/data/3307/my.cnf
```

（4）初始化 MySQL 多实例。

实例 3306 和 3307 的 my.cnf 配置文件修改完毕后，需要初始化这两个实例，使用 mysql_install_db 命令。代码如下。

```
/usr/local/mysql/scripts/mysql_install_db -basedir=/usr/local/mysql -datadir=/data/3306/data -user=mysql
/usr/local/mysql/scripts/mysql_install_db -basedir=/usr/local/mysql -datadir=/data/3307/data -user=mysql
```

注意：MySQL 的 MySQL_install_db 在 MySQL 的 /usr/local/mysql/scripts/mysql_install_db 目录下。

查看实例初始化后的情况，代码如下。

```
tree -L 3 /data/
```

（5）启动 MySQL 多实例。

现在来启动实例。使用如下命令。

```
/usr/local/mysql/bin/mysqld_safe -defaults-file=/data/3306/my.cnf &
/usr/local/mysql/bin/mysqld_safe -defaults-file=/data/3307/my.cnf &
ps aux | grep mysqld
```

（6）登录 MySQL 多实例。

登录多实例数据库时，需要加入该实例的 socket 文件，才能正常登录。现在以 3306 实例为例。

本地登录 3306 实例，代码如下。

```
mysql -uroot -p -S /data/3306/mysql.sock
```

（7）修改 MySQL 多实例 root 密码。

修改实例 3306 的 root 密码，使用 mysqladmin 命令。代码如下。

```
mysqladmin -uroot -p password 123456 -S /data/3306/mysql.sock
```

11.6 主从复制

1. 什么是主从复制

将主数据库中的 DDL 和 DML 语句通过二进制日志传输到从数据库上，然后将这些日志重新执行（重做），从而使从数据库的数据与主数据库保持一致。

主从复制基本原理如下。

MySQL 支持单向、异步复制，复制过程中一个服务器充当主服务器，而一个或多个其他服务器充当从服务器。

MySQL 复制是基于主服务器在二进制日志中跟踪所有对数据库的更改。因此，要进行复制，必须在主服务器上启用二进制日志。每个从服务器从主服务器接收主服务器已经记录到日志的数据。

当一个从服务器连接主服务器时，它通知主服务器从服务器在日志中读取的最后一次成功更新的位置，从服务器接收从那时起发生的任何更新，并在本机上执行相同的更新；然后封锁并等待主服务器通知新的更新。从服务器执行备份不会干扰主服务器，在备份过程中主服务器可以继续处理更新，从服务器会从主服务器读取二进制日志来进行数据同步。

整体来说，主从复制有以下步骤，如图 11-19 所示。

（1）主节点必须启用二进制日志，记录任何修改数据库数据的事件。

（2）从节点开启一个线程 I/O thread 把自己扮演成 MySQL 的客户端，通过 MySQL 协议，请求主节点的二进制日志文件中的事件。

（3）主节点启动一个线程（Dump Thread），检查自己二进制日志中的事件，跟对方请求的位置对比，如果不带请求位置参数，则主节点就会从第一个日志文件中的第一个事件一个一个发送给从节点。

（4）从节点接收到主节点发送过来的数据把它放置到中继日志文件中。并记录该次请求到主节点的哪个二进制日志文件的哪个位置。

（5）从节点启动另外一个线程（SQL Thread），把中继日志中的事件读取出来，并在本地再执行一次。

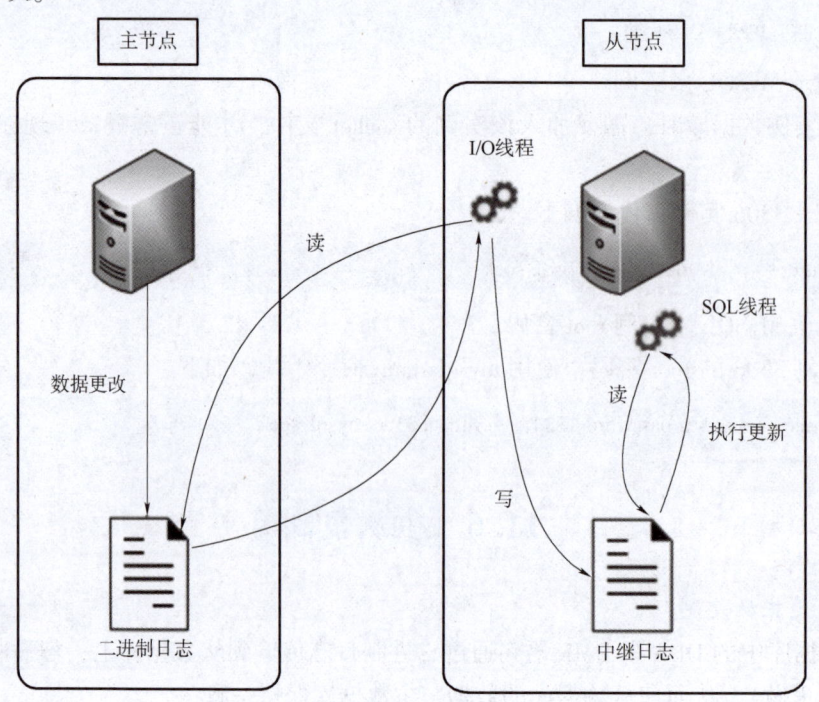

图 11-19 主从复制

2. 主从复制配置过程

主节点：

（1）启用二进制日志；

（2）为当前节点设置一个全局唯一的 server_id；

（3）创建有复制权限的用户账号 replication slave。

从节点：

（1）启动中继日志；

（2）为当前节点设置一个全局唯一的 server_id；

（3）使用有复制权限的用户账号连接至主节点，并启动复制线程。

3. 测试环境

测试环境，如表 11-2 所示。

表 11-2 测试环境

指令	含义

主节点	IP:192.168. 132
	[root@localhost tmp]# ifconfig
	eth0 Link encap:Ethernet HWaddr 08:00:27:71:64:A8
	      inet addr:192.168. .132 Bcast:192.168. .255 Mask:255.255.255.0
	      inet6 addr: fe80::a00:27ff:fe71:64a8/64 Scope:Link
	      UP BROADCAST RUNNING MULTICAST MTU:1500 Metric:1
	      RX packets:75721 errors:0 dropped:0 overruns:0 frame:0
	      TX packets:1943 errors:0 dropped:0 overruns:0 carrier:0
	      collisions:0 txqueuelen:1000
	      RX bytes:13379326 (12.7 MiB) TX bytes:190196 (185.7 KiB)

从节点	IP:192.168. 103
	[root@localhost yeyz]# ifconfig
	eth1 Link encap:Ethernet HWaddr 08:00:27:48:8A:B4
	      inet addr:192.168. .103 Bcast:192.168. .255 Mask:255.255.255.0
	      inet6 addr: fe80::a00:27ff:fe48:8ab4/64 Scope:Link
	      UP BROADCAST RUNNING MULTICAST MTU:1500 Metric:1
	      RX packets:72965 errors:0 dropped:0 overruns:0 frame:0
	      TX packets:1981 errors:0 dropped:0 overruns:0 carrier:0
	      collisions:0 txqueuelen:1000
	      RX bytes:13020012 (12.4 MiB) TX bytes:222489 (217.2 KiB)

MySQL	版本号：5.7.22 mysql> status; -------------- mysql Ver 14.14 Distrib 5.7.22, for linux-glibc2.12 (x86_64) using EditLine wrapper
Linux	CentOS；6.5-x86_64

4. 主节点配置过程

（1）编辑主节点配置文件。

在 CentOS 操作系统中打开 my.cnf 文档，如图 11-20 所示。

```
[mysqld]
datadir=/usr/local/mysql/data
basedir=/usr/local/mysql
socket=/tmp/mysql.sock
user=mysql
# Disabling symbolic-links is recommended to prevent assorted security risks
symbolic-links=0

[mysqld_safe]
log-error=/var/log/mysqld.log
pid-file=/var/run/mysqld/mysqld.pid
```

图 11-20　打开 my.cnf 文档

①添加 log-bin = mysql-bin（开启二进制日志）。
②添加 server-id =4（设置服务器 ID，主节点和从节点的 ID 需要设为不同）。
③添加 binlog-do-db=DBAs（确定需要同步的数据库）。
④添加 binlog-ignore-db=mysql（此处可以实际需求添加需要忽略的数据库）。
⑤添加 expire_logs_days=7（自动清理 7 天前的 log 文件，可根据需要修改）。
按以上步骤编辑 my.cnf 文档，如图 11-21 所示。

```
[mysqld]
datadir=/usr/local/mysql/data
basedir=/usr/local/mysql
socket=/tmp/mysql.sock
user=mysql
server-id=4
port=3306
log-bin=mysql-bin

binlog-do-db=DBAs
binlog-ignore-db=mysql
binlog-ignore-db=information_schema
binlog-ignore-db=performance_schema
binlog-ignore-db=sys
binlog-ignore-db=employees
expire_logs_days=7
# Disabling symbolic-links is recommended to prevent assorted security risks
symbolic-links=0

[mysqld_safe]
log-error=/var/log/mysqld.log
pid-file=/var/run/mysqld/mysqld.pid
```

图 11-21　编辑 my.cnf 文档

（2）启动主节点 MySQL 服务，并连接 MySQL。
正常情况下，MySQL 服务启动命令为如下。
（3）为了更方便地启动 MySQL 服务，为 MySQL 创建软连接。
此时，启动命令变为如图 11-22 所示。

图 11-22　为 MySQL 创建软连接

（4）在从节点配置访问主节点的参数信息。

添加主节点主机，访问主节点的用户名及密码，主节点二进制文件信息。

语句如图 11-23 所示，此处的 master_log_file 和 master_log_pos 需要和主节点状态保持一致。

图 11-23　访问主节点参数信息

（5）查看从节点的状态信息。

因为没有启动从节点的复制线程，I/O 线程和 SQL 线程都为 NO。

查看从节点的状态信息，如图 11-24 所示。

图 11-24　查看从节点的状态信息

使用 start slave 语句启动从节点的复制线程，再利用 show slave status 语句查看当前的从节点状态，如图 11-25 所示。

```
mysql> start slave;
Query OK, 0 rows affected (0.00 sec)

mysql> show slave status\G
*************************** 1. row ***************************
               Slave_IO_State: Waiting for master to send event
                  Master_Host: 192.168.?.?.129
                  Master_User: repluser
                  Master_Port: 3306
                Connect_Retry: 60
              Master_Log_File: mysql-bin.000004
          Read_Master_Log_Pos: 964
               Relay_Log_File: mysql-relay-bin.000003
                Relay_Log_Pos: 320
        Relay_Master_Log_File: mysql-bin.000004
             Slave_IO_Running: Yes
            Slave_SQL_Running: Yes
              Replicate_Do_DB:
          Replicate_Ignore_DB:
           Replicate_Do_Table:
       Replicate_Ignore_Table:
      Replicate_Wild_Do_Table:
  Replicate_Wild_Ignore_Table:
                   Last_Errno: 0
                   Last_Error:
                 Skip_Counter: 0
          Exec_Master_Log_Pos: 964
              Relay_Log_Space: 1503
              Until_Condition: None
               Until_Log_File:
                Until_Log_Pos: 0
           Master_SSL_Allowed: No
           Master_SSL_CA_File:
           Master_SSL_CA_Path:
              Master_SSL_Cert:
            Master_SSL_Cipher:
               Master_SSL_Key:
        Seconds_Behind_Master: 0
Master_SSL_Verify_Server_Cert: No
                Last_IO_Errno: 0
                Last_IO_Error:
               Last_SQL_Errno: 0
               Last_SQL_Error:
  Replicate_Ignore_Server_Ids:
             Master_Server_Id: 4
```

图 11-25　启动从节点复制线程并查看当前的从点节状态

5. 功能测试

查看主节点的状态，语句如图 11-26 所示。

```
mysql> show master status\G
*************************** 1. row ***************************
             File: mysql-bin.000023
         Position: 711
     Binlog_Do_DB: DBAs
 Binlog_Ignore_DB: mysql,information_schema,performance_schema,sys,employees
Executed_Gtid_Set:
1 row in set (0.00 sec)

mysql>
```

图 11-26　查看主节点的状态

在从节点查找二进制日志信息，并查看 mydb 数据库是否复制成功，如图 11-27 所示。

图 11-27　查找二进制日志信息并查看 mydb 数据库是否复制成功

最后在从节点上查看数据是否已经同步，语句如图 11-28 所示。

图1-28　在从节点上查看数据是否已同步

经过验证，证明主从复制同步成功。

本章小结

在本章中，讨论了 MySQL 数据库在数据安全方面的多个问题，包括用户管理、权限管理、数据备份与还原、多实例部署和主从复制。

用户管理：用户是访问 MySQL 数据库的唯一身份标识。本章讨论了如何创建、修改和删除用户账户，以及如何管理用户权限。

权限管理：权限是用户在数据库上执行特定操作的授权。本章解释了全局权限和特定数据库、表、列的权限，并演示了如何授予和撤销这些权限。

数据备份与还原：数据备份是防止数据丢失和灾难恢复的关键步骤。本章讨论了各种备份方法，如使用 mysqldump 命令、逻辑备份和物理备份，以及数据还原的方法。

多实例部署：多实例部署是指在一个服务器上运行多个 MySQL 实例。本章讨论了这种部署的优点，以及如何设置和管理多个 MySQL 实例。

主从复制：主从复制是一种数据同步技术，其中一个数据库服务器（主服务器）将数据复制到一个或多个从服务器上。本章详细解释了主从复制的工作原理，以及如何配置和管理主从复制。

综合实训

1. 实验项目

（1）MySQL 安全管理。
（2）掌握用户管理和权限控制的方法。

2. 实验内容

（1）创建 petstore 数据库管理用户 a0001、店员用户 s0001 和顾客用户 u0001，密码均为 123456。

```
CREATE user
a0001@localhost IDENTIFIED BY '123456',
s0001@localhost IDENTIFIED BY '123456',
u0001@localhost IDENTIFIED BY '123456';
```

（2）将用户 a0001 的密码改为 admin123。

```
UPDATE mysql.user SET password=PASSWORD('admin123') WHERE user='a0001';
```

或者

```
UPDATE mysql.user SET authentication_string=PASSWORD('admin123') WHERE user='a0001';
```

（3）授予用户 u0001 对 petstore 库中 product 表有 SELECT 操作权限。

```
GRANT SELECT ON product TO u0001@localhost;
SHOW GRANTS FOR u0001@localhost;
```

（4）授予用户 u0001 对 petstore 库中 account 表的姓名列和地址列有 UPDATE 操作权限。

```
GRANT UPDATE(fullname,address) ON account TO u0001@localhost;
SHOW GRANTS FOR u0001@localhost;
```

（5）授予用户 a0001 对所有库都有所有操作权限。

```
GRANT ALL ON *.* TO a0001@localhost;
SHOW GRANTS FOR a0001@localhost;
```

（6）授予用户 s0001 对 petstore 库中所有表有 SELECT 操作权限，并允许其将该权限授予其他用户。

```
GRANT SELECT ON petstore.* TO s0001@localhost WITH GRANT OPTION;
SHOW GRANTS FOR s0001@localhost;
```

（7）收回用户 u0001 对 petstore 库中 account 表上的 UPDATE 操作权限。

```
REVOKE UPDATE ON petstore.account FROM u0001@localhost;
SHOW GRANTS FOR u0001@localhost;
```

课后练习

1. 什么是数据库的安全性？
2. 描述如何在 MySQL 中为特定用户授予访问数据库的权限？
3. 说明 MySQL 数据库的备份方法有哪些？

参 考 文 献

[1] 王珊，萨师煊. 数据库系统概论（第5版）[M]. 北京：高等教育出版社，2014.

[2] 闫秋艳. 数据库原理与应用（MySQL版）（第二版）[M]. 北京：清华大学出版社，2024.

[3] CODD E F. A Relational Model of Data for Large Shared Data Banks [J]. CACM, 1970（13）：6.

[4] ULLMAN J. Principles of Database Systems. 2nd [M]. Computer Science Press, 1982.

[5] ANSI：The Database Language SQL [R/OL]. Document ANSI X3. 315, 1986. https://nvlpubs.nist.gov/nistpubs/Legacy/FIPS/fipspub127-1987.pdf.

[6] MATTOSNM. SQL3——新的SQL标准，新一代对象关系数据库. IBM数据库通用技术，1999.

[7] 叶文珺. 数据库原理及应用（第3版·微课视频·题库版）[M]. 北京：清华大学出版社，2024.

[8] ARMSTRONG WW. Dependency Structures of Data Base Relationships [D]. Laxenburg：Proceedings of the IFIP Congress, 1974.

[9] 萨师煊，王珊. 数据库设计理论和实践 [J]. 上海：计算机应用与软件，1984（2）：4.

[10] 周德伟，覃国蓉. MySQL数据库技术（第2版）[M]. 北京：高等教育出版社，2019.

[11] 黑马程序员. MySQL数据库原理、设计与应用 [M]. 北京：清华大学出版社，2019.